Klaus Gotthardt

Aufgaben zur Informationstechnik

Teil I

λογος

2., überarbeitete Auflage

Bibliografische Information Der Deutschen Bibliothek

Die Deutsche Bibliothek verzeichnet diese Publikation in der Deutschen Nationalbibliografie; detaillierte bibliografische Daten sind im Internet über http://dnb.ddb.de abrufbar.

ISBN 3-8325-0267-X

Logos Verlag Berlin
Comeniushof, Gubener Str. 47,
10243 Berlin
Tel.: +49 030 42 85 10 90
Fax: +49 030 42 85 10 92
INTERNET: http://www.logos-verlag.de

1 Boolsche Algebra und Schaltnetze

Aufgabe 1.1 *Kommutativität und Assoziativität*

a) Welche der folgenden Boolschen Operationen sind kommutativ?

(1)	UND	**(4)**	NOR
(2)	ODER	**(5)**	ANTIVALENZ
(3)	NAND	**(6)**	ÄQUIVALENZ

Begründen Sie Ihre Antwort durch Angabe des entsprechenden Gesetzes und/oder Überprüfung mit Hilfe einer Funktionstabelle.

b) Welche der angegebenen Boolschen Operationen sind assoziativ? Beweisen Sie Ihre Aussagen durch algebraische Umformung und/oder Funktionstabellen. ◇

Aufgabe 1.2 *Überprüfung der Gleichheit von Ausdrücken*

Stellen Sie fest, welche der folgenden Gleichungen richtig sind.

$$\textbf{(1)} \quad AB\bar{C}\bar{D} + AB\bar{C}D + \bar{A}B\bar{C}\bar{D} + \bar{A}B\bar{C}D \stackrel{?}{=} B\bar{C}$$

$$\textbf{(2)} \quad AB\,\overline{CD\,\overline{AB}} + CD\,\overline{AB\,\overline{CD}} \stackrel{?}{=} AB\,\overline{CD} + \overline{AB}\,CD$$

$$\textbf{(3)} \quad X_3X_1 + \overline{X_3X_2 + X_2\bar{X}_1} \stackrel{?}{=} X_1 + \bar{X}_2$$

$$\textbf{(4)} \quad X_3 + X_3\bar{X}_2X_1 \stackrel{?}{=} X_3 + \bar{X}_2X_1$$

Beweisen Sie Ihre Antwort durch Anwendung entsprechender algebraischer Regeln, Umformungen, und/oder Funktionsauswertungen. ◇

Aufgabe 1.3 *Gleichheit von Ausdrücken*

Überprüfen Sie mit Hilfe der Regeln der Boolschen Algebra, ob die Gleichheit der folgenden Boolschen Ausdrücke erfüllt ist:

$$\textbf{(1)} \quad A + \bar{A}B \stackrel{?}{=} A + B$$

$$\textbf{(2)} \quad \bar{A}B\bar{C} + AB\bar{C} + A\bar{B}\bar{C} \stackrel{?}{=} \bar{C}(A + B)$$

$$\textbf{(3)} \quad (A + \bar{B})(A + C)(B + \bar{C}) \stackrel{?}{=} AB + A\bar{C}$$

$$\textbf{(4)} \quad \overline{(\overline{\bar{A} + AB} + \bar{C})(\bar{A} + \overline{B + C})} \stackrel{?}{=} AB + C$$

$$\textbf{(5)} \quad BCD + \bar{C}\bar{D}(A + \bar{B}) \stackrel{?}{=} (A \equiv B)\bar{C}\bar{D} + (AB + A\bar{B})(C \equiv D)$$

$$\textbf{(6)} \quad \bar{A}B + A\bar{B}C + A\bar{B}D + B\bar{C}\bar{D} \stackrel{?}{=} B \not\equiv (A(C + D))$$

◇

Aufgabe 1.4 *Ausdrücke mit ANTI- und ÄQUIVALENZ*

Überprüfen Sie mit Hilfe der Regeln der Boolschen Algebra, welche der folgenden Gleichungen, die speziell Antivalenz- und Äquivalenz-Operationen enthalten, zutreffend sind.

$$(1) \qquad \overline{X_1 \equiv X_1X_2} \stackrel{?}{=} \bar{X}_1X_2$$
$$(2) \qquad \overline{X_1 \equiv X_2} \stackrel{?}{=} \bar{X}_1 \not\equiv \bar{X}_2$$
$$(3) \qquad \overline{X_1 \equiv \overline{(1 \equiv X_2)}} \stackrel{?}{=} \bar{X}_1\bar{X}_2$$
$$(4) \qquad \overline{X_2 \not\equiv X_1} \stackrel{?}{=} \overline{(1 \not\equiv X_2)} \equiv X_1$$
$$(5) \qquad X_2 + X_1 \stackrel{?}{=} X_2 \equiv X_1 \equiv X_2X_1$$

◇

Aufgabe 1.5 *Verknüpfungssysteme*

Welche der folgenden Verknüpfungssysteme reichen aus, um damit die ODER-Funktion $X_1 + X_2$ darstellen zu können?

(1) NAND
(2) NOR
(3) ANTIVALENZ - UND
(4) ÄQUIVALENZ

Wenn die Funktion darstellbar ist, dann geben Sie eine Lösung an, und zeigen Sie, dass Ihre Lösung richtig ist.
Wenn Sie glauben, dass eine Darstellung mit einem der Verknüpfungssysteme nicht möglich ist, versuchen Sie dies zu begründen. ◇

Aufgabe 1.6 *KV-Diagramm*

Die Funktionen $F_1(X_1, X_2, X_3, X_4) = X_1(X_2 + X_3X_4) + \bar{X}_1\bar{X}_3$
und $F_2(X_1, X_2, X_3, X_4) = X_1\bar{X}_2(\bar{X}_4 + \bar{X}_3X_4) + \bar{X}_1X_3$

lassen sich wie folgt im KV-Diagramm darstellen:

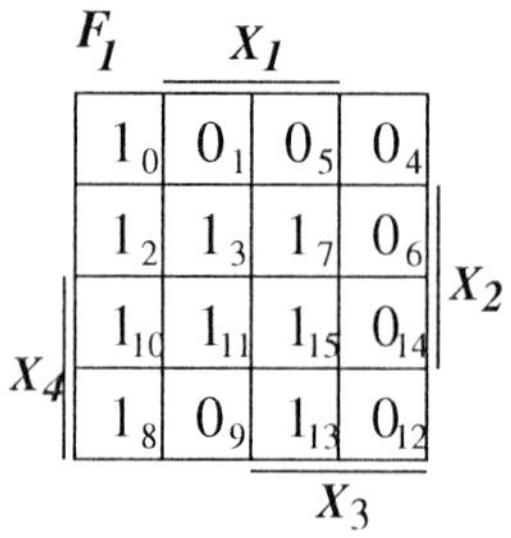

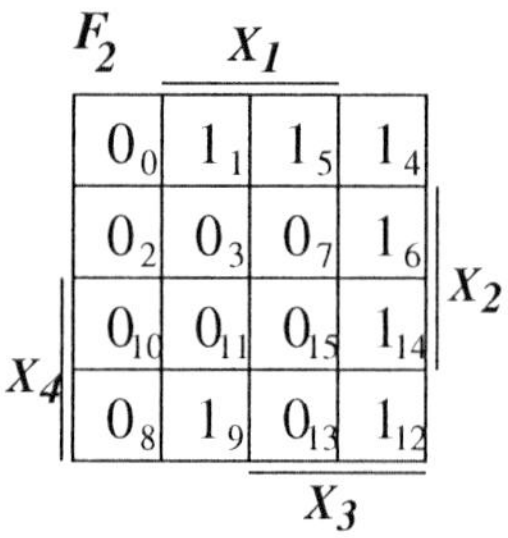

F_1 (X_1 über der 2. und 3. Spalte, X_3 unter der 3. und 4. Spalte, X_2 neben der 2. und 3. Zeile, X_4 neben der 3. und 4. Zeile)

1_0	0_1	0_5	0_4
1_2	1_3	1_7	0_6
1_{10}	1_{11}	1_{15}	0_{14}
1_8	0_9	1_{13}	0_{12}

F_2 (X_1 über der 2. und 3. Spalte, X_3 unter der 3. und 4. Spalte, X_2 neben der 2. und 3. Zeile, X_4 neben der 3. und 4. Zeile)

0_0	1_1	1_5	1_4
0_2	0_3	0_7	1_6
0_{10}	0_{11}	0_{15}	1_{14}
0_8	1_9	0_{13}	1_{12}

Stellen Sie fest, welche der folgenden Eigenschaften der Funktion F_2 im Vergleich zu F_1 erfüllt sind. Begründen Sie Ihre Aussage durch eine Argumentation über den Vergleich der beiden KV-Diagramme.

$$
\begin{array}{ll}
(1) & F_1(1,0,0,1) + F_2(1,0,0,1) = 0 \\
(2) & F_1 \equiv F_2 = 0 \\
(3) & F_1 = \bar{F}_2 + X_1X_2X_3X_4 \\
(4) & \bar{F}_1 + \bar{F}_2 = 1 \\
(5) & F_1 \not\equiv F_2 = 1
\end{array}
$$

◇

Aufgabe 1.7 *Normalformen*

Gegeben sei die folgende vollständig definierte Boolsche Funktion F:

$$F(A,B,C,D) = \bar{B}\bar{D}(\bar{B}\bar{C} + A) + D(AC + \bar{A}(B\bar{C} + \bar{B}C)).$$

a) Leiten Sie für die Funktion F die kanonische disjunktive Normalform (KDNF) her!

b) Stellen Sie eine Funktionstabelle auf und tragen Sie dort alle Minterme und Maxterme der Funktion F ein. Geben Sie die kanonische konjunktive Normalform (KKNF) von F an! ◇

Aufgabe 1.8 *Kanonische Normalform und Äquivalenz*

Untersuchen Sie mit Hilfe von kanonischen Normalformen, ob die folgende Äquivalenz von Ausdrücken gültig ist:

$$[(A \equiv B)(B \equiv C)(A \not\equiv C)](B \not\equiv D \not\equiv E) \overset{?}{=} B(A+C)(D \not\equiv E) + \overline{B+AC}\;\overline{D \not\equiv E}$$

◇

Aufgabe 1.9 *Normalformen und KV-Diagramm*

Welche der nachfolgenden Funktionen F_1, F_2, F_3 und/oder F_4 stellen eine DNF zur folgenden Funktion F dar:

$$F(X_1,X_2,X_3,X_4) = (X_2 + X_3\bar{X}_4)X_3 + X_1(\bar{X}_2 + X_3)$$

(1) $F_1 = X_2X_3 + X_3\bar{X}_4 + X_1\bar{X}_2 + X_1X_3$

(2) $F_2 = X_2X_3 + X_3\bar{X}_4 + X_1\bar{X}_2$

(3) $F_3 = X_2X_3\bar{X}_4 + X_2X_3X_4 + X_2X_3\bar{X}_4 + \bar{X}_2X_3\bar{X}_4 + X_1\bar{X}_2X_3 + X_1\bar{X}_2\bar{X}_3$

(4) $F_4 = X_1X_2X_3 + X_1\bar{X}_2\bar{X}_4 + \bar{X}_1X_3\bar{X}_4 + \bar{X}_1X_2X_3 + X_1\bar{X}_2X_4$

Hinweis: Am besten können Sie das Problem mit KV-Diagrammen lösen.

Aufgabe 1.10 *Logische Funktionen und Schaltnetze*

Berechnen Sie schrittweise die schaltalgebraische Funktionsdarstellung F der folgenden Schaltung:

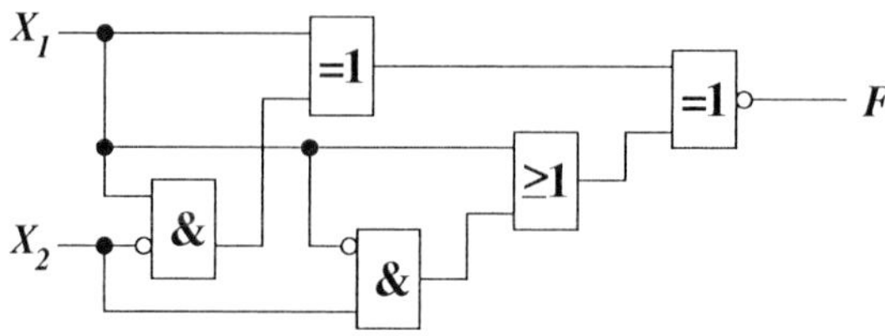

Stellen Sie fest, welche der folgenden Funktionen **(1)** bis **(6)** die Funktion der Schaltung beschreiben?

$$
\begin{array}{lll}
\textbf{(1)} & F_1 = & \overline{X_1 \equiv \bar{X}_2 X_1} \equiv (X_1 + X_2\bar{X}_1) \\
\textbf{(2)} & F_2 = & X_1 \not\equiv (X_1\bar{X}_2 \equiv X_1) + \bar{X}_1 X_2 \\
\textbf{(3)} & F_3 = & (X_1 \not\equiv X_1\bar{X}_2) \equiv (X_1 + X_2\bar{X}_1) \\
\textbf{(4)} & F_4 = & \overline{(X_1 \equiv \bar{X}_2)X_1} \equiv (X_1 + X_2)\bar{X}_1 \\
\textbf{(5)} & F_5 = & X_1 X_2 \equiv (X_1 + X_2) \\
\textbf{(6)} & F_6 = & (X_1 \equiv X_2)
\end{array}
$$

◇

Aufgabe 1.11 *Logische Funktionen und Schaltnetze*

Entwickeln Sie unabhängig voneinander die Funktionsgleichung sowie die Funktionstabelle der durch die folgende Gatterschaltung realisierten Funktion F. Versuchen Sie die mit Hilfe der Boolschen Rechenregeln die Funktionsdarstellung in eine möglichst kurze Form zu bringen.

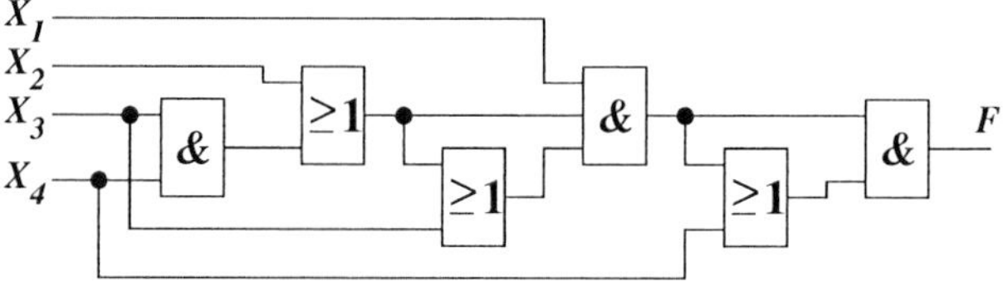

◇

Aufgabe 1.12 *Normalformen und Vereinfachung*

Gegeben sei die logische Funktion $F_1 = C(B\bar{D} + A\bar{B}D + ABD)$.

Gegeben seien weiterhin die logischen Funktionen F_2, F_3 und F_4 in Form der folgenden KV-Diagramme:

F_2		A	A		
	0_{0}	0_{1}	1_{5}	1_{4}	
	0_{2}	1_{3}	1_{7}	1_{6}	B
D	1_{10}	1_{11}	1_{15}	1_{14}	B
D	1_{8}	1_{9}	1_{13}	1_{12}	
			C	C	

F_3		A	A		
	1_{0}	1_{1}	1_{5}	1_{4}	
	1_{2}	1_{3}	0_{7}	1_{6}	B
D	0_{10}	1_{11}	1_{15}	1_{14}	B
D	1_{8}	1_{9}	0_{13}	1_{12}	
			C	C	

F_4		A	A		
	0_{0}	1_{1}	0_{5}	0_{4}	
	1_{2}	0_{3}	0_{7}	1_{6}	B
D	0_{10}	0_{11}	1_{15}	0_{14}	B
D	0_{8}	1_{9}	0_{13}	0_{12}	
			C	C	

a) Bestimmen Sie eine disjunktive Normalform (DNF) von F_1.

b) Bestimmen Sie die kanonische DNF (KDNF) von F_1.

c) Wieviele Einsen weist das KV-Diagramm von F_1 auf? Zeichnen Sie das Diagramm *nicht*, sondern benutzen Sie das Ergebnis von Teilaufgabe b).

d) Bestimmen Sie die minimale DNF von F_2.

e) Bestimmen Sie eine disjunkte DNF (DDNF) von F_2.

f) Bestimmen Sie die kanonische konjunktive Normalform (KKNF) von F_3.

g) Bestimmen Sie die minimale DNF (MDNF) von $\overline{F_2 \vee F_4}$. Ermitteln Sie die Lösung *nicht* algebraisch, sondern durch intensives Betrachten der KV-Diagramme.

h) Ist die KDNF von F_4 noch minimierbar? Begründen Sie kurz Ihre Antwort. Geben Sie *keine* Funktionsgleichungen an.

i) Geben Sie alle Primterme von F_4 an. ◇

Aufgabe 1.13 *Normalformen und Vereinfachung*

Gegeben seien die folgenden logischen Funktionen in algebraischer Form:

$$\begin{aligned} F_1 &= (A+B)(\bar{B}+C) \\ F_2 &= A \equiv B \equiv C \\ F_3 &= ABCD + \bar{C} + C\bar{D} \end{aligned}$$

Gegeben seien weiterhin die logischen Funktionen F_4, F_5 und F_6 in Form der nachfolgenden KV-Diagramme.

a) Bestimmen Sie eine disjunktive Normalform (DNF) von F_1.

b) Bestimmen Sie die kanonische DNF (KDNF) von F_1.

c) Wieviele Einsen weist das KV-Diagramm von F_1 auf? Benutzen Sie zur Lösung das Ergebnis von Teilaufgabe b).

d) Bestimmen Sie die KDNF von F_2.

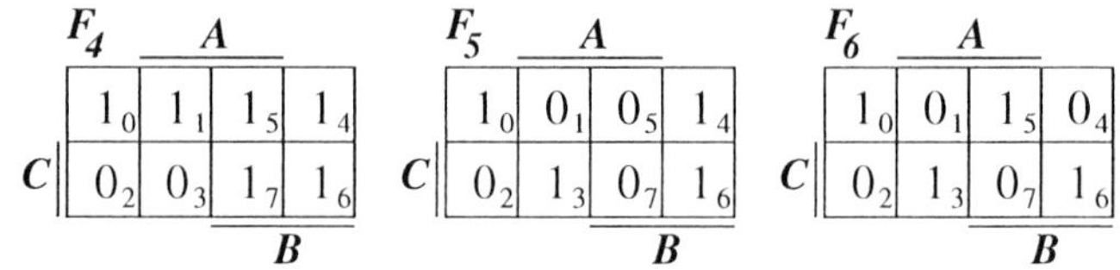

F_4

		A	A	
	1_0	1_1	1_5	1_4
C	0_2	0_3	1_7	1_6
		B	B	

F_5

		A	A	
	1_0	0_1	0_5	1_4
C	0_2	1_3	0_7	1_6
		B	B	

F_6

		A	A	
	1_0	0_1	1_5	0_4
C	0_2	1_3	0_7	1_6
		B	B	

e) Zeigen Sie, dass die Darstellung von F_3 eine disjunkte DNF (DDNF) ist.

f) Bestimmen Sie die minimale DNF von F_4.

g) Bestimmen Sie eine disjunkte DNF (DDNF) von F_4.

h) Bestimmen Sie die kanonische KNF (KKNF) von F_4.

i) Bestimmen Sie die minimale DNF von $(F_4 \not\equiv F_5)$.

j) Ist die KDNF von F_6 noch minimierbar? Begründen Sie kurz Ihre Antwort. ◇

Aufgabe 1.14 *Primterme und Kernimplikanten*

Gegeben sei die folgende Funktion F:

$$F(A,B,C,D) = \overline{\overline{B\,[\,\bar{C}\,(\bar{D}+\bar{A})+C\,(\bar{D}+\bar{A})\,]}\ \overline{A(\bar{D}+\bar{B}D)}}$$

a) Stellen Sie die Funktion F in einem KV-Diagramm dar.

b) Bestimmen Sie anhand des KV-Diagramms die Primterme von F.

c) Bestimmen Sie die Kernimplikanten der Funktion F aus dem KV-Diagramm. ◇

Aufgabe 1.15 *Primterme und Kernimplikanten*

Gegeben sei die folgende Funktion F:

$$F = X_1(\bar{X}_3 + \bar{X}_4) + \bar{X}_4(X_1 + \bar{X}_2) + (X_1 \equiv X_2)$$

a) Geben Sie die kanonische disjunktive Normalform (KDNF) der Funktion F an.

b) Bestimmen Sie anhand des KV-Diagramms die Primterme von F.

c) Bestimmen Sie die Kernimplikanten von F.

d) Geben Sie eine möglichst kurze disjunktive Normalform der Funktion F an. ◇

Aufgabe 1.16 *Primterme und Kernimplikanten*

Gegeben sei die folgende Funktion F:

$$F = X_1(X_2X_3\bar{X}_4 + \bar{X}_2(X_3 \not\equiv X_4) + \bar{X}_3\bar{X}_4) + \bar{X}_1\bar{X}_2(\bar{X}_3X_4 + (X_3 \equiv X_4))$$

Bestimmen Sie die Primterme und die Kernimplikanten von F. ◇

Aufgabe 1.17 *Primterme und Kernimplikanten*

Bestimmen Sie die Primterme und die Kernimplikanten der folgenden Funktion F:

$$F = (X_1X_2 + X_1\bar{X}_2)(X_3X_4 + X_3\bar{X}_4) + \bar{X}_1\bar{X}_2((X_3 \not\equiv X_4) + (X_3 \equiv X_4))$$

◇

Aufgabe 1.18 *Primterme und Kernimplikanten*

Im Folgenden sind Ihnen vier KV-Diagramme gegeben. Diese stellen die vier partiell definierten Funktion F_1, F_2, F_3 und F_4 dar.

Bestimmen Sie für jede der vier Funktion F_1, F_2, F_3 und F_4 deren Primterme. Tragen Sie dazu die entsprechenden Einser-Blöcke in ein KV-Diagramm ein und notieren Sie die entsprechenden Terme algebraisch.

Bestimmen Sie zu jeder der vier Funktion F_1, F_2, F_3 und F_4 deren Kernimplikanten. Geben Sie dabei für jeden gefundenen Kernimplikanten an,

F1

					E	*E*	*E*	*E*	
		A	*A*			*A*	*A*		
	X_{0}	1_{1}	1_{5}	1_{4}	1_{20}	1_{21}	1_{17}	X_{16}	
	0_{2}	1_{3}	1_{7}	0_{6}	0_{22}	X_{23}	X_{19}	0_{18}	*B*
D	X_{10}	0_{11}	0_{15}	1_{14}	X_{30}	1_{31}	1_{27}	0_{26}	*B*
D	1_{8}	0_{9}	0_{13}	1_{12}	1_{28}	1_{29}	1_{25}	X_{24}	
			C	*C*	*C*	*C*			

F2

					E	*E*	*E*	*E*	
		A	*A*			*A*	*A*		
	1_{0}	1_{1}	0_{5}	X_{4}	1_{20}	1_{21}	1_{17}	1_{16}	
	1_{2}	1_{3}	0_{7}	X_{6}	1_{22}	X_{23}	X_{19}	1_{18}	*B*
D	1_{10}	1_{11}	1_{15}	1_{14}	X_{30}	0_{31}	0_{27}	X_{26}	*B*
D	X_{8}	0_{9}	1_{13}	1_{12}	1_{28}	1_{29}	1_{25}	1_{24}	
			C	*C*	*C*	*C*			

F_3 (E: Spalten 5–8; A: Spalten 2–3 und 6–7; C: Spalten 3–6; B: Zeilen 2–3; D: Zeilen 3–4)

X_{0}	1_{1}	1_{5}	1_{4}	1_{20}	1_{21}	1_{17}	X_{16}
1_{2}	1_{3}	1_{7}	0_{6}	0_{22}	X_{23}	X_{19}	0_{18}
X_{10}	0_{11}	0_{15}	0_{14}	0_{30}	1_{31}	1_{27}	0_{26}
1_{8}	0_{9}	0_{13}	1_{12}	1_{28}	1_{29}	1_{25}	X_{24}

F_4 (E: Spalten 5–8; A: Spalten 2–3 und 6–7; C: Spalten 3–6; B: Zeilen 2–3; D: Zeilen 3–4)

1_{0}	X_{1}	X_{5}	1_{4}	1_{20}	1_{21}	1_{17}	1_{16}
1_{2}	X_{3}	1_{7}	X_{6}	0_{22}	X_{23}	1_{19}	1_{18}
X_{10}	0_{11}	0_{15}	1_{14}	1_{30}	0_{31}	0_{27}	X_{26}
X_{8}	X_{9}	0_{13}	1_{12}	X_{28}	1_{29}	1_{25}	1_{24}

aufgrund welcher Minterme Sie diesen Kernimplikanten als solchen identifiziert haben. ◇

Aufgabe 1.19 *Minimale Normalformen und Vereinfachung*

Gegeben sei die folgende Boolsche Funktion $F(A, B, C, D)$:

$$F = \bar{A}\bar{C}(\bar{B}\bar{D} + D) + A(BD + \bar{D}(B\bar{C} + \bar{B}C))$$

a) Berechnen Sie mit Hilfe der Boolschen Rechenregeln eine (die) minimale disjunktive Normalform (MDNF) von F und überprüfen Sie Ihre Lösung anhand eines KV-Diagramms.

b) Berechnen Sie eine (die) minimale konjunktive Normalform (MKNF) der Funktion F. ◇

Aufgabe 1.20 *DNF mit disjunkten Termen (DDNF)*

Welche der nachfolgend angegebenen Funktionen F_1, F_2 oder F_3 ist die kürzeste DDNF (DNF mit disjunkten Termen) zur Funktion F?

$$F(A, B, C, D) = BD + BC + \bar{A}B\bar{D} + \bar{B}C\bar{D}$$

Geben Sie zu jeder Funktion eine entsprechende Begründung.

(1) $F_1 = BD + \bar{B}C\bar{D} + \bar{A}B\bar{D} + ABC\bar{D}$

(2) $F_2 = BD + \bar{A}B + C\bar{D}$

(3) $F_3 = BD + C\bar{D} + \bar{A}B\bar{C}\bar{D}$ ◇

Aufgabe 1.21 *Minimierung mit dem QMC-Verfahren*

	D	C	B	A	F
0	0	0	0	0	0
1	0	0	0	1	1
2	0	0	1	0	1
3	0	0	1	1	1
4	0	1	0	0	0
5	0	1	0	1	1
6	0	1	1	0	1
7	0	1	1	1	1
8	1	0	0	0	0
9	1	0	0	1	1
10	1	0	1	0	1
11	1	0	1	1	0
12	1	1	0	0	0
13	1	1	0	1	1
14	1	1	1	0	1
15	1	1	1	1	0

Gegeben sei die durch nebenstehende Funktionstabelle definierte Funktion F.

a) Bestimmen Sie mit Hilfe des Quine-McCluskey(QMC)-Verfahrens alle Primterme P_i der Funktion F.

b) Bestimmen Sie mit Hilfe einer Minterm-Primterm-Tabelle die Kernimplikanten der Funktion F.

c) Gibt es relativ eliminierbare, d.h. sich wechselseitig überdeckende, Primterme und wenn ja, welche?

d) Geben Sie eine minimale DNF (MDNF) der Funktion F an.

Aufgabe 1.22 *Minimierung eines Funktionsbündels mit QMC*

	D	C	B	A	F_1	F_2
0	0	0	0	0	1	1
1	0	0	0	1	1	1
2	0	0	1	0	0	0
3	0	0	1	1	1	1
4	0	1	0	0	0	0
5	0	1	0	1	0	0
6	0	1	1	0	0	0
7	0	1	1	1	0	0
8	1	0	0	0	1	1
9	1	0	0	1	0	0
10	1	0	1	1	0	0
11	1	0	1	0	1	1
12	1	1	0	0	1	1
13	1	1	0	1	1	1
14	1	1	1	0	0	1
15	1	1	1	1	1	1

Gegeben seien die durch die nebenstehende Funktionstabelle repräsentierten Funktionen F_1 und F_2.

Bestimmen Sie durch Anwendung des QMC-Verfahrens für ein Funktionsbündel die minimalen disjunktiven Darstellungen der Funktionen F_1 und F_2 unter Berücksichtigung der gemeinsam nutzbaren Koppelterme. Beachten Sie dabei die folgenden Schritte:

- Tragen Sie die Binäräquivalente der Funktionen F_1 und F_2 sortiert in die QMC-Tabelle ein und fassen Sie entsprechende Binäräquivalente zusammen. Reservieren Sie in jeder Spalte einen Platz zum Kennzeichnen der Koppelterme.

- Ermitteln Sie die Primterme der Funktionen F_1 und F_2 aus der QMC-Tabelle.
- Bestimmen und kennzeichnen Sie die Koppelterme von F_1 und F_2. Stellen Sie in einer Tabelle zusammen welche Koppelterme durch welche anderen überdeckt werden.
- Stellen Sie für die beiden Funktionen F_1 und F_2 die Primterme und die ausgewählten Koppelterme zusammen.
- Erstellen Sie eine Minterm-Primterm-Tabelle, die zusätzlich auch die Koppelterme enthält. Kennzeichnen Sie die Kernimplikanten.
- Können Kernimplikanten auch für die jeweils andere Funktion benutzt werden, in denen sie nicht Kernimplikant sind? Kennzeichnen Sie sich diese in der anderen Funktion durch Unterstreichung. Notieren Sie anschließend die Kernimplikanten mit Angabe der Funktion, in der diese genutzt werden.
- Welche Primterme sind absolut eliminierbar?
- Streichen Sie in der Minterm-Primterm-Tabelle für jede Funktion die Zeilen und Spalten, in denen Kernimplikanten vorkommen. Können weitere Spalten eliminiert werden? Wenn ja, welche?
- Treffen Sie eine Auswahl unter den relativ eliminierbaren Primtermen und geben Sie für jede Funktion eine minimale disjunktive Form unter Berücksichtigung der Koppelterme an. ◇

Aufgabe 1.23 *Anwendung des QMC-Verfahrens*

Entwickeln Sie mit Hilfe des QMC-Verfahrens ein minimales UND/ODER-Schaltnetz zur Realisierung der in kanonischer disjunktiver Normalform (KDNF) gegebenen Funktion F:

$$F = \bar{A}\bar{B}\bar{C}\bar{D} + AB\bar{C}D + \bar{A}\bar{B}\bar{C}D + A\bar{B}\bar{C}D + \bar{A}B\bar{C}\bar{D} + \bar{A}B\bar{C}D$$

Beachten Sie, dass Sie zur Erzeugung eines UND/ODER-Schaltnetzes eine minimale konjunktive Normalform (MKNF) für F benötigen. Überlegen Sie sich deshalb vorher wie Sie mit dem QMC-Verfahren eine solche MKNF erzeugen können, d.h. welche Terme von F zur Berechnung einer MKNF in der QMC-Tabelle aufgelistet und verarbeitet werden müssen.

Bestimmen Sie zunächst explizit die Primterme, dann die Kernimplikanten und geben Sie die minimierte Funktion an. Formen Sie diese anschließend entsprechend um. ◇

Aufgabe 1.24 *Minimierung eines Funktionsbündels mit QMC*

	D	C	B	A	F_1	F_2	F_3
0	0	0	0	0	1	0	0
1	0	0	0	1	X	1	0
2	0	0	1	0	0	0	0
3	0	0	1	1	0	0	0
4	0	1	0	0	0	0	X
5	0	1	0	1	0	X	1
6	0	1	1	0	X	0	0
7	0	1	1	1	1	0	0
8	1	0	0	0	0	0	1
9	1	0	0	1	1	1	1
10	1	0	1	1	0	X	X
11	1	0	1	0	0	0	X
12	1	1	0	0	0	X	0
13	1	1	0	1	0	1	X
14	1	1	1	0	0	X	0
15	1	1	1	1	0	1	1

Gegeben seien die nebenstehenden unvollständig definierten logischen Funktionen F_1, F_2 und F_3 als Wertetabellen. Bestimmen Sie durch Anwendung des QMC-Verfahrens für Funktionsbündel die minimalen disjunktiven Darstellungen der drei Funktionen unter Berücksichtigung der gemeinsam nutzbaren Koppelterme. Sie können sich bei der Bearbeitung an den Unterpunkten der Aufgabe 1.22 orientieren.

Aufgabe 1.25 *Vereinfachung von Schaltfunktionen*

Gegeben seien die Funktionsgleichungen für X und Y:

$$X = \overline{(\bar{B}+\bar{D}+A\bar{C})\,(\bar{A}+(\overline{CD}\;\overline{\bar{B}\bar{C}}))} + \overline{\bar{C}+A+\bar{B}\bar{D}} + A(\bar{B}+CD)+\bar{A}B\bar{C}$$

$$Y = C(AB+\bar{A}\bar{B}) + \bar{D}(\bar{A}\bar{B}+AB)$$

Entwerfen Sie eine möglichst einfache Schaltung zur Realisierung beider Funktionen unter Ausnutzung aller Vereinfachungsmöglichkeiten. Dabei sind insbesondere folgende Gatterarten zugelassen:

UND ODER NAND NOR EXOR NICHT.

Die Eingangsvariablen liegen nur in nichtnegierter Form vor.

Bestimmen Sie den Punktwert Ihrer Lösung nach folgendem Schema: Jedes Gatter zählt 2 Punkte und jeder Eingang eines Gatters 1 Punkt, eine Negation zählt demnach 3 Punkte. ◇

Aufgabe 1.26 *Vereinfachung von Schaltnetzen*

Gegeben sei die nachfolgend dargestellte Gatterschaltung.

a) Geben Sie die diese Schaltung beschreibende Funktionsgleichung $F = F(A, B, C, D)$ an.

b) Wie lautet die kanonische disjunktive Normalform (KDNF) der Funktion F?

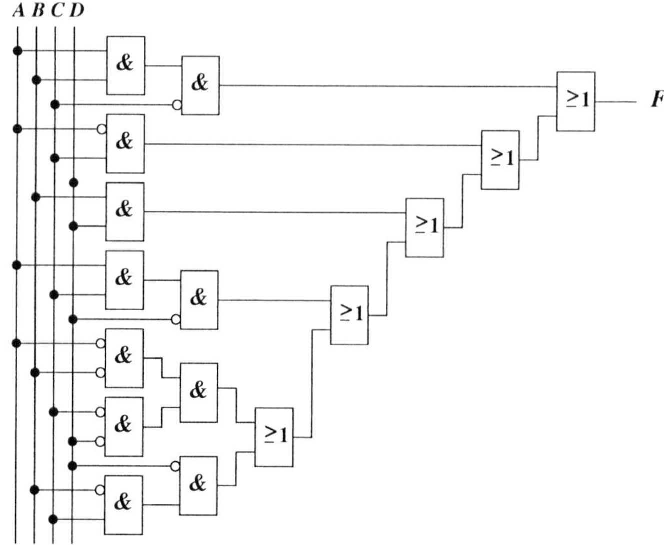

c) Bestimmen Sie mit Hilfe des QMC-Verfahrens die Primterme und die Kernimplikanten der Funktion F.

d) Welche Primterme sind absolut eliminierbar und welche sind relativ eliminierbar?

e) Geben Sie alle minimalen disjunktiven Normalformen (MDNFs) Lösungen der Funktion F an.

f) Überprüfen Sie Ihre Lösung mit Hilfe des KV-Diagramms.

g) Wie würde eine minimale Funktionsdarstellung von F lauten, wenn Ihnen nur NAND-Bausteine zur Verfügung stehen? ◇

Aufgabe 1.27 *Schaltnetzentwicklung*

Entwerfen Sie eine möglichst minimale Schaltung zur Erzeugung der nachfolgend verbal definierten Signale X, Y und Z. Eingangssignale ihrer Schaltung seien vierstellige Binärkombinationen, die als vierstellige Dualzahlen $E=(DCBA)|_2$ zu interpretieren sind.

Der Ausgang X soll gleich 1 sein, wenn eine Zahl mit Gewicht $W(E)\geq 2$ anliegt, d.h. wenn mehr als eine Eins in der Eingangskombination enthalten ist, und ansonsten 0.

Der Ausgang Y soll gleich 1 sein, wenn eine Zahl mit einem dezimalen Wert kleiner als vier anliegt, und ansonsten 0.

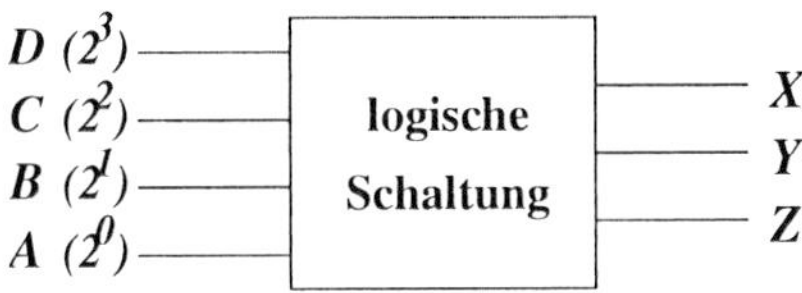

Der Ausgang Z soll gleich 1 sein, wenn eine durch drei teilbare Dualzahl anliegt, und ansonsten 0.

a) Erstellen Sie die Funktionstabelle für die Schaltung.

b) Bestimmen Sie mit Hilfe von KV-Diagrammen und algebraischen Umformungen minimierte Ausgangsgleichungen für X, Y, Z.

c) Geben Sie die Funktionsgleichungen für X und Y für eine Realisierung in NOR-Technik an. Dabei sei angenommen, dass die Variablen auch in negierter Form vorliegen. ◇

Aufgabe 1.28 *Schaltnetzentwicklung*

Gesucht sei eine Schaltung zur Erzeugung eines Parity-Bits (Funktion F) für eine vierstellige Dualzahlenkombination (D, C, B, A).

a) Geben Sie die KDNF der Funktion F für gerade Parität, d.h. gerade Anzahl Einsen an!

b) Geben Sie die KKNF der Funktion F an!

c) Zeichnen Sie das KV-Diagramm der Funktion F. Kann die Funktion im KV-Diagramm vereinfacht werden? (Begründung)

d) Formen Sie die KDNF für F schrittweise mit Hilfe der Gesetze der Boolschen Algebra um, so dass sich eine möglichst einfache Darstellung ergibt.
Hinweis: Mit Hilfe von Antivalenz- $X = A\bar{B} + \bar{A}B$ bzw. Äquivalenzfunktionen können Sie auf eine Funktionsdarstellung kommen, bei der nur 3 Gatter mit je zwei Eingängen benötigt werden. ◇

Aufgabe 1.29 *Schaltnetzentwicklung*

Gesucht sei ein DNF-Schaltnetz für die Multiplikation von zwei 2-stelligen Dualzahlen $\underline{A} = (A_1, A_0)$ und $\underline{B} = (B_1, B_0)$ (Ergebnis ist 4-stellig).

a) Leiten Sie die minimalen Funktionsgleichungen für die vier Ergebnisstellen mit Hilfe von KV-Diagrammen ab.

b) Entwerfen und realisieren Sie eine Schaltung in NAND-Technik. ◇

Aufgabe 1.30 *Schaltnetzentwicklung*

U	E	D	C	B	A
-15 V	0	0	0	0	1
-14 V	0	0	0	1	0
-13 V	0	0	0	1	1
-12 V	0	0	1	0	0
⋮					
- 3 V	0	1	1	0	1
- 2 V	0	1	1	1	0
- 1 V	0	1	1	1	1
0	1	0	0	0	0
+ 1 V	1	0	0	0	1
+ 2 V	1	0	0	1	0
+ 3 V	1	0	0	1	1
⋮					
+13 V	1	1	1	0	1
+14 V	1	1	1	1	0
+15 V	1	1	1	1	1

Ein Analog-Digital-Wandler (ADW) gemäß nachfolgendem Blockschaltbild setze Spannungswerte in einem Bereich zwischen $-15\,V$ und $+15\,V$ in das in der nebenstehenden Tabelle dargestellte fünfstellige binäre Bitmuster (E, D, C, B, A) um.

Die umgesetzten Digitalwerte sollen als vierstellige Dualzahlen (X_3, X_2, X_1, X_0) mit Vorzeichen V dargestellt werden.

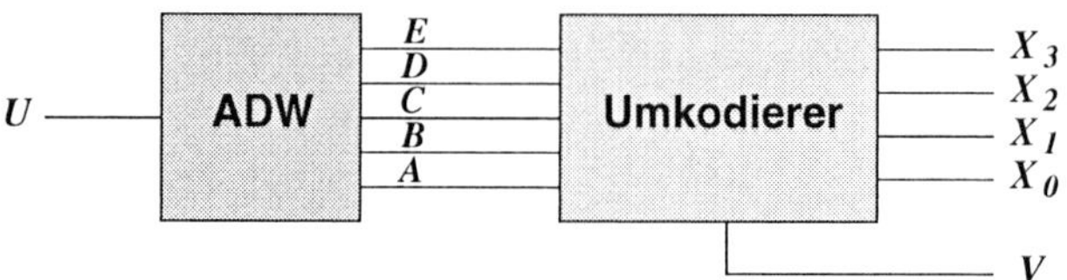

a) Entwerfen Sie mit Hilfe von KV-Diagrammen eine minimale Schaltung des Umcodierers, welcher den Ausgangscode des ADW in eine Dualzahl mit Vorzeichen umsetzt.

b) Realisieren Sie die Schaltung für X_0 und X_1 in NAND-Technik, und für X_2 und X_3 in NOR-Technik.

◇

Aufgabe 1.31 *Schaltnetzentwurf*

Für eine 7-Segment-LED-Würfel-Anzeige gemäß folgender Skizze soll eine optimierte Ansteuerschaltung für dreistellige dual kodierte Zahlen (X_2, X_1, X_0) entworfen werden.

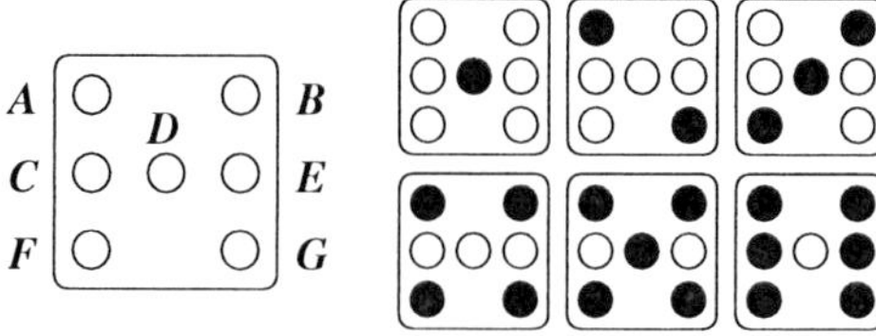

Bei der zu entwerfenden Ansteuerschaltung handelt es sich um einen 3-Bit-zu-7-Segment-Decoder. Die 7 Segmente der LED-Anzeige sind durch die Variablen A, B, C, D, E, F, G gekennzeichnet. Die Skizze zeigt die möglichen Anzeigekombinationen der LED-Würfel-Anzeige.

Stellen Sie die sieben Funktionen in einer Funktionstabelle dar und entwickeln daraus mit Hilfe von KV-Diagrammen die optimierten Ansteuergleichungen. ◇

Aufgabe 1.32 *Schaltnetzentwurf*

Für eine 7-Segment-LED-Anzeige soll eine optimierte Ansteuerschaltung entworfen werden (4-Bit-zu-7-Segment-Decoder).

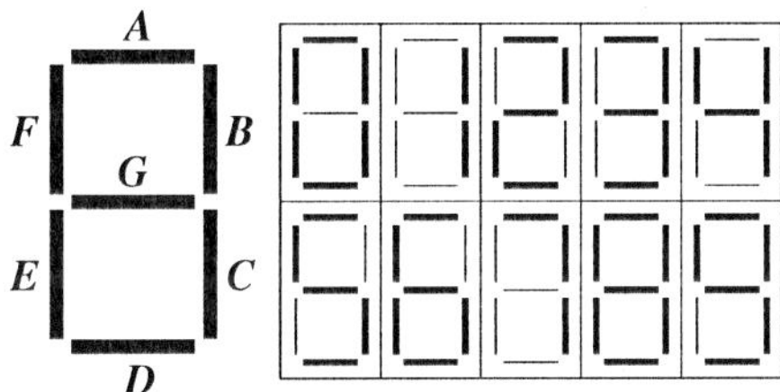

Die sieben Segmente der LED-Anzeige seien durch die Variablen $A, B, C,$ D, E, F, G gekennzeichnet. Die Skizze zeigt die möglichen Anzeigekombinationen. Stellen Sie die sieben Funktionen in einer Funktionstabelle dar und entwickeln Sie mit Hilfe von KV-Diagrammen die optimierten Ansteuergleichungen. Berücksichtigen Sie dabei, dass sich außer der algebraischen Vereinfachung auch Optimierungen durch Mehrfachverwendung von Gattern (Funktionsbündel) ergeben. ◇

Aufgabe 1.33 *Schaltnetzentwicklung*

	BCD				**Aiken**			
	D	C	B	A	X_3	X_2	X_1	X_0
0	0	0	0	0	0	0	0	0
1	0	0	0	1	0	0	0	1
2	0	0	1	0	0	0	1	0
3	0	0	1	1	0	0	1	1
4	0	1	0	0	0	1	0	0
5	0	1	0	1	1	0	1	1
6	0	1	1	0	1	1	0	0
7	0	1	1	1	1	1	0	1
8	1	0	0	0	1	1	1	0
9	1	0	0	1	1	1	1	1

Zur Umcodierung der BCD-kodierten Ziffern 0 bis 9 in den Aiken-Code soll ein Schaltnetz entwickelt werden. Die beiden Codes sind in nebenstehender Tabelle dargestellt.

Entwerfen Sie ein optimiertes Schaltnetz zur Realisierung des Funktionsbündels $(X_1, X_2, X_3, X_4) = \underline{F}(A, B, C, D)$ mit Hilfe von KV-Diagrammen. Stellen Sie dazu insbesondere fest, welche Terme sich als Koppelterme eignen und geben Sie die MDNFs des Bündels unter Berücksichtigung dieser Koppelterme an. ◇

Aufgabe 1.34 *Schaltnetzentwicklung*

	5-stelliger Code					Dual-Code			
	E	D	C	B	A	X_3	X_2	X_1	X_0
0	0	0	0	1	0	0	0	0	0
1	1	1	0	0	1	0	0	0	1
2	0	0	1	1	0	0	0	1	0
3	0	1	1	1	0	0	0	1	1
4	1	1	0	1	0	0	1	0	0
5	1	1	0	0	0	0	1	0	1
6	1	1	1	0	1	0	1	1	0
7	0	1	1	0	0	0	1	1	1
8	0	1	1	0	1	1	0	0	0
9	1	0	1	0	0	1	0	0	1
A	0	1	1	1	1	1	0	1	0
B	0	0	0	1	1	1	0	1	1
C	1	1	1	1	0	1	1	0	0
D	1	0	1	1	0	1	1	0	1
E	1	1	1	0	0	1	1	1	0
F	1	1	0	1	1	1	1	1	1

Gegeben sei der nebenstehende fünfstellige redundanzhaltige Code zur Darstellung der Sedezimalziffern 0 bis F, mit dem eine fehlersichernde Datenübertragung ermöglicht wird.

Für diesen fünfstelligen Code sei ein Codewandler zur Wandlung in den Dual-Code vorhanden. Benötigt werde aber zusätzlich noch eine Schaltung zur Erkennung unzulässiger fehlerhafter Kombinationen, um eventuelle Übertragungsfehler zu erkennen.

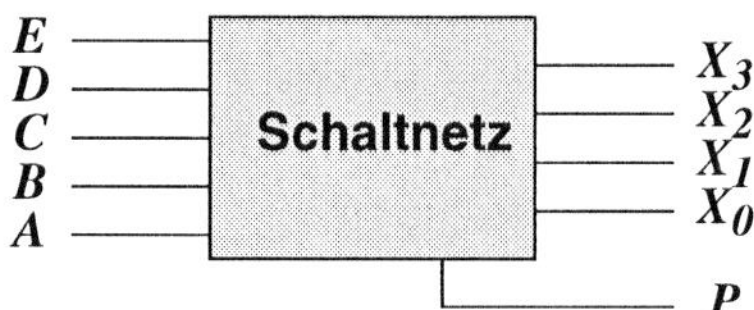

Entwickeln Sie mit Hilfe des QMC-Verfahrens ein minimales UND/-ODER-Schaltnetz zur Erzeugung des Signals P, welches durch $P = 1$ anzeigt, wenn eine unzulässige Kombination, d.h. eine Kombination, die keiner der Hexadezimalziffern 0 bis F entspricht, am Ausgang der Übertragungsstrecke auftritt. ◇

Aufgabe 1.35 *Schaltnetzentwicklung*

Entwerfen Sie eine Schaltung zur automatischen Generierung des Zweierkomplements von dreistelligen Dualzahlen mit einem Vorzeichen V

$(0 = +,\ 1 = -)$. Die Eingangsvariablen der Schaltung seien (V, a, b, c).

a) Erstellen Sie die Wertetabelle für die Schaltung. Überlegen Sie zuerst wieviele Ausgangsvariable die Schaltung besitzen muss.

b) Bestimmen Sie mit Hilfe von KV-Diagrammen und algebraischen Umformungen minimierte Ausgangsgleichungen. Dabei sind auch mehrstufige Schaltungen zugelassen. ◇

Aufgabe 1.36 *Schaltnetzentwicklung*

Gegeben sei das folgende Gleissystem, wobei W_A, W_B, W_C und W_D Weichen mit den zwei möglichen Stellungen -geradeaus- und -abzweigen- seien. S_1, S_2, S_3 und S_4 seien Signale mit den Stellungen -freie Fahrt- und -Halt-.

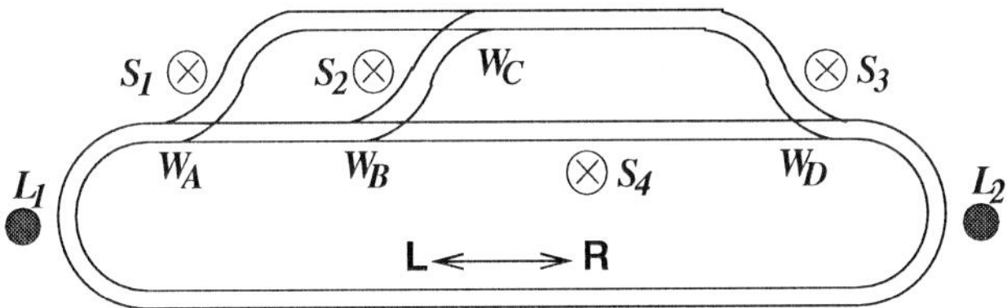

Mit den Haltesignalen S_1, S_2, S_3 und S_4 soll verhindert werden, dass ein Zug von hinten über eine Weiche fährt, ohne dass diese in die entsprechende Fahrtrichtung des Zuges gestellt ist (z.B. muss S_2 -Halt- zeigen, wenn bei einem in Fahrtrichtung L fahrenden Zug W_B auf -abbiegen- und W_C auf -geradeaus- steht).

Entwerfen Sie eine minimale Schaltung, welche die Signale S_1, S_2, S_3 und S_4 entsprechend der oben formulierten Sicherheitsbedingung setzt. Die Haltesignale sollen dabei für beide Fahrtrichtungen gelten. Sie können für den Entwurf davon ausgehen, dass das Lichtschrankensystem aus L1 und L2 zuverlässig durch das Signal L anzeigt, in welche Richtung ein Zug fährt ($L\!=\!0 \rightarrow$ Rechts, $L\!=\!1 \rightarrow$ Links).

Für den logischen Entwurf der Schaltung können Sie folgende Vereinbarung treffen:
Bei den Weichen entspricht eine 0 der Stellung -geradeaus- und eine 1 der Stellung -abzweigen-, bei den Signalen entspricht eine 0 der Stellung -freie Fahrt- und eine 1 der Stellung -Halt-.
Es gilt somit: $(S_1, S_2, S_3, S_4) = F(L, W_A, W_B, W_C, W_D)$. ◇

Aufgabe 1.37 *Schaltnetzentwicklung*

	BCD				Gray			
	D_3	D_2	D_1	D_0	G_3	G_2	G_1	G_0
0	0	0	0	0	0	0	0	0
1	0	0	0	1	0	0	0	1
2	0	0	1	0	0	0	1	1
3	0	0	1	1	0	0	1	0
4	0	1	0	0	0	1	1	0
5	0	1	0	1	0	1	1	1
6	0	1	1	0	0	1	0	1
7	0	1	1	1	0	1	0	0
8	1	0	0	0	1	1	0	0
9	1	0	0	1	1	1	0	1

Gesucht sei eine Schaltung zur Umwandlung des vierstelligen Gray-Codes in den BCD-Code.

a) Der Codewandler soll als zweistufigen UND/ODER-Schaltnetz ausgeführt werden. Bestimmen Sie dazu die minimalen Funktionsgleichungen für die vier Dualstellen $D_3, D_2, D_1, D_0 = F(G_3, G_2, G_1, G_0)$.

b) Der Codewandler kann auch durch das folgende mehrstufige, aber weniger aufwendige Schaltnetz realisiert werden.

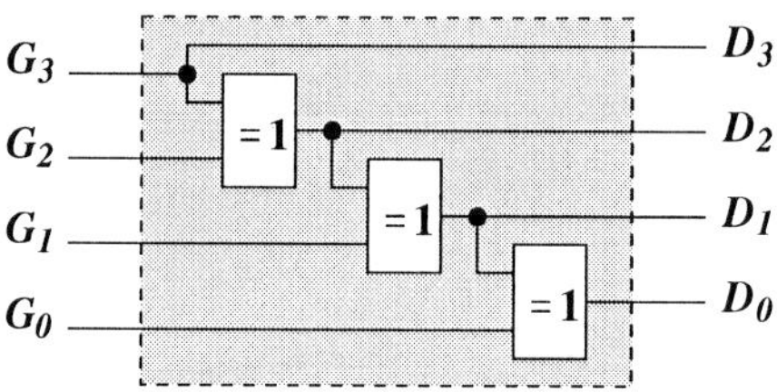

Zeigen Sie mit Hilfe der Boolschen Algebra, dass die das Schaltnetz beschreibenden Funktionsgleichungen

$$D_3 = G_3 \qquad D_2 = (G_2 \not\equiv D_3)$$
$$D_1 = (G_1 \not\equiv D_2) \qquad D_0 = (G_0 \not\equiv D_1)$$

Gültigkeit haben, indem Sie diese auf die unter a) entwickelte Darstellung umformen. ◇

Aufgabe 1.38 *Schaltnetzentwicklung mit Aussagenlogik*

Zum Größenvergleich zweier Dualzahlen A und B soll eine Komparatorschaltung gemäß nachfolgender Abbildung entworfen werden.

Die Ausgänge X, Y und Z seien folgendermaßen definiert:

Der Ausgang X soll gleich 1 sein, wenn $A < B$.
Der Ausgang Y soll gleich 1 sein, wenn $A = B$.
Der Ausgang Z soll gleich 1 sein, wenn $A \geq B$.

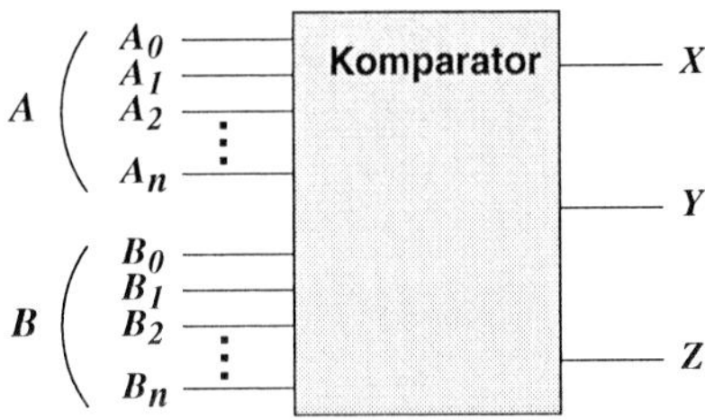

a) A und B seien zweistellige Dualzahlen, wobei die Bitstelle mit dem Index 0 die niederwertigste Bitstelle darstellt. Entwerfen Sie ein optimiertes Schaltnetz zur Realisierung des Funktionsbündels $(X, Y, Z) = \underline{F}(A_1, A_0, B_1, B_0)$ mit Hilfe von KV-Diagrammen. Gibt es Terme, die sich dabei als Koppelterme eignen? Geben Sie minimale Ausdrücke für die drei Funktionen an.

b) A und B seien nun dreistellige Dualzahlen. Formulieren Sie den Stellenvergleich mit Hilfe aussagenlogischer Formeln für die folgenden Aussagen:

Der Ausgang X_1 soll gleich 1 sein, wenn $A < B$.
Der Ausgang X_2 soll gleich 1 sein, wenn $A > B$.
Der Ausgang Y soll gleich 1 sein, wenn $A = B$.
Der Ausgang Z_1 soll gleich 1 sein, wenn $A \geq B$.
Der Ausgang Z_2 soll gleich 1 sein, wenn $A \leq B$.

c) Entwickeln Sie aus den aussagenlogischer Formeln von Unterpunkt b) Boolsche Funktionen zur Realisierung entsprechender Schaltnetze für die fünf Aussagen.

d) Reduzieren Sie die Boolsche Funktionen aus c) auf den Fall zweistelliger Dualzahlen und vergleichen Sie die Lösung mit der unter a) entwickelten Lösung. ◇

Aufgabe 1.39 *Schaltnetzentwicklung mit Aussagenlogik*

Geben Sie die Boolschen Funktionsgleichungen eines Schaltnetzes zur Realisierung eines Komparators gemäß nachfolgender Abbildung für den Vergleich dreier dreistelliger Dualzahlen A, B und C an. Dabei sei die Bitstelle mit dem Index 2 sei die höchstwertigste Bitstelle.

Das Ausgangssignal X soll gleich 1 sein, wenn A die größte Zahl darstellt, d.h. wenn $A > B$ und $A > C$ ist.

Entsprechend sollen Y bzw. Z gleich 1 sein, wenn B bzw. C die größte Zahl darstellt.

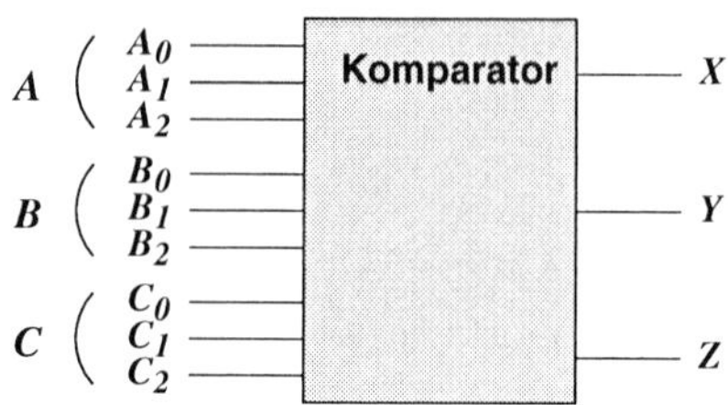

Formulieren Sie den Stellenvergleich mit Hilfe aussagenlogischer Formeln und leiten Sie daraus die boolschen Funktionen zur Realisierung eines entsprechenden Schaltnetzes für die drei Ausgangssignale A, B und C ab. ◇

Aufgabe 1.40 *Schaltnetzentwicklung mit Aussagenlogik*

Es ist eine kombinierte Komparator-/Meldeschaltung zu entwerfen, mit der angezeigt wird (Ausgang $X=1$), wenn ein dreistelliger dualer Eingangswert $\underline{E}=(E_2, E_1, E_0)$ gleich einem Sollwert $\underline{S}=(S_2, S_1, S_0)$ ist und gleichzeitig ein zweistelliges Bitmuster $\underline{B}=(B_1, B_0)$ über ein Bitmuster $\underline{A}=(A_1, A_0)$ dominiert.

a) Geben Sie die Schaltung an, wobei der Komparator und die Meldeschaltung zunächst als Blockschaltbilder zu betrachten sind.

b) Leiten Sie mit Hilfe der Aussagenlogik die schaltalgebraischen Funktionsgleichungen des Binärkomparators X_1 und der Meldeschaltung X_2 her.

c) Formen Sie die Funktionsgleichungen aus b) so um, dass die komplette Schaltung in NAND-Technik realisiert werden kann.

d) Leiten Sie eine DNF des Komparators für den Fall her, dass nicht nur angezeigt wird, wenn der Eingangswert $\underline{E}$ gleich dem Sollwert $\underline{S}$ ist, sondern auch wenn der Eingangswert größer als der Sollwert ist, d.h. wenn $\underline{E} \geq \underline{S}$ gilt. ◇

Aufgabe 1.41 *Halbaddierer und vollständige Operatorensysteme*

a) Geben Sie für den abgebildeten Halbaddierer (HA) die Werte von Summen- und Übertragsbit (S bzw. $\ddot{U}$) in Abhängigkeit von den Eingängen A und B an.

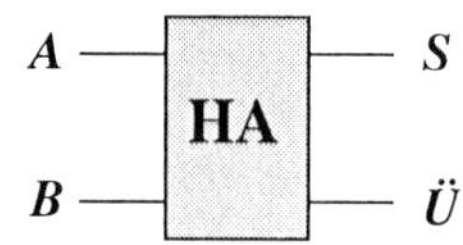

b) Welcher Wert ergibt sich für S, wenn B dauerhaft auf logisch 1 gelegt wird?

c) Welcher Wert ergibt sich in der folgenden Schaltung für S_1 in Abhängigkeit von A und B? Vereinfachen Sie das Ergebnis so weit wie möglich.

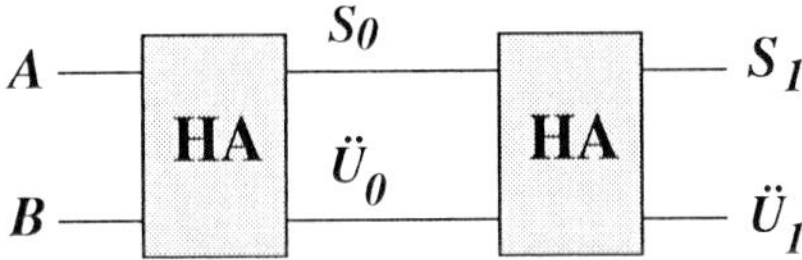

d) Begründen Sie unter Verwendung der Ergebnisse der vorhergehenden Teilaufgaben, dass allein unter Verwendung von HA als Bausteinen jede beliebige logische Funktion F realisiert werden kann.

e) Zeigen Sie durch Umformung, dass $(A \not\equiv \bar{B}) = (A \equiv B)$ gilt.

f) Zeichnen Sie eine nur aus zwei Halbaddierern sowie Leitungen bestehende Schaltung, welche die Äquivalenzverknüpfung zweier Variablen A und B realisiert. ◇

Aufgabe 1.42 *Vollständige Operatorensysteme*

a) Nennen Sie drei vollständige Operatorensysteme.

b) Geben Sie für den nachfolgend abgebildeten hypothetischen Baustein die Ausgangsfunktionen Y_2 und Y_3 in Abhängigkeit von X_1 und X_2 an.

c) Welcher Wert ergibt sich für Y_1, wenn X_2 dauerhaft auf logisch 0 gelegt wird?

d) Begründen Sie unter Verwendung der Ergebnisse der vorhergehenden Teilaufgaben, dass allein unter Verwendung von Bausteinen wie dem oben abgebildeten jede beliebige logische Funktion F realisiert werden kann.

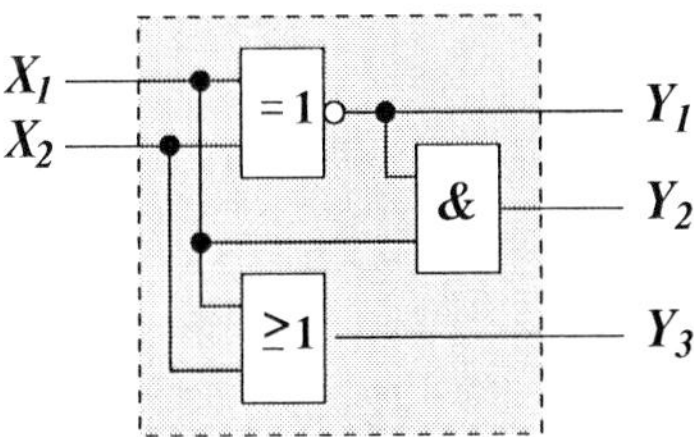

e) Vervollständigen Sie das folgende Schaltbild, so dass die Schaltfunktion $F = \bar{A}B$ realisiert wird. Fügen Sie nur Leitungen sowie eventuell logische Konstanten hinzu.

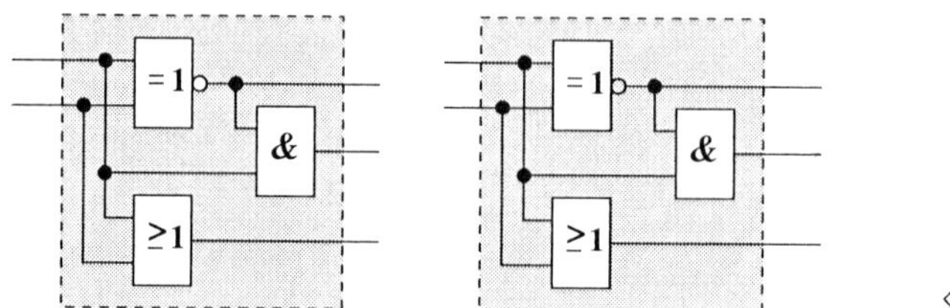

◇

Aufgabe 1.43 *Halbaddierer und vollständige Operatorensysteme*

a) Beweisen Sie, dass man allein mit Halbaddierern (HA) als Bausteinen alle Schaltfunktionen realisieren kann.

b) Angenommen, Sie wollen einen Volladdierer (VA) bauen und haben nur Halbaddierer (HA) als Bausteine zur Verfügung. Geben Sie eine geeignete Schaltung zur Realisierung an. ◇

Aufgabe 1.44 *Entwurf von Multiplexschaltungen*

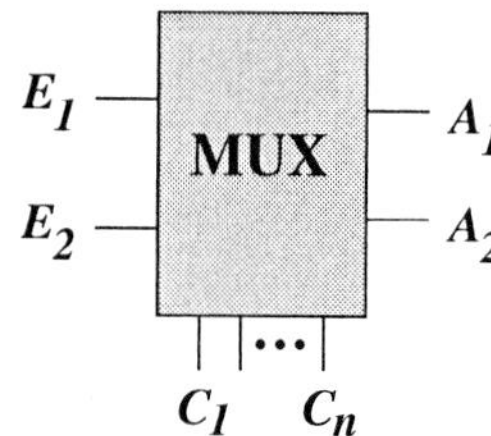

Geben Sie das Schaltbild eines Multiplexers (MUX) mit zwei Eingängen und zwei Ausgängen gemäß nebenstehendem Schaltsymbol an. Mit diesem MUX soll jeder der 2 Eingänge auf jeden der 2 Ausgänge geschaltet werden können, wobei jeweils der andere Eingang auf den verbleibenden Ausgang durchgeschaltet sein soll.

Wieviele Steuereingänge werden bei diesem MUX benötigt? ◇

Aufgabe 1.45 *Entwurf von Multiplexschaltungen*

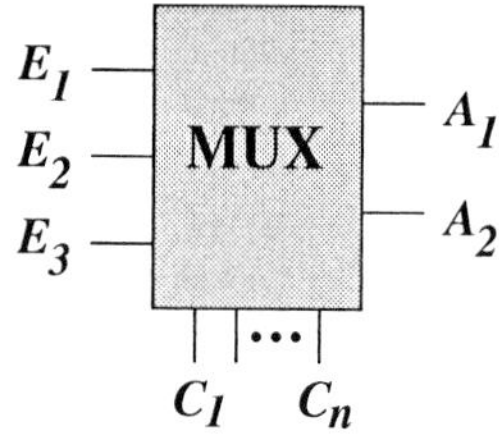

Entwerfen Sie einen MUX mit drei Eingängen und zwei Ausgängen gemäß nebenstehendem Schaltsymbol. Mit diesem MUX soll jeder der 3 Eingänge auf jeden der 2 Ausgänge geschaltet werden können, wobei jeweils immer 2 der 3 Eingänge durchgeschaltet sind.

a) Stellen Sie eine Funktionstabelle mit allen Permutationen, d.h. möglichen Zuordnungen von Eingangs- zu Ausgangssignalen, auf. Stellen Sie fest, wieviele Steuereingänge minimal benötigt werden und geben Sie in der Tabelle auch Ihre Zuordnung der Steuerkombinationen zu den Ein-/Ausgangskombinationen an.

b) Geben Sie die Funktionsgleichungen des MUX für die Ausgänge A_1 und A_2 an. Sie können dazu annehmen, dass Sie den MUX als vierstufiges Schaltnetz realisieren.

c) Zeichnen Sie das Schaltbild des MUX, wobei Ihnen insgesamt 8 ODER-Gatter und 12 UND-Gatter zur Verfügung stehen.

d) Formen Sie die Schaltung des vierstufigen MUX in eine einfachere dreistufige um (Funktionsgleichungen genügen). ◇

Aufgabe 1.46 *Realisierung von Funktionen durch Multiplexer*

Eine logische Funktion F soll durch die geeignete Beschaltung eines Multiplexers realisiert werden. Gegeben sei diese Funktion in Form des folgenden KV-Diagramms.

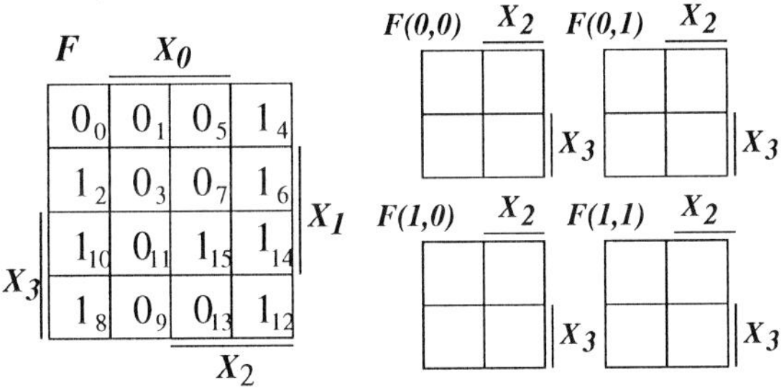

a) Zerlegen Sie das Diagramm in vier Teildiagramme. Übertragen Sie dazu die entsprechenden Einträge aus dem KV-Diagramm der Funktion $F(X_3, X_2, X_1, X_0)$ in die entsprechenden Diagramme der Teilfunktionen $F(X_1 = 0, X_0 = 0)$, $F(X_1 = 0, X_0 = 1)$, $F(X_1 = 1, X_0 = 0)$ und $F(X_1 = 1, X_1 = 1)$.

b) Bestimmen Sie mit Hilfe dieser Teildiagramme die (minimierten) Funktionsgleichungen der vier Teilfunktionen in Abhängigkeit von X_2 und X_3.

c) Beschalten Sie die Eingänge des folgenden MUX derart, dass sich am Ausgang des MUX die Funktion F ergibt.

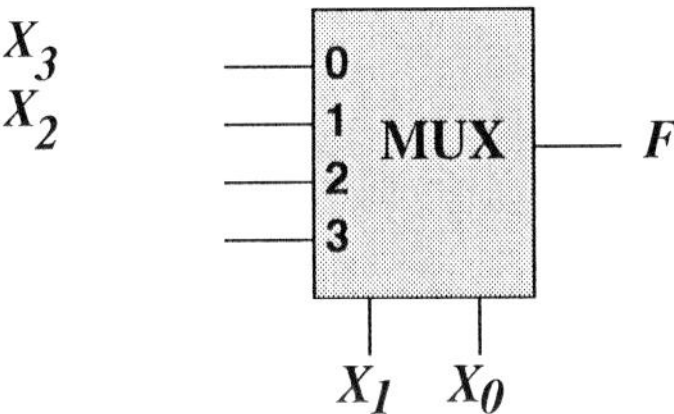

Die Eingänge X_0 und X_1 dienen dabei als Steuereingänge des MUX. Durchgeschaltet wird jeweils der Eingang mit der Nummer $(X_1 X_0)|_2$.
Hinweis: Sie benötigen nur zwei zusätzliche Gatter.

d) Welche logische Funktion F_1 wird durch die folgende MUX-Schaltung realisiert? Vereinfachen Sie die Funktionsgleichung *nicht*.

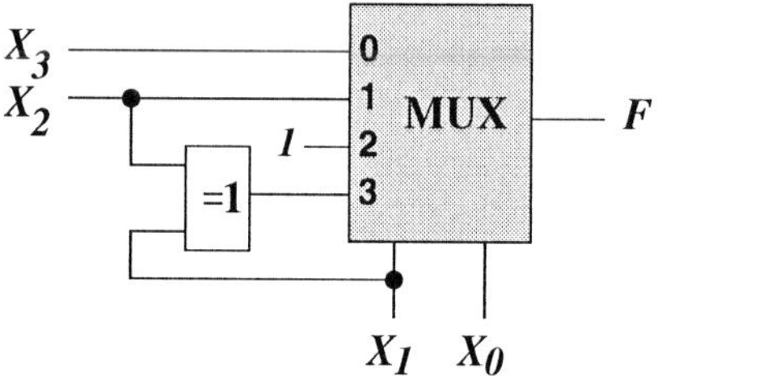

◇

Aufgabe 1.47 *Realisierung von Schaltfunktionen durch Multiplexer*

Gegeben sei die nachfolgende aus fünf Multiplexern bestehende zweistufige MUX-Schaltung. Durch eine geeignete Belegungen der Eingänge der vier MUX der Eingangsstufe sollen am Ausgang F der MUX-Schaltung die Funktionswerte der Funktion

$$F_1 = X_2(X_1 \not\equiv X_0) + X_3 \not\equiv (X_1 \equiv X_0)$$

ausgegeben werden.

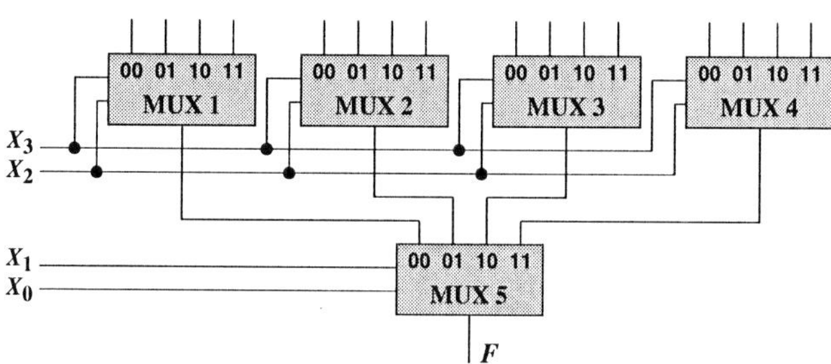

a) Zerlegen Sie zur Bestimmung der Eingangsbelegungen zunächst die Funktion F_1 in die vier Teilfunktionen $F_1(X_1 = 0, X_0 = 0)$, $F_1(X_1 = 0, X_0 = 1)$, $F_1(X_1 = 1, X_0 = 0)$ und $F_1(X_1 = 1, X_1 = 1)$.

b) Geben nun mit Hilfe dieser Zerlegung die Eingangsbelegungen der vier MUX an.

c) Zeigen Sie durch Aufstellen einer Funktionstabelle, dass ihre Belegung richtig gewählt ist.

d) Kann die Multiplexerschaltung für diese Anwendung noch vereinfacht werden?
Wenn ja, was kann eingespart werden und warum? ◇

Aufgabe 1.48 *Realisierung von Schaltfunktionen durch Multiplexer*

Gegeben sei die folgende Schaltung aus Multiplexern.

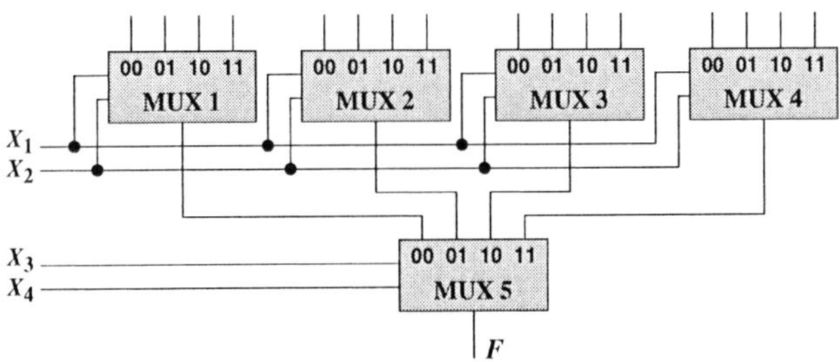

a) Bestimmen Sie die Eingangsbelegungen der vier Multiplexer, so, dass die Funktionswerte der Funktion

$$F_1 = (X_1 \not\equiv X_3) \equiv X_4 + X_2(X_3 \not\equiv X_4)$$

am Ausgang dargestellt werden. Zeigen Sie durch Aufstellen einer Funktionstabelle, dass ihre Belegung richtig gewählt ist.

b) Kann die Multiplexerschaltung vereinfacht werden, und wenn ja, was kann eingespart werden und warum? ◇

Aufgabe 1.49 *Entwurf von Multiplexschaltungen*

Entwerfen Sie einen 8-auf-1-Multiplexer. Zur Realisierung stehen drei 4-auf-1-MUX gemäß folgender Abbildung zur Verfügung.

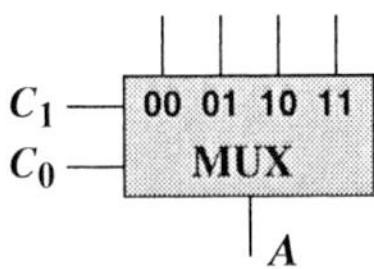

Hinweis: Der 8-auf-1-MUX besitzt 8 Zuordnungsmöglichkeiten und benötigt somit drei Steuersignale. ◇

1 Boolsche Algebra und Schaltnetze

Lösung zu Aufgabe 1.1

a) Sowohl die Eigenschaft der Kommutativität als auch die der Assoziativität von Boolschen Funktionen sind mit Hilfe von Funktionstabellen beweisbar. Die Gültigkeit der Kommutativität wird jedoch in allen Fällen auch ohne Funktionstabelle unmittelbar offensichtlich, wenn man die Definition für die entsprechende Operation aufschreibt. Es gilt:

$$
\begin{array}{lrcll}
\textbf{(1)} & A\cdot B & = & B\cdot A & \\
\textbf{(2)} & A+B & = & B+A & \\
\textbf{(3)} & \overline{A\cdot B} & = & \overline{B\cdot A} & \text{(Negation von (1))}\\
\textbf{(4)} & \overline{A+B} & = & \overline{B+A} & \text{(Negation von (2))}\\
\textbf{(5)} & (A\not\equiv B) & = & A\bar{B}+\bar{A}B & \text{(Def. der ANTIVALENZ)}\\
 & & = & \bar{A}B+A\bar{B} & \text{(Kommutativität von UND)}\\
 & & = & B\bar{A}+\bar{B}A=(B\not\equiv A) & \text{(Kommutativität von ODER)}\\
\textbf{(6)} & (A\equiv B) & = & AB+\bar{A}\bar{B} & \text{(Def. der ÄQUIVALENZ)}\\
 & & = & \bar{A}\bar{B}+AB & \text{(Kommutativität von UND)}\\
 & & = & \bar{B}\bar{A}+BA=(B\equiv A) & \text{(Kommutativität von ODER)}
\end{array}
$$

b) Aus der Anwendung der Assoziativität ergeben sich für die verschiedenen Operationen die folgenden Beziehungen:

$$
\begin{array}{lcrcl}
(1) & \text{UND} & (A\cdot B)\cdot C & \stackrel{?}{=} & A\cdot(B\cdot C)\\
(2) & \text{ODER} & (A+B)+C & \stackrel{?}{=} & A+(B+C)\\
(3) & \text{NAND} & \overline{\overline{A\cdot B}\cdot C} & \stackrel{?}{=} & \overline{A\cdot\overline{B\cdot C}}\\
(4) & \text{NOR} & \overline{\overline{A+B}+C} & \stackrel{?}{=} & \overline{A+\overline{B+C}}\\
(5) & \text{ANTIVALENZ} & (A\not\equiv B)\not\equiv C & \stackrel{?}{=} & A\not\equiv(B\not\equiv C)\\
(6) & \text{ÄQUIVALENZ} & (A\equiv B)\equiv C & \stackrel{?}{=} & A\equiv(B\equiv C)
\end{array}
$$

Die Gültigkeit dieser Beziehungen ist mit Hilfe von Wahrheitstabellen zu beweisen. Für UND und ODER ist das Aufstellen der Wahrheitstabelle trivial. Für NAND und NOR kann man die Wahrheitstabelle problemlos sehr schnell aufstellen, wenn man für NAND bzw. NOR schreibt:

$$
\begin{array}{lcl}
\overline{\overline{A\cdot B}\cdot C}=AB+\bar{C} & \text{und} & \overline{A\cdot\overline{B\cdot C}}=\bar{A}+BC\\
\overline{\overline{A+B}+C}=(A+B)\bar{C} & \text{und} & \overline{A+\overline{B+C}}=\bar{A}(B+C)
\end{array}
$$

A	B	C	$(A\cdot B)\cdot C$	$A\cdot(B\cdot C)$	$(A+B)+C$	$A+(B+C)$
0	0	0	0	0	0	0
0	0	1	0	0	1	1
0	1	0	0	0	1	1
0	1	1	0	0	1	1
1	0	0	0	0	1	1
1	0	1	0	0	1	1
1	1	0	0	0	1	1
1	1	1	1	1	1	1

A	B	C	$\overline{\overline{(A\cdot B)}\cdot C}$	$\overline{A\cdot\overline{(B\cdot C)}}$	$\overline{\overline{(A+B)}+C}$	$\overline{A+\overline{(B+C)}}$
0	0	0	1	1	0	0
0	0	1	0	1	0	1
0	1	0	1	1	1	1
0	1	1	0	1	0	1
1	0	0	1	0	1	0
1	0	1	0	0	0	0
1	1	0	1	0	1	0
1	1	1	1	1	0	0

A	B	C	$(A\not\equiv B)\not\equiv C$	$A\not\equiv(B\not\equiv C)$	$(A\equiv B)\equiv C$	$A\equiv(B\equiv C)$
0	0	0	0	0	0	0
0	0	1	1	1	1	1
0	1	0	1	1	1	1
0	1	1	0	0	0	0
1	0	0	1	1	1	1
1	0	1	0	0	0	0
1	1	0	0	0	0	0
1	1	1	1	1	1	1

Für die ANTIVALENZ bzw. die ÄQUIVALENZ ist das Erstellen der Wahrheitstabelle etwas aufwendiger. Wenn man aber voraussetzt, dass die Assoziativität für UND und ODER gilt, kann man die Assoziativität für die ANTIVALENZ bzw. die ÄQUIVALENZ auch durch algebraische Umformung zeigen:

$$\begin{aligned}
(A\not\equiv B)\not\equiv C &= (A\bar B+\bar A B)\bar C+\overline{(A\bar B+\bar A B)}C\\
&= A\bar B\bar C+\bar A B\bar C+(\bar A+B)(A+\bar B)C\\
&= A\bar B\bar C+\bar A B\bar C+ABC+\bar A\bar B C\\
&= A(BC+\bar B\bar C)+\bar A(B\bar C+\bar B C)\\
&= A(\bar B+C)(B+\bar C)+\bar A(B\bar C+\bar B C)\\
&= A(\overline{B\bar C})(\overline{\bar B C})+\bar A(B\bar C+\bar B C)\\
&= A\overline{B\bar C+\bar B C}+\bar A(B\bar C+\bar B C)\\
&= A\not\equiv(B\bar C+\bar B C)=A\not\equiv(B\not\equiv C)
\end{aligned}$$

$$
\begin{aligned}
(A \equiv B) \equiv C &= (AB + \bar{A}\bar{B})\bar{C} + \overline{(AB + \bar{A}\bar{B})}C \\
&= AB\bar{C} + \bar{A}\bar{B}\bar{C} + \bar{A}BC + A\bar{B}C \\
&= A\overline{BC + \bar{B}\bar{C}} + \bar{A}(BC + \bar{B}\bar{C}) = A \equiv (B \equiv C)
\end{aligned}
$$

Das Assoziativgesetz gilt somit für **(1)** (UND), **(2)** (ODER), **(5)** (ANTIVALENZ) und **(6)** (ÄQUIVALENZ)

(1)	$(A \cdot B) \cdot C = A \cdot (B \cdot C)$	**(5)**	$(A \not\equiv B) \not\equiv C = A \not\equiv (B \not\equiv C)$
(2)	$(A+B)+C = A+(B+C)$	**(6)**	$(A \equiv B) \equiv C = A \equiv (B \equiv C)$

aber nicht für **(3)** (NAND) und **(4)** (NOR)

$$
\textbf{(1)} \quad \overline{\overline{A \cdot B} \cdot C} \neq \overline{A \cdot \overline{B \cdot C}} \qquad \textbf{(6)} \quad \overline{\overline{A + B} + C} \neq \overline{A + \overline{B + C}} \qquad \triangle
$$

Lösung zu Aufgabe 1.2

Die eleganteste Lösung ist die Umformung der Ausdrücke mit den algebraischen Regeln bis entweder die syntaktische Gleichheit erreicht ist oder die beiden Seiten offensichtlich nicht gleich sein können, wobei die Eindeutigkeit genau genommen nur über die kanonischen Formen nachgewiesen werden kann.

(1) $AB\bar{C}\bar{D} + AB\bar{C}D + \bar{A}B\bar{C}\bar{D} + \bar{A}B\bar{C}D \stackrel{?}{=} B\bar{C}$

$$
\begin{aligned}
&AB\bar{C}\bar{D} + AB\bar{C}D + \bar{A}B\bar{C}\bar{D} + \bar{A}B\bar{C}D \\
&\quad = AB\bar{C}(\bar{D} + D) + \bar{A}B\bar{C}(\bar{D} + D) \\
&\quad = AB\bar{C} + \bar{A}B\bar{C} = (A + \bar{B})\, B\bar{C} = B\bar{C}
\end{aligned}
$$

Die Beziehung (1) ist *richtig*!

(2) $AB\,\overline{CD\,\overline{AB}} + CD\,\overline{AB\,\overline{CD}} \stackrel{?}{=} AB\,\overline{CD} + \overline{AB}\,CD$

$$
\begin{aligned}
&AB\,\overline{CD\overline{AB}} + CD\,\overline{AB\overline{CD}} = AB(\overline{CD} + AB) + CD(\overline{AB} + CD) \\
&\quad = AB\overline{CD} + AB + \overline{AB}CD + CD \\
&\quad = AB(1 + \overline{CD}) + CD(1 + \overline{AB}) \\
&\quad = AB + CD \neq AB\,\overline{CD} + \overline{AB}\,CD
\end{aligned}
$$

Die Beziehung (2) ist offensichtlich *falsch*!

(3) $X_3X_1 + \overline{X_3X_2 + X_2\bar{X}_1} \stackrel{?}{=} X_1 + \bar{X}_2$

$$
\begin{aligned}
&X_3X_1 + \overline{X_3X_2 + X_2\bar{X}_1} = X_1X_3 + (\overline{X_2X_3}\;\overline{X_2\bar{X}_1}) \\
&\quad = X_1X_3 + (\bar{X}_2 + \bar{X}_3)(\bar{X}_2 + X_1) \\
&\quad = X_1X_3 + \bar{X}_2\bar{X}_2 + \bar{X}_3\bar{X}_2 + \bar{X}_2X_1 + \bar{X}_3X_1 \\
&\quad = X_1X_3 + \bar{X}_2 + \bar{X}_2\bar{X}_3 + X_1\bar{X}_2 + X_1\bar{X}_3 \\
&\quad = X_1(X_3 + \bar{X}_3) + \bar{X}_2(1 + \bar{X}_3 + X_1) = X_1 + \bar{X}_2
\end{aligned}
$$

Die Beziehung (3) ist *richtig*!

(4) $X_3 + X_3\bar{X}_2X_1 \stackrel{?}{=} X_3 + \bar{X}_2X_1$

$X_3 + X_3\bar{X}_2X_1 = X_3(1 + \bar{X}_2X_1) = X_3 \neq X_3 + \bar{X}_2X_1$

Die Beziehung (4) ist offensichtlich *falsch*!

Die aufwendigste, aber sicherste Lösung ist das Aufstellen der Funktionstabellen für die jeweils linke (LS) und rechte (RS) Gleichungsseite.

D	C	B	A	Gl. (1)		Gl. (2)		Gl. (3)		Gl. (4)	
	X_3	X_2	X_1	LS	RS	LS	RS	LS	RS	LS	RS
0	0	0	0	0	0	0	0	1	1	0	0
0	0	0	1	0	0	0	0	1	1	0	1
0	0	1	0	1	1	0	0	1	1	0	0
0	0	1	1	1	1	1	1	1	1	0	0
0	1	0	0	0	0	0	0	1	1	1	1
0	1	0	1	0	0	0	0	1	1	1	1
0	1	1	0	0	0	0	0	0	0	1	1
0	1	1	1	0	0	1	0	1	1	1	1
1	0	0	0	0	0	0	0				
1	0	0	1	0	0	0	0				
1	0	1	0	1	1	0	0				
1	0	1	1	1	1	1	0				
1	1	0	0	0	0	1	1				
1	1	0	1	0	0	1	0				
1	1	1	0	0	0	1	0				
1	1	1	1	0	0	1	0				

△

Lösung zu Aufgabe 1.3

(1) $A + \bar{A}B \stackrel{?}{=} A + B$

$A + \bar{A}B = A(B + \bar{B}) + \bar{A}B = AB + A\bar{B} + \bar{A}B = A + \bar{A}B$

$= A(B + \bar{B}) + B(A + \bar{A} = A + B$

Die Beziehung (1) ist *richtig*!

(2) $\bar{A}B\bar{C} + AB\bar{C} + A\bar{B}\bar{C} \stackrel{?}{=} \bar{C}(A + B)$

$\bar{A}B\bar{C} + AB\bar{C} + A\bar{B}\bar{C} = \bar{C}(\bar{A}B + AB + A\bar{B})$

$= \bar{C}(B(\bar{A} + A) + A(B + \bar{B})) = \bar{C}(A + B)$

Die Beziehung (2) ist *richtig*!

(3) $(A + \bar{B})(A + C)(B + \bar{C}) \stackrel{?}{=} AB + A\bar{C}$

$(A + \bar{B})(A + C)(B + \bar{C}) = (A + \bar{B}C)(B + \bar{C})$

$= AB + \bar{B}CB + A\bar{C} + \bar{B}C\bar{C} = AB + A\bar{C}$

Die Beziehung (3) ist *richtig*!

(4) $\overline{\overline{(\bar{A} + \overline{AB} + \bar{C})(\bar{A} + \overline{B + C})}} \stackrel{?}{=} AB + C$

$\overline{\overline{(\bar{A} + \overline{AB} + \bar{C})(\bar{A} + \overline{B + C})}} = \overline{\overline{(\bar{A} + \overline{AB} + \bar{C})}} + \overline{(\bar{A} + \overline{\overline{b + C}})}$

$= \overline{\overline{\bar{A} + \overline{AB}}}\ \bar{\bar{C}} + \bar{\bar{A}}\ \overline{\overline{\overline{B + C}}} = (\bar{A} + AB)C + A(B + C)$

$= \bar{A}C + ABC + AB + AC = (\bar{A} + A)C + AB(C + 1) = AB + C$

Die Beziehung (4) ist *richtig*!

(5) $BCD + \bar{C}\bar{D}(A + \bar{B}) \stackrel{?}{=} (A \equiv B)\bar{C}\bar{D} + (AB + A\bar{B})(C \equiv D)$

$BCD + \bar{C}\bar{D}(A + \bar{B}) = A\bar{C}\bar{D} + \bar{B}\bar{C}\bar{D} + BCD$

$(A \equiv B)\bar{C}\bar{D} + (AB + A\bar{B})(C \equiv D)$

$= (AB + \bar{A}\bar{B})\bar{C}\bar{D} + (AB + A\bar{B})(CD + \bar{C}\bar{D})$

$= AB\bar{C}\bar{D} + \bar{A}\bar{B}\bar{C}\bar{D} + ABCD + AB\bar{C}\bar{D} + A\bar{B}CD + A\bar{B}\bar{C}\bar{D}$

$= AB\bar{C}\bar{D} + A\bar{B}\bar{C}\bar{D} + ABCD + A\bar{B}CD + \bar{A}\bar{B}\bar{C}\bar{D}$

$= A\bar{C}\bar{D}(B + \bar{B}) + \bar{B}\bar{C}\bar{D}(A + \bar{A}) + ACD(B + \bar{B})$

$= A\bar{C}\bar{D} + \bar{B}\bar{C}\bar{D} + ACD \neq A\bar{C}\bar{D} + \bar{B}\bar{C}\bar{D} + BCD$

Die Beziehung (5) ist offensichtlich *falsch*!

(6) $\bar{A}B + A\bar{B}C + A\bar{B}D + B\bar{C}\bar{D} \stackrel{?}{=} B \not\equiv (A(C + D))$

$B \not\equiv (A(C + D)) = B\overline{(A(C + D))} + \bar{B}(A(C + D))$

$= B(\bar{A} + \overline{C + D}) + A\bar{B}C + A\bar{B}D$

$= \bar{A}B + A\bar{B}C + A\bar{B}D + B\bar{C}\bar{D}$

Die Beziehung (6) ist *richtig*! △

Lösung zu Aufgabe 1.4

(1) $\overline{X_1 \equiv X_1 X_2} \stackrel{?}{=} \bar{X}_1 X_2$

$\overline{X_1 \equiv X_1 X_2} = (X_1 \not\equiv X_1 X_2) = X_1 \overline{X_1 X_2} + \bar{X}_1 X_1 X_2$

$= X_1(\bar{X}_1 + \bar{X}_2) = X_1 \bar{X}_2 \neq \bar{X}_1 X_2$

Die Beziehung (1) ist offensichtlich *falsch*!

(2) $\overline{X_1 \equiv X_2} \stackrel{?}{=} \bar{X}_1 \not\equiv \bar{X}_2$

$\bar{X}_1 \not\equiv \bar{X}_2 = \bar{X}_1 \bar{\bar{X}}_2 + \bar{\bar{X}}_1 \bar{X}_2 = \overline{\overline{\bar{X}_1 X_2 + X_1 \bar{X}_2}} = \overline{\overline{\bar{X}_1 X_2}\ \overline{X_1 \bar{X}_2}}$

$= \overline{(X_1 + \bar{X}_2)\ (\bar{X}_1 + X_2)} = \overline{X_1 \bar{X}_2 + \bar{X}_1 \bar{X}_2 + X_1 X_2 + \bar{X}_2 X_2}$

$= \overline{X_1 X_2 + \bar{X}_1 \bar{X}_2} = \overline{X_1 \equiv X_2}$

Die Beziehung (2) ist *richtig*!

(3) $\bar{X}_1 \bar{X}_2 \stackrel{?}{=} \overline{X_1 \equiv \overline{(1 \equiv X_2)}}$

$\overline{X_1 \equiv \overline{(1 \equiv X_2)}} = \overline{X_1 \equiv \overline{(1\, X_2 + 0\, \bar{X}_2)}} = \overline{X_1 \equiv \overline{(X_2)}} = \overline{X_1 \equiv \bar{X}_2}$

$= (X_1 \not\equiv \bar{X}_2) = X_1 X_2 + \bar{X}_1 \bar{X}_2 = (X_1 \equiv X_2) \neq \bar{X}_1 \bar{X}_2$

Die Beziehung (3) ist offensichtlich *falsch*!

$$\text{(4)}\quad \overline{X_2 \not\equiv X_1} \stackrel{?}{=} \overline{(1 \not\equiv X_2)} \equiv X_1$$

$$(\overline{(1 \not\equiv X_2)} \equiv X_1) = ((1 \equiv X_2) \equiv X_1)$$

$$= (1\,X_2 + 0\,\bar{X}_1) \equiv X_1 = (X_2 \equiv X_1) = \overline{X_2 \not\equiv X_1}$$

Die Beziehung (4) ist *richtig*!

$$\text{(5)}\quad X_2 + X_1 \stackrel{?}{=} X_2 \equiv X_1 \equiv X_2 X_1$$

$$X_2 \equiv X_1 \equiv X_2 X_1 = (X_2 \equiv X_1) \equiv X_2 X_1 = (X_2 X_1 + \bar{X}_2 \bar{X}_1) \equiv X_2 X_1$$

$$= (X_1 X_2 + \bar{X}_1 \bar{X}_2)\, X_1 X_2 + \overline{X_1 X_2 + \bar{X}_1 \bar{X}_1}\; \overline{X_1 X_2}$$

$$= X_1 X_2 + \overline{X_1 X_2}\; \overline{\bar{X}_1 \bar{X}_2}\; \overline{X_1 X_2} = X_1 X_2 + \overline{X_1 X_2}\; \overline{\bar{X}_1 \bar{X}_2}$$

$$= X_1 X_2 + (\bar{X}_1 + \bar{X}_2)(X_1 + X_2) = X_1 X_2 + X_1 \bar{X}_2 + \bar{X}_1 X_2$$

$$= X_1(X_2 + \bar{X}_2) + X_2(X_1 + \bar{X}_1) = X_1 + X_2$$

Die Beziehung (5) ist *richtig*! △

Lösung zu Aufgabe 1.5

NAND und NOR sind vollständige Systeme Boolscher Verknüpfungen und die Darstellung als auch der Beweis der Lösung sind trivial. Es gilt:

$$\text{(1)}\quad X_1 + X_2 = \overline{\overline{X_1 + X_2}} = \overline{\bar{X}_1 \bar{X}_2} = \overline{\overline{X_1 X_1}\; \overline{X_2 X_2}}$$

$$\text{(2)}\quad X_1 + X_2 = \overline{\overline{X_1 + X_2}} = \overline{\overline{X_1 + X_2} + \overline{X_1 + X_2}}$$

Bei ANTIVALENZ-UND handelt es sich ebenfalls um ein vollständiges System. Es ist jedoch schwieriger eine entsprechende Darstellung zu finden. Da man mit der ANTIVALENZ-Funktion leicht eine Negation darstellen kann ($(A \not\equiv 1) = \bar{A}$), und eine UND-Funktion zur Verfügung steht, bietet es sich an, die NAND-Darstellung der ODER-Funktion zu verwenden um die drei Negationen mit Hilfe der ANTIVALENZ-Funktion zu erzeugen.

$$\text{(3)}\quad X_1 + X_2 = \overline{\bar{X}_1 \bar{X}_2} = \overline{(X_1 \not\equiv 1)(X_2 \not\equiv 1)} = [(X_1 \not\equiv 1)(X_2 \not\equiv 1)] \not\equiv 1$$

$$= (X_1 \not\equiv 1)(X_2 \not\equiv 1) \not\equiv 1$$

Mit dieser Herleitung ist gleichzeitig auch die Korrektheit der Darstellung gezeigt worden. Aus der Literatur ist noch eine weitere Darstellung bekannt, auf die man jedoch durch eine intuitive Ersetzung nicht kommen kann. Dabei wird das ODER mehrmals erweitert und umgeformt, so dass sich schließlich ANTIVALENZ- und UND-Funktionen ergeben.

$$\text{(3)}\quad X_1 + X_2 = X_1(X_2 + \bar{X}_2) + X_2(X_1 + \bar{X}_1) = X_1 \bar{X}_2 + \bar{X}_1 X_2 + X_1 X_2$$

$$= X_1 \bar{X}_1 \bar{X}_2 + \bar{X}_1 \bar{X}_1 X_2 + X_1 \bar{X}_2 \bar{X}_2 + \bar{X}_1 X_2 \bar{X}_2$$

$$+ X_1 X_2(\bar{X}_1 X_1 + X_1 X_2 + \bar{X}_1 \bar{X}_2 X_2 \bar{X}_2)$$

$$= (X_1 \bar{X}_2 + \bar{X}_1 X_2)(\bar{X}_1 + \bar{X}_2) + X_1 X_2(\bar{X}_1 + X_2)(X_1 + \bar{X}_2)$$

$$\begin{aligned} X_1+X_2 &= (X_1\bar{X}_2 + \bar{X}_1X_2)\overline{X_1X_2} + X_1X_2\overline{X_1\bar{X}_2}\,\overline{\bar{X}_1X_2} \\ &= (X_1 \not\equiv X_2)\,\overline{X_1X_2} + \overline{X_1\bar{X}_2 + \bar{X}_1X_2}\,X_1X_2 \\ &= (X_1 \not\equiv X_2)\,\overline{X_1X_2} + \overline{(X_1 \not\equiv X_2)}\,X_1X_2 \\ &= (X_1 \not\equiv X_2) \not\equiv X_1X_2 \end{aligned}$$

Mit einer ANTIVALENZ- oder ÄQUIVALENZ-Funktion alleine ist es nicht möglich, weder eine UND- noch eine ODER-Funktion zu erzeugen, denn bei der ÄQUIVALENZ-Operation beispielsweise ist jeder Ausdruck in den zwei Variablen X_1, X_2 und den neutralen Elementen 0,1 nach beliebiger Umformung unter Benutzung der Assoziativität und der Kommutativität stets von der Form:

$$\begin{aligned} 0 \equiv 0 \equiv \ldots \equiv 0 \equiv 1 \equiv 1 \equiv \ldots \equiv 1 \equiv X_1 \equiv X_1 \equiv \ldots \\ \equiv X_1 \equiv X_2 \equiv X_2 \equiv \ldots \equiv X_2 \end{aligned}$$

Durch beliebige Wertebelegung der Variablen X_1, X_2 und eine beliebige Zusammensetzung der Elemente kann man überprüfen, dass dieser Ausdruck stets $\neq X_1X_2$, $\neq X_1+X_2$, $\neq \overline{X_1X_2}$ und $\neq \overline{X_1+X_2}$ ist. Somit sind die Systeme **(1)** (NAND), **(2)** (NOR) und **(3)** (ANTIVALENZ - UND) ausreichend, die ÄQUIVALENZ aber nicht! △

Lösung zu Aufgabe 1.6

(1) Die Aussage ist *falsch*, da das Feld für $F_2(1,0,0,1)$ im KV-Diagramm der Funktion F_2 eine 1 enthält, und damit folgt $F_1(1,0,0,1) + F_2(1,0,0,1) = 0 + 1 = 1$

(2) Die Aussage ist *richtig*, da die Funktionen F_1 und F_2 sich in jedem entsprechenden Feld der beiden KV-Diagramme unterscheiden, für alle Felder gilt somit $F_1F_2 = 0$ und $\bar{F}_1\bar{F}_2 = 0$, und daraus folgt $F_1 \equiv F_2 = F_1F_2 + \bar{F}_1\bar{F}_2 = 0$

(3) Die Aussage ist *richtig*, da für alle entsprechenden Felder $F_1 = \bar{F}_2$ gilt, der Minterm $X_1X_2X_3X_4$ in $\bar{F}_2$ bereits enthalten und damit bedeutungslos ist.

(4) Die Aussage ist *richtig*, denn die ODER-Verknüpfung aller negierter sich entsprechender Felder der beiden KV-Diagramme ergibt ein vollständig mit Einsen gefülltes KV-Diagramm und damit gilt $\bar{F}_1 + \bar{F}_2 = 1$

(5) Die Aussage ist *richtig*, da für jedes Feld im KV-Diagramm entweder $F_1\bar{F}_2 = 1$ oder $\bar{F}_1F_2 = 1$ gilt, und somit ist $F_1 \not\equiv F_2 = F_1\bar{F}_2 + \bar{F}_1F_2 = 1$

△

Lösung zu Aufgabe 1.7

a) Bestimmung der KDNF

Die KDNF erhält man durch Auflösen der Klammern und Erweitern:

$$
\begin{aligned}
F &= \bar{B}\bar{D}\,(\bar{B}\bar{C} + A) + D\,(AC + \bar{A}(B\bar{C} + \bar{B}C)) \\
&= \bar{B}\bar{C}\bar{D} + A\bar{B}\bar{D} + ACD + \bar{A}B\bar{C}D + \bar{A}\bar{B}CD \\
&= \bar{A}\bar{B}\bar{C}\bar{D} + A\bar{B}\bar{C}\bar{D} + A\bar{B}C\bar{D} + A\bar{B}CD + ABCD + \bar{A}B\bar{C}D + \bar{A}\bar{B}CD
\end{aligned}
$$

b) Minterme, Maxterme und KKNF

Die Minterme der Funktion F aus a) werden in eine Tabelle eingetragen und da es sich um eine vollständig definierte Funktion handelt, können wir in dieser Tabelle leicht auch alle Maxterme von F festlegen.

	D	C	B	A	F	Minterme von F	Maxterme von F
0	0	0	0	0	1	$\bar{A}\bar{B}\bar{C}\bar{D}$	
1	0	0	0	1	1	$A\bar{B}\bar{C}\bar{D}$	
2	0	0	1	0	0		$A+\bar{B}+C+D$
3	0	0	1	1	0		$\bar{A}+\bar{B}+C+D$
4	0	1	0	0	0		$A+B+\bar{C}+D$
5	0	1	0	1	1	$A\bar{B}C\bar{D}$	
6	0	1	1	0	0		$A+\bar{B}+\bar{C}+D$
7	0	1	1	1	0		$\bar{A}+\bar{B}+\bar{C}+D$
8	1	0	0	0	0		$A+B+C+\bar{D}$
9	1	0	0	1	0		$\bar{A}+B+C+\bar{D}$
10	1	0	1	0	1	$\bar{A}B\bar{C}D$	
11	1	0	1	1	0		$\bar{A}+\bar{B}+C+\bar{D}$
12	1	1	0	0	1	$\bar{A}\bar{B}CD$	
13	1	1	0	1	1	$A\bar{B}CD$	
14	1	1	1	0	0		$A+\bar{B}+\bar{C}+\bar{D}$
15	1	1	1	1	1	$ABCD$	

Die KKNF können wir unmittelbar aus der Tabelle ablesen, es handelt sich um eine konjunktive Verknüpfung der Maxterme von F:

$$
\begin{aligned}
F &= \breve{M}_2\,\breve{M}_3\,\breve{M}_4\,\breve{M}_6\,\breve{M}_7\,\breve{M}_8\,\breve{M}_9\,\breve{M}_{11}\,\breve{M}_{14} \\
&= (A+\bar{B}+C+D)\,(\bar{A}+\bar{B}+C+D)\,(A+B+\bar{C}+D)\,(A+\bar{B}+\bar{C}+D) \\
&\quad (\bar{A}+\bar{B}+\bar{C}+D)\,(A+B+C+\bar{D})\,(\bar{A}+B+C+\bar{D})\,(\bar{A}+\bar{B}+C+\bar{D}) \\
&\quad (A+\bar{B}+\bar{C}+\bar{D})
\end{aligned}
$$

△

Lösung zu Aufgabe 1.8

Da eine Funktion durch mehrere DNFs bzw. KNFs, aber nur durch jeweils eine kanonische Form (KDNF bzw. KKNF) darstellbar ist, ist es naheliegend, beide Seiten der Gleichung auf eine kanonische Form zu bringen und die beiden kanonischen Ausdrücke miteinander zu vergleichen. Der Einfachheit halber nehmen wir die disjunktive Form, also die KDNF. Um zu einer KDNF zu kommen, müssen wir zunächst in beiden Ausdrücken die Anti- bzw. Äquivalenzen und Negationen auflösen und dann entsprechend erweitern.

$$
\begin{aligned}
&[(A\equiv B)(B\equiv C)(A\not\equiv C)]\,(B\not\equiv D\not\equiv E)\\
&\quad= (AB+\bar{A}\bar{B}+BC+\bar{B}\bar{C}+A\bar{C}+\bar{A}C)(B(\bar{D}E+D\bar{E})+\bar{B}\overline{(\bar{D}E+D\bar{E})})\\
&\quad= (A+\bar{A}\bar{B}+BC+\bar{B}\bar{C}+A\bar{C}+\bar{A}C)(B\bar{D}E+BD\bar{E}+\bar{B}DE+\bar{B}\bar{D}\bar{E})\\
&\quad= ABB\bar{D}E+ABBD\bar{E}+AB\bar{B}DE+AB\bar{B}\bar{D}\bar{E}+\bar{A}\bar{B}B\bar{D}E+\bar{A}\bar{B}BD\bar{E}\\
&\quad\;+ \bar{A}\bar{B}\bar{B}DE+\bar{A}\bar{B}\bar{B}\bar{D}\bar{E}+BCB\bar{D}E+BCBD\bar{E}+BC\bar{B}DE+BC\bar{B}\bar{D}\bar{E}\\
&\quad\;+ \bar{B}\bar{C}B\bar{D}E+\bar{B}\bar{C}BD\bar{E}+\bar{B}\bar{C}\bar{B}DE+\bar{B}\bar{C}\bar{B}\bar{D}\bar{E}+A\bar{C}B\bar{D}E+A\bar{C}BD\bar{E}\\
&\quad\;+ A\bar{C}\bar{B}DE+A\bar{C}\bar{B}\bar{D}\bar{E}+\bar{A}CB\bar{D}E+\bar{A}CBD\bar{E}+\bar{A}C\bar{B}DE+\bar{A}C\bar{B}\bar{D}\bar{E}\\
&\quad= AB\bar{D}E+ABD\bar{E}+\bar{A}\bar{B}DE+\bar{A}\bar{B}\bar{D}\bar{E}+BC\bar{D}E+BCD\bar{E}+\bar{B}\bar{C}DE\\
&\quad\;+ \bar{B}\bar{C}\bar{D}\bar{E}+AB\bar{C}\bar{D}E+AB\bar{C}D\bar{E}+A\bar{B}\bar{C}DE+A\bar{B}\bar{C}\bar{D}\bar{E}+\bar{A}BC\bar{D}E\\
&\quad\;+ \bar{A}BCD\bar{E}+\bar{A}\bar{B}CDE+\bar{A}\bar{B}C\bar{D}\bar{E}\\
&\quad= ABC\bar{D}E+AB\bar{C}\bar{D}E+ABCD\bar{E}+AB\bar{C}D\bar{E}+\bar{A}\bar{B}CDE+\bar{A}\bar{B}\bar{C}DE\\
&\quad\;+ \bar{A}\bar{B}C\bar{D}\bar{E}+\bar{A}\bar{B}\bar{C}\bar{D}\bar{E}+ABC\bar{D}E+\bar{A}BC\bar{D}E+ABCD\bar{E}+\bar{A}BCD\bar{E}\\
&\quad\;+ A\bar{B}\bar{C}DE+\bar{A}\bar{B}\bar{C}DE+A\bar{B}\bar{C}\bar{D}\bar{E}+\bar{A}\bar{B}\bar{C}\bar{D}\bar{E}+AB\bar{C}\bar{D}E+AB\bar{C}D\bar{E}\\
&\quad\;+ A\bar{B}\bar{C}DE+A\bar{B}\bar{C}\bar{D}\bar{E}+\bar{A}BC\bar{D}E+\bar{A}BCD\bar{E}+\bar{A}\bar{B}CDE+\bar{A}\bar{B}C\bar{D}\bar{E}\\
&\quad= \bar{A}\bar{B}\bar{C}\bar{D}\bar{E}+A\bar{B}\bar{C}\bar{D}\bar{E}+\bar{A}\bar{B}C\bar{D}\bar{E}+AB\bar{C}D\bar{E}+\bar{A}BCD\bar{E}+ABCD\bar{E}\\
&\quad\;+ AB\bar{C}\bar{D}E+\bar{A}BC\bar{D}E+ABC\bar{D}E+A\bar{B}\bar{C}DE+\bar{A}\bar{B}\bar{C}DE+\bar{A}\bar{B}CDE
\end{aligned}
$$

$$
\begin{aligned}
&B(A+C)(D\not\equiv E)+\overline{B+AC}\;\overline{D\not\equiv E}\\
&\quad= (AB+BC)(D\bar{E}+\bar{D}E) + \bar{B}(\bar{A}+\bar{C})(DE+\bar{D}\bar{E})\\
&\quad= (AB+BC)(D\bar{E}+\bar{D}E) + (\bar{A}\bar{B}+\bar{B}\bar{C})(DE+\bar{D}\bar{E})\\
&\quad= ABD\bar{E}+AB\bar{D}E+BCD\bar{E}+BC\bar{D}E+\bar{A}\bar{B}DE\\
&\qquad\qquad+ \bar{A}\bar{B}\bar{D}\bar{E}+\bar{B}\bar{C}DE+\bar{B}\bar{C}\bar{D}\bar{E}\\
&\quad= ABCD\bar{E}+AB\bar{C}D\bar{E}+ABC\bar{D}E+AB\bar{C}\bar{D}E+ABCD\bar{E}+\bar{A}BCD\bar{E}\\
&\quad\;+ ABC\bar{D}E+\bar{A}BC\bar{D}E+\bar{A}\bar{B}CDE+\bar{A}\bar{B}\bar{C}DE+\bar{A}\bar{B}C\bar{D}\bar{E}+\bar{A}\bar{B}\bar{C}\bar{D}\bar{E}\\
&\quad\;+ A\bar{B}\bar{C}DE+\bar{A}\bar{B}\bar{C}DE+A\bar{B}\bar{C}\bar{D}\bar{E}+\bar{A}\bar{B}\bar{C}\bar{D}\bar{E}\\
&\quad= \bar{A}\bar{B}\bar{C}\bar{D}\bar{E}+A\bar{B}\bar{C}\bar{D}\bar{E}+\bar{A}\bar{B}C\bar{D}\bar{E}+AB\bar{C}D\bar{E}+\bar{A}BCD\bar{E}+ABCD\bar{E}\\
&\quad\;+ AB\bar{C}\bar{D}E+\bar{A}BC\bar{D}E+ABC\bar{D}E+A\bar{B}\bar{C}DE+\bar{A}\bar{B}\bar{C}DE+\bar{A}\bar{B}CDE
\end{aligned}
$$

Beide Ausdrücke enthalten die gleichen Minterme, womit die Äquivalenz gezeigt ist. △

Lösung zu Aufgabe 1.9

Der Nachweis der Äquivalenz kann durch das Umformen der Ausdrücke erfolgen. Die DNF **(1)** ergibt sich aus F unmittelbar nach Auflösen der Klammern und damit ist F_1 eine DNF zu F.

$$F = (X_2+X_3\bar{X}_4)X_3+X_1(\bar{X}_2+X_3) = X_2X_3+X_3\bar{X}_4+X_1\bar{X}_2+X_1X_3 = F_1$$

Die DNF (**2**) ergibt sich aus DNF (**1**) durch Erweitern des letzten Terms mit X_2 und anschließende zweimalige Anwendung der Absorptionsregel $1+X=1$. Die DNF (**2**) ist minimale DNF zur Funktion F.

$$\begin{aligned} F &= X_2X_3 + X_3\bar{X}_4 + X_1\bar{X}_2 + X_1X_3(X_2+\bar{X}_2) \\ &= X_2X_3 + X_3\bar{X}_4 + X_1\bar{X}_2 + X_1X_2X_3 + X_1\bar{X}_2X_3 \\ &= X_2X_3(1+X_1) + X_3\bar{X}_4 + X_1\bar{X}_2(1+X_3) \\ &= X_2X_3 + X_3\bar{X}_4 + X_1\bar{X}_2 = F_2 \end{aligned}$$

Die DNF (**3**) ergibt sich aus DNF (**2**) durch Erweitern des ersten Terms mit X_4, des zweiten Terms mit X_2 und des dritten Terms mit X_3.

$$\begin{aligned} F &= X_2X_3 + X_3\bar{X}_4 + X_1\bar{X}_2 \\ &= X_2X_3(X_4+\bar{X}_4) + X_3\bar{X}_4(X_2+\bar{X}_2) + X_1\bar{X}_2(X_3+\bar{X}_3) \\ &= X_2X_3X_4 + X_2X_3\bar{X}_4 + X_2X_3\bar{X}_4 + \bar{X}_2X_3\bar{X}_4 \\ &\qquad + X_1\bar{X}_2X_3 + X_1\bar{X}_2\bar{X}_3 = F_2 \end{aligned}$$

Die DNF (**4**) lässt sich jedoch nicht ohne weiteres durch einfaches Erweitern oder Verkürzen auf die Form einer anderen bereits als gültig nachgewiesenen DNF noch direkt auf die Form der Funktion F bringen. Um die Gültigkeit zu überprüfen wird die DNF (**4**) auf die kanonische Form gebracht:

$$\begin{aligned} F_4 &= X_1X_2X_3+X_1\bar{X}_2\bar{X}_4+\bar{X}_1X_3\bar{X}_4+\bar{X}_1X_2X_3+X_1\bar{X}_2X_4 \\ &= X_1X_2X_3(X_4+\bar{X}_4)+X_1\bar{X}_2\bar{X}_4(X_3+\bar{X}_3)+\bar{X}_1X_3\bar{X}_4(X_2+\bar{X}_2) \\ &\qquad + \bar{X}_1X_2X_3(X_4+\bar{X}_4)+X_1\bar{X}_2X_4(X_3+\bar{X}_3) \\ &= X_1X_2X_3X_4+X_1X_2X_3\bar{X}_4+X_1\bar{X}_2X_3\bar{X}_4+X_1\bar{X}_2\bar{X}_3\bar{X}_4 \\ &\qquad + \bar{X}_1X_2X_3\bar{X}_4+\bar{X}_1\bar{X}_2X_3\bar{X}_4+\bar{X}_1X_2X_3X_4+\bar{X}_1X_2X_3\bar{X}_4 \\ &\qquad + X_1\bar{X}_2X_3X_4+X_1\bar{X}_2\bar{X}_3X_4 \\ &= X_1X_2X_3X_4+\bar{X}_1X_2X_3X_4+X_1\bar{X}_2X_3X_4+X_1\bar{X}_2\bar{X}_3X_4 \\ &\qquad + X_1X_2X_3\bar{X}_4+\bar{X}_1X_2X_3\bar{X}_4+X_1\bar{X}_2X_3\bar{X}_4+\bar{X}_1\bar{X}_2X_3\bar{X}_4 \\ &\qquad + X_1\bar{X}_2\bar{X}_3\bar{X}_4 \end{aligned}$$

Zum Vergleich wird die Funktion F durch Erweitern der DNF (**3**) auf die kanonische Form gebracht:

$$\begin{aligned} F_3 &= X_1X_2X_3X_4+\bar{X}_1X_2X_3X_4 + X_1X_2X_3\bar{X}_4+\bar{X}_1X_2X_3\bar{X}_4 \\ &\qquad + X_1\bar{X}_2X_3\bar{X}_4+\bar{X}_1\bar{X}_2X_3\bar{X}_4 + X_1\bar{X}_2X_3X_4+X_1\bar{X}_2X_3\bar{X}_4 \\ &\qquad + X_1\bar{X}_2\bar{X}_3X_4+X_1\bar{X}_2\bar{X}_3\bar{X}_4 \\ &= X_1X_2X_3X_4+\bar{X}_1X_2X_3X_4+X_1\bar{X}_2X_3X_4+X_1\bar{X}_2\bar{X}_3X_4 \\ &\qquad + X_1X_2X_3\bar{X}_4+\bar{X}_1X_2X_3\bar{X}_4+X_1\bar{X}_2X_3\bar{X}_4+\bar{X}_1\bar{X}_2X_3\bar{X}_4 \\ &\qquad + X_1\bar{X}_2\bar{X}_3\bar{X}_4 = F_4 \end{aligned}$$

Damit sind alle Ausdrücke DNF zur Funktion F.

Wesentlich übersichtlicher und einfacher wird die Lösung durch die Anwendung von KV-Diagrammen.

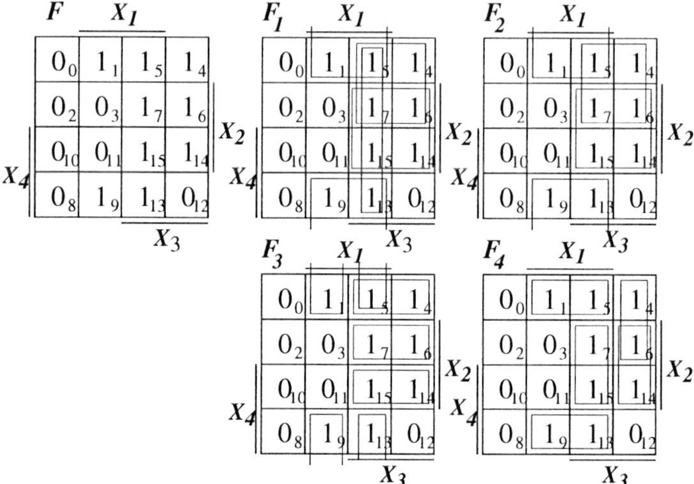

Aus dem Vergleich der KV-Diagramme für die Funktionen F_1, F_2, F_3 und F_4 mit dem KV-Diagramme für die Funktion F ist sofort erkennbar, dass alle vier Funktionen DNFs zur Funktion F sind. Dies verdeutlicht die Aussage, dass eine Funktion durch viele völlig unterschiedliche DNFs darstellbar ist. △

Lösung zu Aufgabe 1.10

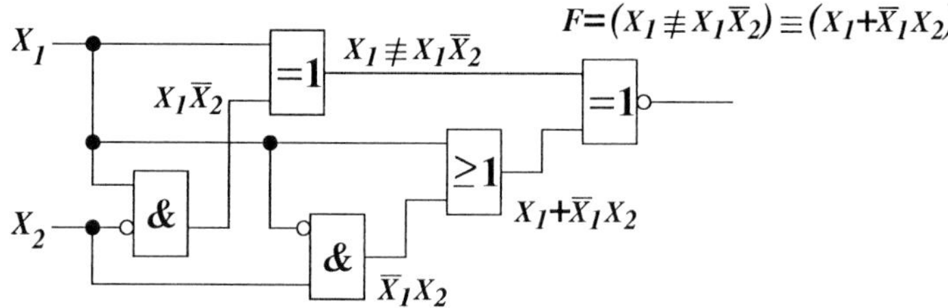

Die algebraische Funktionsdarstellung kann wie im Schaltbild gezeigt durch rekursives Einsetzen ermittelt werden:

$$\begin{aligned} F &= (A \equiv B) = (X_1 \not\equiv C) \equiv (X_1 + D) = (X_1 \not\equiv (X_1\bar{X}_2)) \equiv (X_1 + (\bar{X}_1X_2)) \\ &= (X_1 \not\equiv X_1\bar{X}_2) \equiv (X_1 + \bar{X}_1X_2) \\ &= \overline{\overline{(X_1 \not\equiv X_1\bar{X}_2)}} \equiv (X_1 + \bar{X}_1X_2) = \overline{(X_1 \equiv X_1\bar{X}_2)} \equiv (X_1 + \bar{X}_1X_2) \end{aligned}$$

Damit sind die Gleichungen **(1)** und **(3)** als Funktionen zur gegebenen Schaltung identifiziert. Eine weitere Umformung von F ergibt:

$$\begin{aligned} F &= (X_1 \not\equiv X_1\bar{X}_2) \equiv (X_1 + \bar{X}_1 X_2) \\ &= (X_1\overline{X_1\bar{X}_2} + \bar{X}_1(X_1\bar{X}_2)) \equiv (X_1X_2 + X_1\bar{X}_2 + \bar{X}_1X_2) \\ &= (X_1(\bar{X}_1+X_2) + \bar{X}_1X_1\bar{X}_2) \equiv (X_1(\bar{X}_2+X_2) + X_2(\bar{X}_1+X_1)) \\ &= (X_1X_2) \equiv (X_1+X_2) \end{aligned}$$

Damit ist auch Gleichung **(5)** Funktion zur gegebenen Schaltung. Das Auflösen der Äquivalenz ergibt weiter:

$$\begin{aligned} F &= (X_1X_2)(X_1+X_2) + \overline{(X_1X_2)}\;\overline{(X_1+X_2)} \\ &= X_1X_2X_1 + X_1X_2X_2 + (\bar{X}_1+\bar{X}_2)(\bar{X}_1\bar{X}_2) \\ &= X_1X_2 + X_1X_2 + \bar{X}_1\bar{X}_1\bar{X}_2 + \bar{X}_2\bar{X}_1\bar{X}_2 \\ &= X_1X_2 + \bar{X}_1\bar{X}_2 = (X_1 \equiv X_2) \end{aligned}$$

Damit ist auch Gleichung **(6)** Funktion zur Schaltung. Man erkennt hier aber auch, dass eine Umformung auf die Gleichungen **(2)** oder **(4)** wegen falscher Klammerung aufgrund der Gültigkeit von **(1)** und **(3)** nicht möglich ist. Dies ist aber auch leicht durch Umformung auf die KDNF zu beweisen:

$$\begin{aligned} F_2 &= X_1 \not\equiv (X_1\bar{X}_2 \equiv X_1) + \bar{X}_1X_2 = X_1 \not\equiv (X_1\bar{X}_2X_1 + \overline{X_1\bar{X}_2}\bar{X}_1) + \bar{X}_1X_2 \\ &= X_1 \not\equiv (X_1\bar{X}_2 + (\bar{X}_1+X_2)\bar{X}_1) + \bar{X}_1X_2 \\ &= X_1 \not\equiv (X_1\bar{X}_2 + \bar{X}_1 + \bar{X}_1X_2) + \bar{X}_1X_2 = X_1 \not\equiv (X_1\bar{X}_2 + \bar{X}_1) + \bar{X}_1X_2 \\ &= X_1 \not\equiv (\bar{X}_1+\bar{X}_2) + \bar{X}_1X_2 = X_1\,\overline{(\bar{X}_1+\bar{X}_2)} + \bar{X}_1(\bar{X}_1+\bar{X}_2) + \bar{X}_1X_2 \\ &= X_1(X_1X_2) + \bar{X}_1 + \bar{X}_1\bar{X}_2 + \bar{X}_1X_2 \\ &= X_1X_2 + \bar{X}_1 = \bar{X}_1 + X_2 \neq X_1X_2 + \bar{X}_1\bar{X}_2 \end{aligned}$$

$$\begin{aligned} F_4 &= \overline{(X_1 \equiv \bar{X}_2)X_1} \equiv (X_1+X_2)\bar{X}_1 \\ &= \overline{(X_1\bar{X}_2 + \bar{X}_1X_2)X_1} \equiv (X_1\bar{X}_1 + \bar{X}_1X_2) \\ &= \overline{(X_1\bar{X}_2)} \equiv (\bar{X}_1X_2) = \overline{(X_1\bar{X}_2)}(\bar{X}_1X_2) + (X_1\bar{X}_2)\overline{(\bar{X}_1X_2)} \\ &= (\bar{X}_1+X_2)\bar{X}_1X_2 + X_1\bar{X}_2(X_1+\bar{X}_2) \\ &= \bar{X}_1X_2 + X_1\bar{X}_2 \neq X_1X_2 + \bar{X}_1\bar{X}_2 \end{aligned}$$

△

Lösung zu Aufgabe 1.11

Aus dem Schaltbild folgt durch rekursives Einsetzen:

$$F = A \cdot B \quad \text{wobei} \quad A = X_1\,C\,D \quad \text{und} \quad B = A + X_4 = X_1\,C\,D + X_4$$

$$F = X_1 \cdot C \cdot D \cdot (X_1 \cdot C \cdot D + X_4)$$

mit $E = X_3X_4$, $C = X_2 + E = X_2 + X_3X_4$

und $D = C + X_3 = X_2 + X_3X_4 + X_3$ folgt dann für F :

$$\begin{aligned} F = {} & X_1(X_2+X_3X_4)(X_2+X_3X_4+X_3) \\ & [X_1(X_2+X_3X_4)(X_2+X_3X_4+X_3)+X_4] \end{aligned}$$

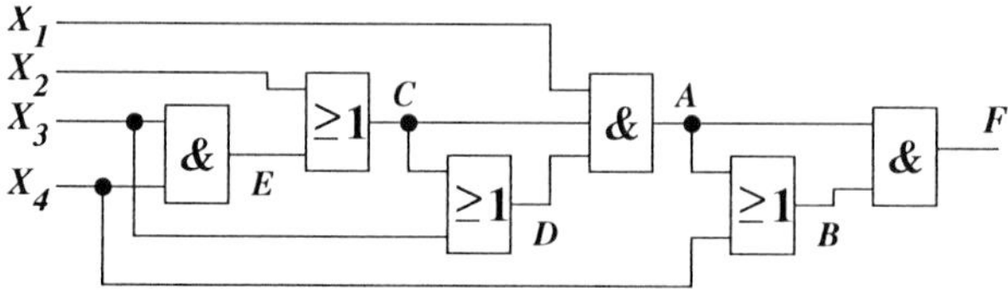

Verkürzen von F ergibt:

$$\begin{aligned}
F &= X_1(X_2+X_3X_4)(X_2+X_3(X_4+1))\\
&\qquad [X_1(X_2+X_3X_4)(X_2+X_3(X_4+1))+X_4]\\
&= X_1(X_2+X_3X_4)(X_2+X_3)[X_1(X_2+X_3X_4)(X_2+X_3)+X_4]\\
&= X_1(X_2+X_2X_3+X_3X_4X_2+X_3X_4)\\
&\qquad [X_1(X_2+X_2X_3+X_3X_4X_2+X_3X_4)+X_4]\\
&= X_1(X_2(1+X_3+X_3X_4)+X_3X_4)\\
&\qquad [X_1(X_2(1+X_3+X_3X_4)+X_3X_4)+X_4]\\
&= X_1(X_2+X_3X_4)[X_1(X_2+X_3X_4)+X_4]\\
&= X_1(X_2+X_3X_4)X_1(X_2+X_3X_4)+X_1(X_2+X_3X_4)X_4]\\
&= X_1(X_2+X_3X_4)+X_1(X_2+X_3X_4)X_4]\\
&= X_1X_2+X_1X_3X_4+X_1X_2X_4+X_1X_3X_4\\
&= X_1X_2(1+X_4)+X_1X_3X_4 = X_1X_2+X_1X_3X_4
\end{aligned}$$

Die Funktionstabelle kann man leicht durch schrittweises Bestimmen der Binärwerte an den Stellen A bis E in der Schaltung ermitteln:

X_4	X_3	X_2	X_1	E	C	D	A	B	F
0	0	0	0	0	0	0	0	0	0
0	0	0	1	0	0	0	0	0	0
0	0	1	0	0	1	1	0	0	0
0	0	1	1	0	1	1	1	1	1
0	1	0	0	0	0	1	0	0	0
0	1	0	1	0	0	1	0	0	0
0	1	1	0	0	1	1	0	0	0
0	1	1	1	0	1	1	1	1	1
1	0	0	0	0	0	0	0	1	0
1	0	0	1	0	0	0	0	1	0
1	0	1	0	0	1	1	0	1	0
1	0	1	1	0	1	1	1	1	1
1	1	0	0	1	1	1	0	1	0
1	1	0	1	1	1	1	1	1	1
1	1	1	0	1	1	1	0	1	0
1	1	1	1	1	1	1	1	1	1

△

Lösung zu Aufgabe 1.12

a) eine DNF von F_1 erhält man durch Auflösen der Klammer

$$F_1 = C(B\bar{D} + A\bar{B}D + ABD) = BC\bar{D} + A\bar{B}CD + ABCD$$

b) die KDNF erhält man durch Erweiterung des ersten Terms mit $A + \bar{A}$
$F_1 = BC\bar{D} + A\bar{B}CD + ABCD = ABC\bar{D} + \bar{A}BC\bar{D} + A\bar{B}CD + ABCD$

c) das KV-Diagramm von F_1 weist natürlich vier Einsen auf, da die KDNF aus vier Mintermen besteht

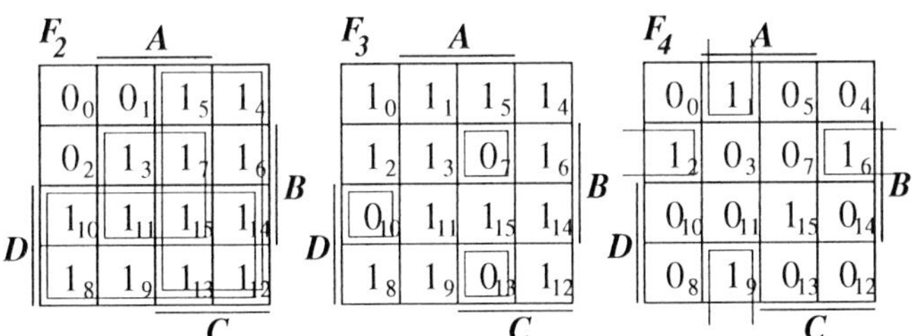

d) die DNF von F_2 kann direkt aus dem KV-Diagramm abgelesen werden:

$$F_2 = AB + C + D$$

e) eine DDNF von F_2 erhält man aus der DNF indem man beispielsweise die Umrahmung des Terms AB auf dem Term $AB\bar{C}\bar{D}$ und die des Terms C auf $C\bar{D}$ beschränkt, also

$$F_2 = AB\bar{C}\bar{D} + C\bar{D} + D$$

f) eine KKNF von F_3 erhält man durch Darstellung der Nullquadrate aus dem KV-Diagramm. Dabei ergibt sich eine KDNF der invertierten Funktion $\bar{F}_3$, aus der man durch Inversion die KKNF von F_3 erhält:

$$\begin{aligned} \bar{F}_3 &= ABC\bar{D} + \bar{A}B\bar{C}D + A\bar{B}CD \\ F_3 &= \overline{ABC\bar{D} + \bar{A}B\bar{C}D + A\bar{B}CD} = \overline{(ABC\bar{D})}\ \overline{(\bar{A}B\bar{C}D)}\ \overline{(A\bar{B}CD)} \\ &= (\bar{A}+\bar{B}+\bar{C}+D)(A+\bar{B}+C+\bar{D})(\bar{A}+B+\bar{C}+\bar{D}) \end{aligned}$$

g) minimale DNF (MDNF) von $\overline{F_2 \vee F_4}$

Legt man die beiden KV-Diagramme von F_2 und F_4 übereinander, so erkennt man, dass bei einer ODER-Verknüpfung von F_2 und F_4 alle Felder außer dem des Minterms $\breve{M}_0$ eine Eins enthalten. Um die invertierte Funktion zu bestimmen, braucht also nur diese eine Null dargestellt zu werden:

$$\overline{F_2 \vee F_4} = \bar{A}\bar{B}\bar{C}\bar{D}$$

h) die KDNF von F ist minimierbar, da zwei Einserblöcke mit je zwei Einsen gebildet werden können:

$$\begin{aligned} F_4 &= A\bar{B}\bar{C}\bar{D} + \bar{A}B\bar{C}\bar{D} + \bar{A}BC\bar{D} + A\bar{B}\bar{C}D + ABCD \\ &= A\bar{B}\bar{C} + \bar{A}B\bar{D} + ABCD \end{aligned}$$

i) Primterme von F_4 sind: $A\bar{B}\bar{C}$, $\bar{A}B\bar{D}$, $ABCD$ △

Lösung zu Aufgabe 1.13

a) eine DNF von F_1 erhält man durch Auflösen der Klammern

$$F_1 = (A+B)(\bar{B}+C) = A\bar{B} + AC + B\bar{B} + BC = A\bar{B} + AC + BC$$

b) die KDNF von F_1 erhält man durch Erweiterung der drei Terme

$$\begin{aligned} F_1 &= F_1(A,B,C) = A\bar{B}(C+\bar{C}) + AC(B+\bar{B}) + BC(A+\bar{A}) \\ &= A\bar{B}C + A\bar{B}\bar{C} + ABC + A\bar{B}C + ABC + \bar{A}BC \\ &= \bar{A}BC + A\bar{B}C + A\bar{B}\bar{C} + ABC \end{aligned}$$

c) da die KDNF aus vier Mintermen besteht, weist das KV-Diagramm von F_1 vier Einsen auf

d) die KDNF von F_2 erhält man durch Auflösen der Äquivalenzen

$$\begin{aligned} F_2 &= A \equiv B \equiv C = (AB + \bar{A}\bar{B}) \equiv C = (AB + \bar{A}\bar{B})C + \overline{(AB + \bar{A}\bar{B})}\,\bar{C} \\ &= ABC + \bar{A}\bar{B}C + \overline{AB}\;\overline{\bar{A}\bar{B}}\bar{C} = ABC + \bar{A}\bar{B}C + (\bar{A}+\bar{B})(A+B)\bar{C} \\ &= ABC + \bar{A}\bar{B}C + (\bar{A}A + \bar{A}B + A\bar{B} + B\bar{B})\bar{C} \\ &= ABC + \bar{A}\bar{B}C + A\bar{B}\bar{C} + \bar{A}B\bar{C} \end{aligned}$$

e) F_3 ist DDNF, da es im KV-Diagramm von F_3 keine überlappenden Zusammenfassungen in Form von Umrahmungen oder Blöcken gibt.

f) minimale DNF (MDNF) von F_4 aus KV-Diagramm: $F_4 = B + \bar{C}$

g) disjunkte DNF (DDNF) von F_4 aus KV-Diagramm: $F_4 = BC + \bar{C}$

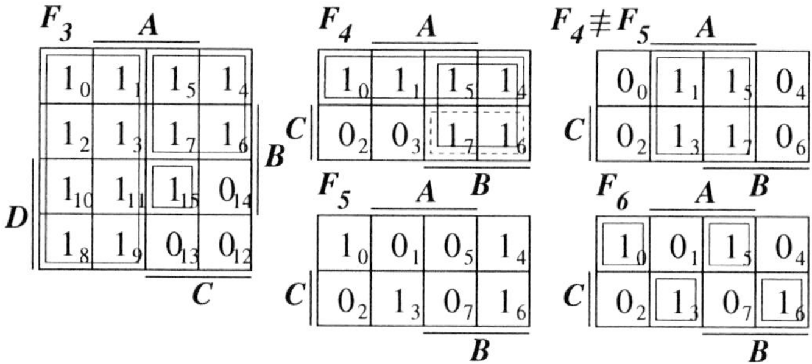

h) kanonische KNF (KKNF) von F_4

Maxterme von F_4 sind: $\breve{M}_2 = A + \bar{B} + C$, $\breve{M}_3 = \bar{A} + \bar{B} + C$

Somit gilt für die KKNF: $F_4 = \breve{M}_2\breve{M}_3 = (A + \bar{B} + C)\,(\bar{A} + \bar{B} + C)$

i) minimale DNF von $(F_4 \not\equiv F_5)$

Die Ausführung der Antivalenz auf den KV-Diagrammen von F_4 und F_5 ergibt an den Stellen eine 1, an denen sich die beiden Funktionen unterscheiden. Aus dem KV-Diagramm für $(F_4 \not\equiv F_5)$ erhält man dann:

$$(F_4 \not\equiv F_5) = A$$

j) die Funktion F_6 ist mit den bekannten Methoden nicht zu vereinfachen. Eine kurze Darstellung erhält man durch die Substitution mit Anti- und Äquivalenzfunktionen:

$$\begin{aligned} F_6 &= \bar{A}\bar{B}\bar{C} + A\bar{B}C + AB\bar{C} + \bar{A}BC = (\bar{A}\bar{B}+AB)\bar{C} + (A\bar{B}+\bar{A}B) \\ &= (A\equiv B)\bar{C} + \overline{(A\equiv B)}C = A\equiv B\not\equiv C \end{aligned}$$

△

Lösung zu Aufgabe 1.14

a) Zur Eintragung ins KV-Diagramm benötigen wir eine DNF. Diese erhalten wir durch Anwendung der Regeln von DE MORGAN auf den oberen Negationsbalken und anschließendes Auflösen der Klammern:

$$\begin{aligned} F &= \overline{\overline{B\,[\,\bar{C}\,(\bar{D}+\bar{A}) + C\,(\bar{D}+\bar{A})\,]}\;\;\overline{A(\bar{D}+\bar{B}D)}} \\ &= \overline{\overline{B\,[\,\bar{C}\,(\bar{D}+\bar{A}) + C\,(\bar{D}+\bar{A})\,]}} + \overline{\overline{A(\bar{D}+\bar{B}D)}} \\ &= B\,[\,\bar{C}\,(\bar{D}+\bar{A}) + C\,(\bar{D}+\bar{A})\,] + A(\bar{D}+\bar{B}D) \\ &= B\,[\,(\bar{C}+C)\,(\bar{D}+\bar{A})\,] + A\bar{D} + A\bar{B}D \\ &= B(\bar{D}+\bar{A}) + A\bar{D} + A\bar{B}D = B\bar{D} + B\bar{A} + A\bar{D} + A\bar{B}D \end{aligned}$$

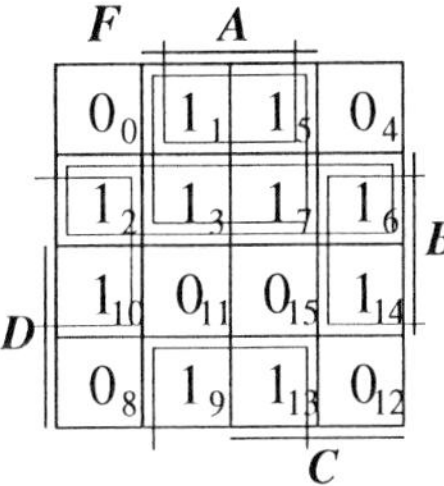

b) Primterme der Funktion F sind alle Terme von größtmöglichen 2^n-Einserblöcken, wobei alle im KV-Diagramm enthaltenen Einsen mindestens einmal umrahmt sein müssen. Es gilt also:

$$P_1 = A\bar{D}, \quad P_2 = A\bar{B}, \qquad P_3 = B\bar{D}, \quad P_4 = \bar{A}B.$$

c) Kernimplikanten ergeben sich aus den Einsen, die im obenstehenden KV-Diagramm, in dem alle Primterme umrahmt sind, jeweils nur einmal umrahmbar sind. Kernimplikanten sind somit:

$$\begin{aligned} P_2 &= A\bar{B} \quad \text{wegen} \quad \breve{M}_9 \text{ und } \breve{M}_{13} \\ P_4 &= \bar{A}B \quad \text{wegen} \quad \breve{M}_{10} \text{ und } \breve{M}_{14} \end{aligned}$$

△

Lösung zu Aufgabe 1.15

a) Bestimmung der KDNF zu F

$$\begin{aligned} F &= X_1(\bar{X}_3+\bar{X}_4)+\bar{X}_4(X_1+\bar{X}_2)+(X_1\equiv X_2) \\ &= X_1\bar{X}_3+X_1\bar{X}_4+X_1\bar{X}_4+\bar{X}_2\bar{X}_4+X_1X_2+\bar{X}_1\bar{X}_2 \\ &= X_1X_2\bar{X}_3+X_1\bar{X}_2\bar{X}_3+X_1X_2\bar{X}_4+X_1\bar{X}_2\bar{X}_4+X_1\bar{X}_2\bar{X}_4+\bar{X}_1\bar{X}_2\bar{X}_4 \\ &\quad +X_1X_2X_3+X_1X_2\bar{X}_3+\bar{X}_1\bar{X}_2X_3+\bar{X}_1\bar{X}_2\bar{X}_3 \end{aligned}$$

$$\begin{aligned}
F &= X_1X_2\bar{X}_3X_4 + X_1X_2\bar{X}_3\bar{X}_4 + X_1\bar{X}_2\bar{X}_3X_4 + X_1\bar{X}_2\bar{X}_3\bar{X}_4 + X_1X_2X_3\bar{X}_4 \\
&+ X_1X_2\bar{X}_3\bar{X}_4 + X_1\bar{X}_2X_3\bar{X}_4 + X_1\bar{X}_2\bar{X}_3\bar{X}_4 + \bar{X}_1\bar{X}_2X_3\bar{X}_4 + \bar{X}_1\bar{X}_2\bar{X}_3\bar{X}_4 \\
&+ X_1X_2X_3X_4 + X_1X_2X_3\bar{X}_4 + X_1X_2\bar{X}_3X_4 + X_1X_2\bar{X}_3\bar{X}_4 + \bar{X}_1\bar{X}_2X_3X_4 \\
&+ \bar{X}_1\bar{X}_2X_3\bar{X}_4 + \bar{X}_1\bar{X}_2\bar{X}_3X_4 + \bar{X}_1\bar{X}_2\bar{X}_3\bar{X}_4 \\
&= \bar{X}_1\bar{X}_2\bar{X}_3\bar{X}_4 + X_1\bar{X}_2\bar{X}_3\bar{X}_4 + X_1X_2\bar{X}_3\bar{X}_4 + \bar{X}_1\bar{X}_2X_3\bar{X}_4 + X_1\bar{X}_2X_3\bar{X}_4 \\
&\qquad + X_1X_2X_3\bar{X}_4 + \bar{X}_1\bar{X}_2\bar{X}_3X_4 + X_1\bar{X}_2\bar{X}_3X_4 + X_1X_2\bar{X}_3X_4 \\
&\qquad + \bar{X}_1\bar{X}_2X_3X_4 + X_1X_2X_3X_4 \\
F &= \breve{M}_0 + \breve{M}_1 + \breve{M}_3 + \breve{M}_4 + \breve{M}_5 + \breve{M}_7 + \breve{M}_8 + \breve{M}_9 + \breve{M}_{11} + \breve{M}_{12} + \breve{M}_{15}
\end{aligned}$$

F, X_1, X_2, X_3, X_4

1_0	1_1	1_5	1_4
0_2	1_3	1_7	0_6
0_{10}	1_{11}	1_{15}	0_{14}
1_8	1_9	0_{13}	1_{12}

b) Primterme von F sind laut KV-Diagramm:

$$P_1 = X_1\bar{X}_3,\quad P_2 = X_1\bar{X}_4,$$
$$P_3 = X_1X_2,\quad P_4 = \bar{X}_2\bar{X}_4,$$
$$P_5 = \bar{X}_2\bar{X}_3.\quad P_6 = \bar{X}_1\bar{X}_2$$

c) Die Kernimplikanten von F sind:

$$P_3 = X_1X_2 \quad \text{wegen} \quad \breve{M}_{15} = X_1X_2X_3X_4$$
$$P_6 = \bar{X}_1\bar{X}_2 \quad \text{wegen} \quad \breve{M}_{12} = \bar{X}_1\bar{X}_2X_3X_4$$

d) Minimale Funktionsdarstellungen von F sind:

$$F = X_1X_2 + \bar{X}_1\bar{X}_2 + X_1\bar{X}_3 + X_1\bar{X}_4$$
$$F = X_1X_2 + \bar{X}_1\bar{X}_2 + X_1\bar{X}_3 + \bar{X}_2\bar{X}_4$$
$$F = X_1X_2 + \bar{X}_1\bar{X}_2 + X_1\bar{X}_4 + \bar{X}_2\bar{X}_3$$
$$F = X_1X_2 + \bar{X}_1\bar{X}_2 + \bar{X}_2\bar{X}_3 + \bar{X}_2\bar{X}_4$$

△

Lösung zu Aufgabe 1.16

Zur Bestimmung von Primtermen und Kernimplikanten wird zuerst eine DNF zu F gebildet:

$$\begin{aligned}
F &= X_1(X_2X_3\bar{X}_4 + \bar{X}_2(X_3 \not\equiv X_4) + \bar{X}_3\bar{X}_4) + \bar{X}_1\bar{X}_2(\bar{X}_3X_4 + (X_3 \equiv X_4)) \\
&= X_1X_2X_3\bar{X}_4 + X_1\bar{X}_2(X_3\bar{X}_4 + \bar{X}_3X_4) + X_1\bar{X}_3\bar{X}_4 + \bar{X}_1\bar{X}_2\bar{X}_3X_4 \\
&\qquad + \bar{X}_1\bar{X}_2(X_3X_4 + \bar{X}_3\bar{X}_4) \\
&= X_1X_2X_3\bar{X}_4 + X_1\bar{X}_2X_3\bar{X}_4 + X_1\bar{X}_2\bar{X}_3X_4 + X_1\bar{X}_3\bar{X}_4 + \bar{X}_1\bar{X}_2\bar{X}_3X_4 \\
&\qquad + \bar{X}_1\bar{X}_2X_3X_4 + \bar{X}_1\bar{X}_2\bar{X}_3\bar{X}_4
\end{aligned}$$

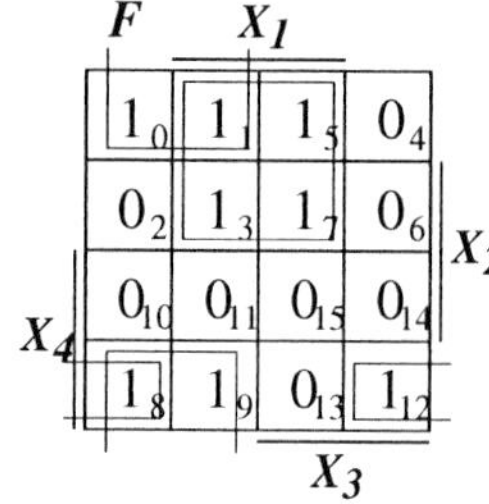

Primterme von F sind laut KV-Diagramm:

$$P_1 = X_1\bar{X}_4,\qquad P_2 = \bar{X}_2\bar{X}_3,$$
$$P_3 = \bar{X}_1\bar{X}_2X_4$$

Die Kernimplikanten von F sind:

$$P_1 = X_1\bar{X}_4 \quad \text{wegen} \quad \breve{M}_3,\ \breve{M}_5,\ \breve{M}_7$$
$$P_2 = \bar{X}_2\bar{X}_3 \quad \text{wegen} \quad \breve{M}_0,\ \breve{M}_9$$
$$P_3 = \bar{X}_1\bar{X}_2X_4 \quad \text{wegen} \quad \breve{M}_{12}$$

△

Lösung zu Aufgabe 1.17

Zur Bestimmung von Primtermen und Kernimplikanten wird zuerst eine DNF zu F gebildet:

$$\begin{aligned}
F &= (X_1X_2 + X_1\bar{X}_2)(X_3X_4 + X_3\bar{X}_4) + \bar{X}_1\bar{X}_2((X_3 \not\equiv X_4) + (X_3 \equiv X_4)) \\
&= X_1X_2X_3X_4 + X_1\bar{X}_2X_3X_4 + X_1X_2X_3\bar{X}_4 + X_1\bar{X}_2X_3\bar{X}_4 \\
&\qquad + \bar{X}_1\bar{X}_2(X_3\bar{X}_4 + \bar{X}_3X_4 + X_3X_4 + \bar{X}_3\bar{X}_4) \\
&= X_1X_2X_3X_4 + X_1X_2X_3\bar{X}_4 + X_1\bar{X}_2X_3X_4 + X_1\bar{X}_2X_3\bar{X}_4 \\
&\qquad + \bar{X}_1\bar{X}_2X_3X_4 + \bar{X}_1\bar{X}_2X_3\bar{X}_4 + \bar{X}_1\bar{X}_2\bar{X}_3X_4 + \bar{X}_1\bar{X}_2\bar{X}_3\bar{X}_4
\end{aligned}$$

F, X_1 (columns 3–4), X_2 (rows 2–3), X_4 (rows 3–4), X_3 (columns 2–3)

1_0	0_1	1_5	1_4
0_2	1_3	1_7	1_6
1_{10}	1_{11}	1_{15}	1_{14}
0_8	0_9	0_{13}	1_{12}

Primterme von F sind laut KV-Diagramm:

$$P_1 = X_1X_3, \quad P_2 = \bar{X}_2X_3, \quad P_3 = \bar{X}_1\bar{X}_2$$

Die Kernimplikanten von F sind:

$$P_1 = X_1X_3 \quad \text{wegen} \quad \breve{M}_7,\ \breve{M}_{15}$$
$$P_3 = \bar{X}_1\bar{X}_2 \quad \text{wegen} \quad \breve{M}_0,\ \breve{M}_8$$

Die minimale Funktionsdarstellung ist: $F = X_1X_3 + \bar{X}_1\bar{X}_2$ △

Lösung zu Aufgabe 1.18

Da die KV-Diagramme der vier Funktionen bereits in geeigneter Form vorliegen, können die Primterme dort durch Bildung von 2^n-Blöcken gefunden werden.

a) Funktion F_1

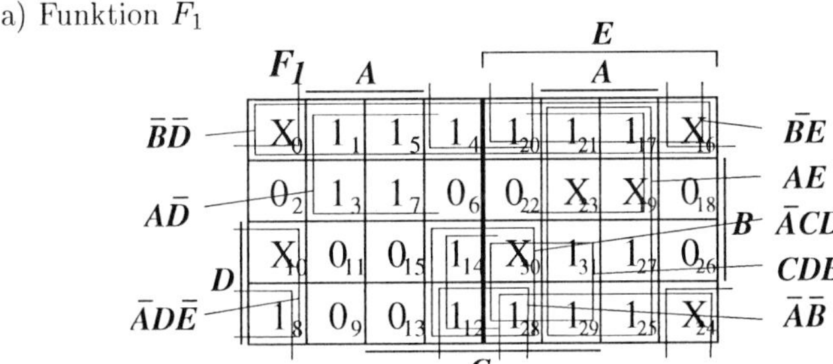

Primterme der Funktion F_1 sind:

$$P_1 = \bar{A}\bar{B} \quad P_2 = AE \quad P_3 = A\bar{D} \quad P_4 = \bar{B}E$$
$$P_5 = \bar{B}\bar{D} \quad P_6 = \bar{A}CD \quad P_7 = \bar{A}D\bar{E} \quad P_8 = CDE$$

Kernimplikanten der Funktion F_1 sind:

$P_2 = AE$ aufgrund von Minterm $\breve{M}_{27} = AB\bar{C}DE$

$P_3 = \bar{A}D$ aufgrund der Minterme $\breve{M}_3 = AB\bar{C}\bar{D}\bar{E}$, $\breve{M}_7 = ABC\bar{D}\bar{E}$

b) Funktion F_2

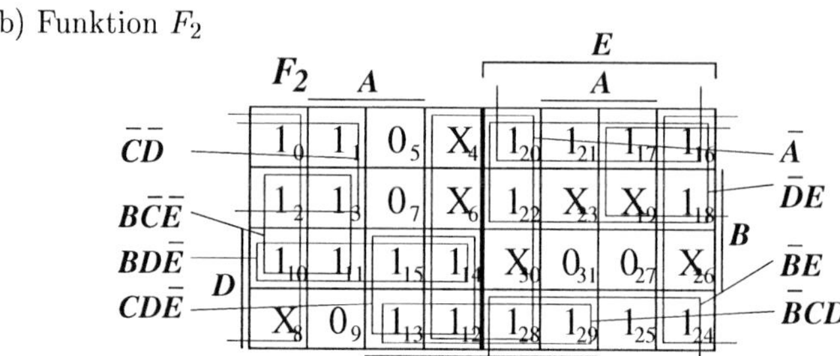

Primterme der Funktion F_2 sind:

$P_1 = \bar{A}$ $P_2 = \bar{B}E$ $P_3 = \bar{D}E$ $P_4 = \bar{C}\bar{D}$

$P_5 = \bar{B}CD$ $P_6 = B\bar{C}\bar{E}$ $P_7 = BD\bar{E}$ $P_8 = CD\bar{E}$

Kernimplikanten der Funktion F_2 sind:

$P_2 = \bar{B}E$ aufgrund von Minterm $\breve{M}_{25} = A\bar{B}\bar{C}DE$

$P_4 = \bar{C}\bar{D}$ aufgrund von Minterm $\breve{M}_1 = A\bar{B}\bar{C}\bar{D}\bar{E}$

c) Funktion F_3

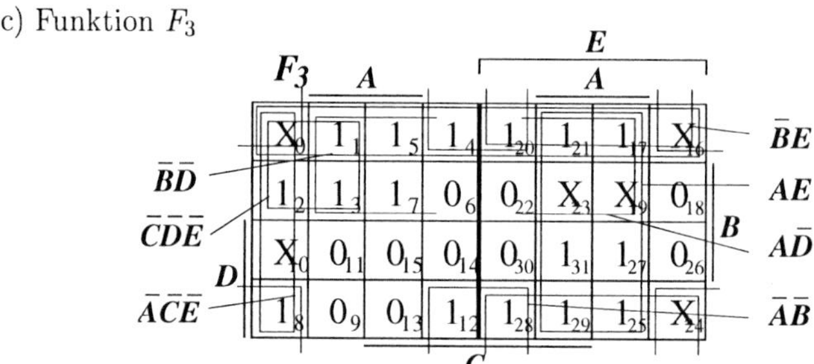

Primterme der Funktion F_3 sind:

$P_1 = \bar{A}\bar{B}$ $P_2 = AE$ $P_3 = A\bar{D}$ $P_4 = \bar{B}E$

$P_5 = \bar{B}\bar{D}$ $P_6 = \bar{A}\bar{C}\bar{E}$ $P_7 = \bar{C}\bar{D}\bar{E}$

Kernimplikanten der Funktion F_3 sind:

$P_1 = \bar{A}\bar{B}$ aufgrund von Minterm $\breve{M}_{12} = \bar{A}\bar{B}CD\bar{E}$

$P_2 = AE$ aufgrund der Minterme $\breve{M}_{27} = AB\bar{C}DE$, $\breve{M}_{31} = ABCDE$

$P_3 = A\bar{D}$ aufgrund von Minterm $\breve{M}_7 = ABC\bar{D}\bar{E}$

d) Funktion F_4

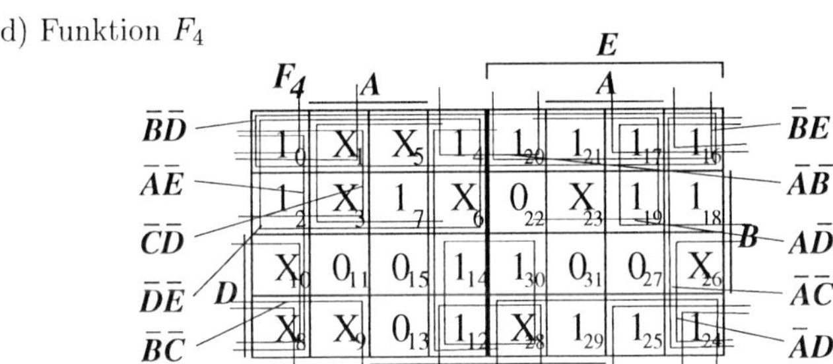

Primterme der Funktion F_4 sind:

$$P_1 = A\bar{D} \quad P_2 = \bar{A}D \quad P_3 = \bar{A}\bar{C} \quad P_4 = \bar{A}\bar{E}$$
$$P_5 = \bar{B}\bar{C} \quad P_6 = \bar{B}\bar{D} \quad P_7 = \bar{B}E \quad P_8 = \bar{C}\bar{D}$$
$$P_9 = \bar{D}\bar{E} \quad P_{10} = \bar{A}\bar{B}$$

Kernimplikanten der Funktion F_4 sind:

$P_1 = \bar{B}E$ aufgrund von Minterm $\breve{M}_{29} = A\bar{B}CDE$

$P_3 = \bar{A}D$ aufgrund von Minterm $\breve{M}_{30} = \bar{A}BCDE$ △

Lösung zu Aufgabe 1.19

a) Bestimmung einer MDNF zu F

$$\begin{aligned}
F &= \bar{A}\bar{C}(\bar{B}\bar{D}+D)+A(BD+\bar{D}(B\bar{C}+\bar{B}C)) \\
&= \bar{A}\bar{C}\bar{B}\bar{D}+\bar{A}\bar{C}D+ABD+A\bar{D}B\bar{C}+A\bar{D}\bar{B}C \\
&= \bar{A}\bar{B}\bar{C}\bar{D}+\bar{A}B\bar{C}D+\bar{A}\bar{B}\bar{C}D+ABCD+AB\bar{C}D+AB\bar{C}\bar{D}+A\bar{B}C\bar{D} \\
&= \bar{A}\bar{B}\bar{C}(\bar{D}+D)+\bar{A}\bar{C}D(\bar{B}+B)+ABD(\bar{C}+C)+AB\bar{C}(\bar{D}+D)+A\bar{B}C\bar{D} \\
&= \bar{A}\bar{B}\bar{C}+\bar{A}\bar{C}D+ABD+AB\bar{C}+A\bar{B}C\bar{D}
\end{aligned}$$

Zur Eintragung der Funktion ins KV-Diagramm ist die disjunktive Form in der zweiten Zeile bereits geeignet:

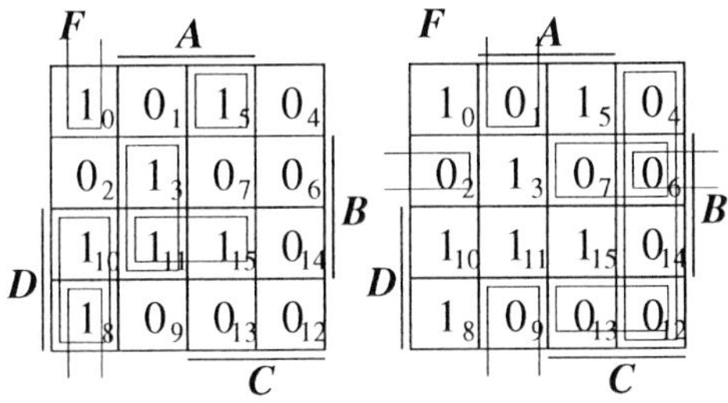

Aus dem KV-Diagramm folgen die Primterme von F:

$$P_1 = \bar{A}\bar{B}\bar{C} \quad P_2 = \bar{A}\bar{C}D \quad P_3 = AB\bar{C}$$
$$P_4 = ABD \quad P_5 = A\bar{B}C\bar{D}$$

Da alle Primterme mindestens einen Minterm enthalten, der nur einmal umrahmt ist, sind alle Primterme gleichzeitig auch Kernimplikanten. Die MDNF lautet somit:

$$F = P_1+P_2+P_3+P_4+P_5 = \bar{A}\bar{B}\bar{C}+\bar{A}\bar{C}D+AB\bar{C}+ABD+A\bar{B}C\bar{D}$$

b) Bestimmung einer MKNF zu F

Da das Rechnen mit disjunktiven Formen leichter ist als mit konjunktiven Formen, arbeiten wir mit der inversen Funktion $\bar{F}$. Eine konjunktive Form einer Funktion wird minimal, wenn die DNF der inversen Funktion $\bar{F}$ minimal ist.
Die MDNF von $\bar{F}$ erhält man am einfachsten mit Hilfe des KV-Diagramms von F, indem man die Nullen zusammenfasst:

$$\begin{aligned} \bar{F} &= \bar{A}C+A\bar{B}\bar{C}+\bar{A}B\bar{D}+BC\bar{D}+A\bar{B}D \\ F &= \overline{\bar{A}C+A\bar{B}\bar{C}+\bar{A}B\bar{D}+BC\bar{D}+A\bar{B}D} \\ &= (A+\bar{C})(\bar{A}+B+C)(A+\bar{B}+D)(\bar{B}+\bar{C}+D)(\bar{A}+B+\bar{D}) \end{aligned}$$

△

Lösung zu Aufgabe 1.20

Eine DDNF ist eine aus disjunkten Konjunktionstermen aufgebaute DNF, d.h. bei einer Betrachtung der Funktion im KV-Diagramm dürfen sich die zu den einzelnen Termen gehörigen Umrahmungen nicht überlappen. Die Darstellung der Funktion

$$F = BD + BC + \bar{A}B\bar{D} + \bar{B}C\bar{D}$$

als auch der Funktionen F_1, F_2 und F_3 im KV-Diagramm und deren Gegenüberstellung ergibt:

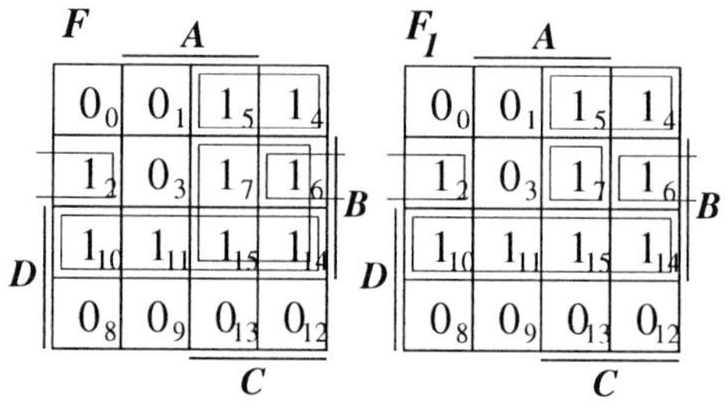

F

		A	A	
	0_0	0_1	1_5	1_4
B	1_2	0_3	1_7	1_6
B, D	1_{10}	1_{11}	1_{15}	1_{14}
D	0_8	0_9	0_{13}	0_{12}
			C	C

F_1

		A	A	
	0_0	0_1	1_5	1_4
B	1_2	0_3	1_7	1_6
B, D	1_{10}	1_{11}	1_{15}	1_{14}
D	0_8	0_9	0_{13}	0_{12}
			C	C

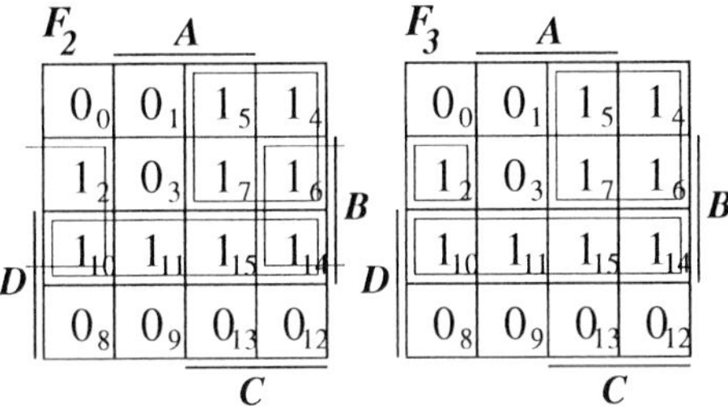

(1) Die Funktion $F_1 = BD + \bar{B}C\bar{D} + \bar{A}B\bar{D} + ABC\bar{D}$ ist eine DDNF.

(2) Die Funktion $F_2 = BD + \bar{A}B + C\bar{D}$ ist eine minimale DNF, aber keine DDNF, da die Terme $\bar{A}B$, $C\bar{D}$ und BD nicht disjunkt sind.

(3) Die Funktion $F_3 = BD + C\bar{D} + \bar{A}B\bar{C}\bar{D}$ ist eine DDNF, sie ist kürzer als die Funktion F_1 und deshalb minimale DDNF. △

Lösung zu Aufgabe 1.21

a) Da die Funktion F in Form einer Funktionstabelle vorliegt, kann man direkt die QMC-Tabelle aufstellen:

Spalte 1		Spalte 2		Spalte 3		
i	$\breve{M}_i$	i,j	$\breve{M}_{i,j}$	i,j,k,l	$\breve{M}_{i,j,k,l}$	
1	0001 √	1,3	00−1 √	1,3,5,7	0−−1	P_1
2	0010 √	1,5	0−01 √	~~1,5,3,7~~	~~0−−1~~	
		1,9	−001 √	1,9,5,13	−−01	P_2
3	0011 √	2,3	001− √	~~1,5,9,13~~	~~−−01~~	
5	0101 √	2,6	0−10 √	2,3,6,7	0−1−	P_3
6	0110 √	2,10	−010 √	~~2,6,3,7~~	~~0−1−~~	
9	1001 √			2,6,10,14	−−10	P_4
10	1010 √	3,7	0−11 √	~~2,10,6,14~~	~~−−10~~	
		5,7	01−1 √			
7	0111 √	5,13	−101 √			
13	1101 √	6,7	011− √			
14	1110 √	6,14	−110 √			
		9,13	1−01 √			
		10,14	1−10 √			

Die Funktion enthält demnach insgesamt 4 Primterme:

$0{-}{-}1 \mathrel{\hat{=}} P_1 = \bar{A}D \quad (1,3,5,7) \qquad {-}{-}01 \mathrel{\hat{=}} P_2 = \bar{C}D \quad (1,9,5,13)$

$0{-}1{-} \mathrel{\hat{=}} P_3 = \bar{A}C \quad (2,3,6,7) \qquad {-}{-}10 \mathrel{\hat{=}} P_4 = C\bar{D} \quad (2,6,10,14)$

b) Bestimmung der Kernimplikanten aus der Minterm-Primterm-Tabelle

	1	2	3	5	6	7	9	10	13	14
P_1	×		×	×		×				
P_2	⊠			⊠			⊗		⊗	
P_3		×	×		×	×				
P_4		⊠			⊠			⊗		⊗

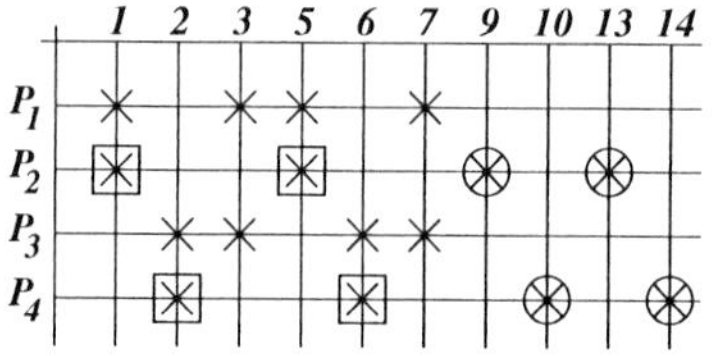

Kernimplikanten der Funktion F sind:

$P_2 = A\bar{B}$ aufgrund der Spalten 9 und 13, sowie
$P_4 = \bar{A}B$ aufgrund der Spalten 10 und 14.

c) Da nicht alle Minterme durch die Kernimplikanten überdeckt werden, gibt es auch relativ eliminierbare Primterme. Es sind dies die Primterme $P_1 = A\bar{D}$ und $P_3 = B\bar{D}$.

d) Bestimmung der minimalen DNF (MDNF)

Hierzu ist keine weitere Minterm-Primterm-Tabelle mehr erforderlich. Die noch zu überdeckenden Minterme sind $\breve{M}_3$ und $\breve{M}_7$. Beide Minterme werden sowohl von P_1 als auch von P_3 überdeckt und beide Primterme sind gleich lang. Es gibt also zwei gleichwertige MDNFs:

$$F = P_2 + P_4 + P_1 = A\bar{B} + \bar{A}B + A\bar{D} \quad \text{und}$$
$$F = P_2 + P_4 + P_3 = A\bar{B} + \bar{A}B + B\bar{D}$$

△

Lösung zu Aufgabe 1.22

Zuerst wird die QMC-Tabelle mit Koppeltermen aufgestellt und die Primterme ermittelt.

	Spalte 1			Spalte 2			Spalte 3	
	i	$\breve{M}_i$	K	i,j	$\breve{M}_{i,j}$	K	i,j,k,l	$\breve{M}_{i,j,k,l}$
F_1	0	0000 √	7	0, 1	000− P_1	1		
				0, 8	−000 P_2	2		
	1	0001 √	8					
	8	1000 √	9	1, 3	00−1 P_3	3		
				8, 12	1−00 P_4	4		
	3	0011 √	10					
	12	1100 √	11	3, 11	−011 P_5	5		
				12, 13	110− P_6	6		
	11	1011 √	12					
	13	1101 √	13					

	Spalte 1			Spalte 2			Spalte 3	
	i	$\breve{M}_i$	K	i,j	$\breve{M}_{i,j}$	K	i,j,k,l	$\breve{M}_{i,j,k,l}$
	0	0000 $\surd$	7	0, 1	000− P_1	1	12, 13, 14, 15	11−− P_8
				0, 8	−000 P_2	2	~~12, 13, 14, 15~~	~~11−−~~
	1	0001 $\surd$	8					
	8	1000 $\surd$	9	1, 3	00−1 P_3	3		
				8, 12	1−00 P_4	4		
	3	0011 $\surd$	10					
F_2	12	1100 $\surd$	11	3, 11	−011 P_5	5		
				12, 13	110− $\surd$	6		
	11	1011 $\surd$	12	12, 14	11−0 $\surd$			
	13	1101 $\surd$	13					
	14	1110 $\surd$		11, 15	1−11 P_7			
				13, 15	11−1 $\surd$			
	15	1111 $\surd$		14, 15	111− $\surd$			

Um die tatsächlich interessierenden Koppelterme festzulegen, stellen wir die Überdeckungen fest

Koppelterm Nr.	überdeckt durch Nr.	Koppelterm Nr.	überdeckt durch Nr.
7	1	11	4, 6
8	1	12	5
9	2, 4	13	6
10	3, 5		

Damit ergeben sich für die Funktionen F_1 und F_2 folgende Primterme (P) und ausgewählte Koppelterme (K):

F_1	000− $\hat{=} P_1 = \bar{B}\bar{C}\bar{D}$	$(0,1)$	K,P	1
	−000 $\hat{=} P_2 = \bar{A}\bar{B}\bar{C}$	$(0,8)$	K,P	2
	00−1 $\hat{=} P_3 = A\bar{C}\bar{D}$	$(1,3)$	K,P	3
	1−00 $\hat{=} P_4 = \bar{A}\bar{B}D$	$(8,12)$	K,P	4
	−011 $\hat{=} P_5 = AB\bar{C}$	$(3,11)$	K,P	5
	110− $\hat{=} P_6 = \bar{B}CD$	$(12,13)$	K,P	6
F_2	000− $\hat{=} P_1 = \bar{B}\bar{C}\bar{D}$	$(0,1)$	K,P	1
	−000 $\hat{=} P_2 = \bar{A}\bar{B}\bar{C}$	$(0,8)$	K,P	2
	00−1 $\hat{=} P_3 = A\bar{C}\bar{D}$	$(1,3)$	K,P	3
	1−00 $\hat{=} P_4 = \bar{A}\bar{B}D$	$(8,12)$	K,P	4
	−011 $\hat{=} P_5 = AB\bar{C}$	$(3,11)$	K,P	5
	110− $\hat{=} P_6 = \bar{B}CD$	$(12,13)$	K	6
	1−11 $\hat{=} P_7 = ABD$	$(11,15)$	P	
	11−− $\hat{=} P_8 = CD$	$(12,13,14,15)$	P	

Darstellung in einer Minterm-Primterm-Tabelle A:

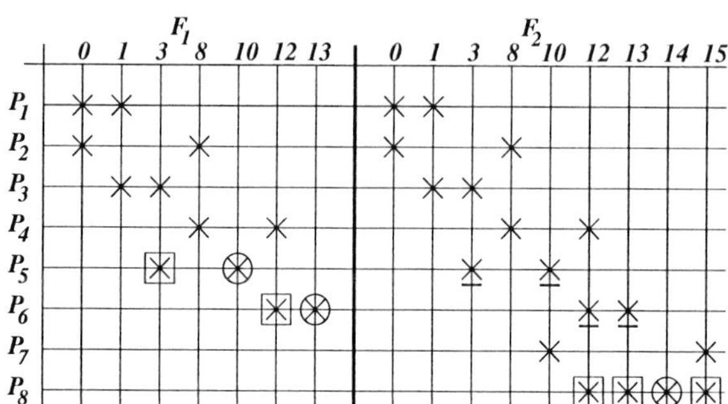

Kernimplikanten sind gemäß der Minterm-Primterm-Tabelle:

$$\begin{array}{llll} P_5 = AB\bar{C} & \text{zu Funktion } F_1 & \text{(Spalte 10)} \\ P_6 = \bar{B}CD & \text{zu Funktion } F_1 & \text{(Spalte 13)} \\ P_8 = CD & \text{zu Funktion } F_2 & \text{(Spalte 14)} \end{array}$$

Absolut eliminierbare Primterme treten nicht auf, da beide Funktionen vollständig definiert sind. Nach der Eliminierung der Kernimplikanten folgt die Minterm-Primterm-Tabelle B:

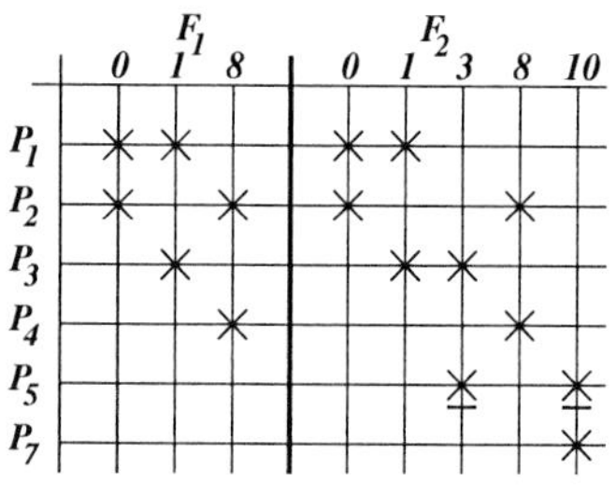

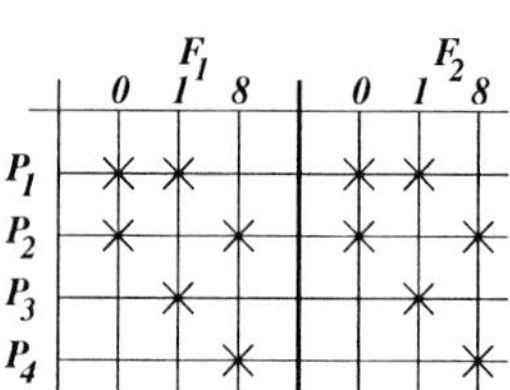

Weitere Spalten können in dieser Tabelle nicht eliminiert werden, da es keine Spalten gibt, die in gleichen Zeilen Markierungen besitzen. Sowohl in Funktion F_1 als auch in F_2 gibt es mehrere relativ eliminierbare Primterme, zwischen denen eine Auswahl besteht.
Zur Darstellung des Minterms 10 in F_2 besteht eine Auswahl zwischen P_5 und P_7. Wir verwenden den Primterm P_5, da dieser wegen der Unterstreichung bereits als Kernimplikant in F_1 realisiert ist. Damit wird gleichzeitig auch der Minterm 3 überdeckt.
Es verbleiben zwei identische Restfunktionen für F_1 und F_2. Zur Realisierung dieser Restfunktion gibt es verschiedene Alternativen. Entweder

die Primterme P_1 und P_2 oder P_2 und P_3 als auch P_1 und P_4 ergeben die folgenden gleichwertigen Lösungen.

$$\begin{aligned} F_1 &= P_5 + P_6 + P_1 + P_2 = AB\bar{C} + \bar{B}\bar{C}\bar{D} + \bar{A}\bar{B}\bar{C} + \bar{B}CD \\ F_2 &= P_8 + P_5 + P_1 + P_2 = AB\bar{C} + \bar{B}\bar{C}\bar{D} + \bar{A}\bar{B}\bar{C} + CD \end{aligned} \quad \text{oder}$$

$$\begin{aligned} F_1 &= P_5 + P_6 + P_2 + P_3 = AB\bar{C} + \bar{A}\bar{B}\bar{C} + A\bar{C}\bar{D} + \bar{B}CD \\ F_2 &= P_8 + P_5 + P_2 + P_3 = AB\bar{C} + \bar{A}\bar{B}\bar{C} + A\bar{C}\bar{D} + CD \end{aligned} \quad \text{oder}$$

$$\begin{aligned} F_1 &= P_5 + P_6 + P_1 + P_4 = AB\bar{C} + \bar{B}\bar{C}\bar{D} + \bar{A}\bar{B}D + \bar{B}CD \\ F_2 &= P_8 + P_5 + P_1 + P_4 = AB\bar{C} + \bar{B}\bar{C}\bar{D} + \bar{A}\bar{B}D + CD \end{aligned}$$

△

Lösung zu Aufgabe 1.23

Zur Berechnung einer minimalen MKNF wird die Funktion F in negierter Form vereinfacht. Dazu werden in der QMC-Tabelle alle Minterme aufgelistet, die zu $\bar{F}$ gehören. Das sind genau die Minterme, die nicht zur Funktion F gehören.

$$F = \bar{A}\bar{B}\bar{C}\bar{D} + AB\bar{C}D + \bar{A}\bar{B}\bar{C}D + A\bar{B}\bar{C}D + \bar{A}B\bar{C}\bar{D} + \bar{A}B\bar{C}D$$

	D	C	B	A	F	$\bar{F}$		
0	0	0	0	0	1	0		
1	0	0	0	1	0	1	0001	1
2	0	0	1	0	1	0		
3	0	0	1	1	0	1	0011	3
4	0	1	0	0	0	1	0100	4
5	0	1	0	1	0	1	0101	5
6	0	1	1	0	0	1	0110	6
7	0	1	1	1	0	1	0111	7
8	1	0	0	0	1	0		
9	1	0	0	1	1	0		
10	1	0	1	0	1	0		
11	1	0	1	1	1	0		
12	1	1	0	0	0	1	1100	12
13	1	1	0	1	0	1	1101	13
14	1	1	1	0	0	1	1110	14
15	1	1	1	1	0	1	1111	15

Aufgrund der QMC-Tabelle auf der nächsten Seite ergeben sich für die Funktion $\bar{F}$ insgesamt 2 Primterme:

$$\begin{aligned} 00--1 &\mathrel{\hat{=}} P_1 = A\bar{D} \quad (1,3,5,7) \\ -1--- &\mathrel{\hat{=}} P_2 = C \quad (4,5,6,7,12,13,14,15) \end{aligned}$$

Aus der Minterm-Primterm-Tabelle folgt, dass P_1 Kernimplikant bzgl. der Minterme 1 und 3 bzw. P_2 ist bzgl. der Minterme 4,12,13,14 und 15 ist. Damit werden alle in der Tabelle stehenden Minterme überdeckt.

Ermittlung der Primterme in der QMC-Tabelle

Spalte 1		Spalte 2		Spalte 3		Spalte 4	
i	$\breve{M}_i$	i,j	$\breve{M}_{i,j}$	i,j,k,l	$\breve{M}_{i,j,k,l}$	i,j,k,l,m,n	$\breve{M}_{i,j,k,l,m,n}$
1	0001 √	1, 3	00 − 1 √	1, 3, 5, 7	0 − −1	4, 5, 6, 7, 12, 13, 14, 15	−1 − − P_2
4	0100 √	1, 5	0 − 01 √	~~1, 5, 3, 7~~	~~0 − −1~~	~~4, 5, 12, 13, 6, 7, 14, 15~~	~~−1 − −~~
	———	4, 5	010− √	4, 5, 6, 7	01 − − √	~~4, 6, 12, 14, 5, 7, 13, 15~~	~~−1 − −~~
3	0011 √	4, 6	01 − 0 √	4, 5, 12, 13	−10− √		
5	0101 √	4, 12	−100 √	~~4, 6, 5, 7~~	~~01 − −~~		
6	0110 √		———	4, 6, 12, 14	−1 − 0 √		
12	1100 √	3, 7	0 − 11 √	~~4, 12, 5, 13~~	~~−10−~~		
	———	5, 7	01 − 1 √	~~4, 12, 6, 14~~	~~−1 − 0~~		
7	0111 √	5, 13	−101 √		———		
13	1101 √	6, 7	011− √	5, 7, 13, 15	−1 − 1 √		
14	1110 √	6, 14	−110 √	~~5, 13, 7, 15~~	~~−1 − 1~~		
15	1111 √	12, 13	110− √	6, 7, 14, 15	−11− √		
		12, 14	11 − 0 √	6, 14, 7, 15	−11−		
			———	12, 13, 14, 15	11 − − √		
		7, 15	−111 √	~~12, 14, 13, 15~~	~~11 − −~~		
		13, 15	11 − 1 √				
		14, 15	111− √				

Bestimmung der Kernimplikanten aus der Minterm-Primterm-Tabelle

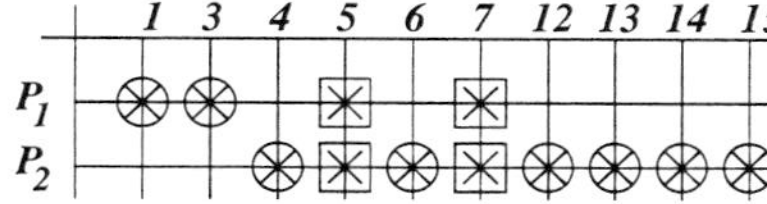

Die minimale DNF für $\bar{F}$ lautet daher: $\bar{F} = P_1 + P_2 = A\bar{D} + C$.
Daraus folgt für die minimale KNF für die Funktion F:

$$F = \overline{A\bar{D} + C} = \overline{A\bar{D}} \cdot \bar{C} = (\bar{A} + D)\bar{C} \qquad \triangle$$

Lösung zu Aufgabe 1.24

Bei der Ermittlung der Primterme in der QMC-Tabelle mit Koppeltermen werden alle don't care-Terme zur Vereinfachung mit in die Zusammenfassung einbezogen.

	Spalte 1			Spalte 2			Spalte 3	
	i	$\breve{M}_i$	K	i,j	$\breve{M}_{i,j}$	K	i,j,k,l	$\breve{M}_{i,j,k,l}$
	0	0000 √		0, 1	000– P_3			
	1	0001 √	5	1, 9	–001 P_4	1		
F_1	6	0110 √		6, 7	011– P_5			
	9	1001 √	6					
	7	0111 √						
	1	0001 √	5	1, 5	0–01 √		1, 5, 9, 13	– –01 P_{11}
				1, 9	–001 √	1	~~1, 9, 5, 13~~	~~– –01~~
	5	0101 √	7					
	9	1001 √	6	5, 13	–101 √	2	12, 13, 14, 15	11– – P_{12}
	10	1010 √	8	9, 13	1–01 √	3	~~12, 13, 14, 15~~	~~11– –~~
F_2	12	1100 √		10, 14	1–10 P_8			
				12, 13	110– √			
	13	1101 √	9	12, 14	11–0 √			
	14	1110 √						
				13, 15	11–1 √	4		
	15	1111 √	10	14, 15	111– √			
	4	0100 √		4, 5	010– P_{10}		8, 9, 10, 11	10– – P_{13}
	8	1000 √		8, 9	100– √		~~8, 10, 9, 11~~	~~10– –~~
				8, 10	10–0 √	4		
	5	0101 √	7				9, 11, 13, 15	1– –1 P_{14}
F_3	9	1001 √	6	5, 13	–101 P_6	2	~~9, 13, 11, 15~~	~~1– –1~~
	10	1010 √	8	9, 11	10–1 √			
				9, 13	1–01 √	3		
	11	1011 √		10, 11	101– √			
	13	1101 √	9					
				11, 15	1–11 √			
	15	1111 √	10	13, 15	11–1 √	4		

Koppelterme, die eine Überdeckung aufweisen

Koppelterm Nr.	überdeckt durch Nr.	Koppelterm Nr.	überdeckt durch Nr.
5	1	9	2, 3, 4
7	2	10	4

Primterme (P) und ausgewählte Koppelterme (K) von F_1, F_2 und F_3:

F_1	$1001 \hat{=} P_1 = A\bar{B}\bar{C}D$	(9)	K	6
	$000- \hat{=} P_3 = \bar{B}\bar{C}\bar{D}$	(0, 1)	P	
	$-001 \hat{=} P_4 = A\bar{B}\bar{C}$	(1, 9)	K, P	1
	$011- \hat{=} P_5 = BC\bar{D}$	(6, 7)	P	
F_2	$1001 \hat{=} P_1 = A\bar{B}\bar{C}D$	(9)	K	6
	$1010 \hat{=} P_2 = \bar{A}B\bar{C}D$	(10)	K	8
	$-001 \hat{=} P_4 = A\bar{B}\bar{C}$	(1, 9)	K	1
	$-101 \hat{=} P_6 = A\bar{B}C$	(5, 13)	K	2
	$1-01 \hat{=} P_7 = A\bar{B}D$	(9, 13)	K	3
	$1-10 \hat{=} P_8 = \bar{A}BD$	(10, 14)	P	
	$11-1 \hat{=} P_9 = AC\bar{D}$	(13, 15)	K	4
	$--01 \hat{=} P_{11} = A\bar{B}$	(1, 5, 9, 13)	P	
	$11-- \hat{=} P_{12} = CD$	(12, 13, 14, 15)	P	
F_3	$1001 \hat{=} P_1 = A\bar{B}\bar{C}D$	(9)	K	6
	$1010 \hat{=} P_2 = \bar{A}B\bar{C}D$	(10)	K	8
	$010- \hat{=} P_{10} = \bar{B}C\bar{D}$	(4, 5)	P	
	$-101 \hat{=} P_6 = A\bar{B}C$	(5, 13)	K, P	2
	$1-01 \hat{=} P_7 = A\bar{B}D$	(9, 13)	K	3
	$11-1 \hat{=} P_9 = AC\bar{D}$	(13, 15)	K	4
	$10-- \hat{=} P_{13} = \bar{C}D$	(8, 9, 10, 11)	P	
	$1--1 \hat{=} P_{14} = AD$	(9, 11, 13, 15)	P	

Überblick über die Zugehörigkeit der Prim- und Koppeltermen zu den einzelnen Funktionen:

Koppelterme, Primterme

K		F_1	F_2	F_3
6	P_1	X	X	X
8	P_2		X	X
1	P_4	X	X	
2	P_6		X	X
3	P_7		X	X
4	P_9		X	X

reine Primterme

	F_1	F_2	F_3
P_3	X		
P_5	X		
P_8		X	
P_{10}			X
P_{11}		X	
P_{12}		X	
P_{13}			X
P_{14}			X

Bei der Darstellung in der Minterm-Primterm-Tabelle A verwenden wir im Gegensatz zur QMC-Tabelle nur die Minterme, die tatsächlich durch die minimierte Funktion dargestellt werden müssen, d.h. die don't-care werden hier weggelassen.

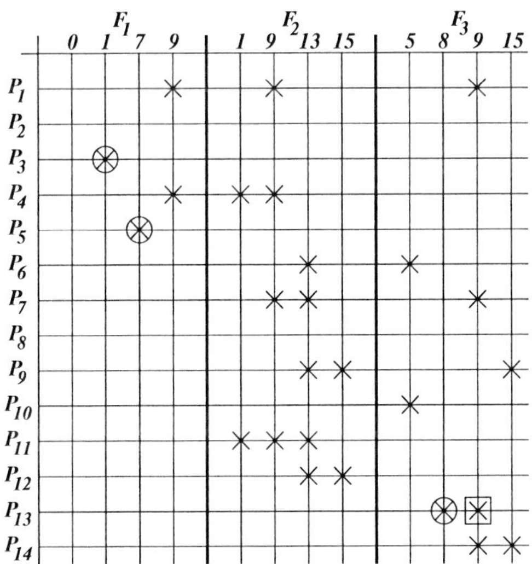

Kernimplikanten sind gemäß der Minterm-Primterm-Tabelle:

$P_3 = \bar{B}\bar{C}\bar{D}$	zu Funktion F_1	(Spalte 1)
$P_5 = BC\bar{D}$	zu Funktion F_1	(Spalte 7)
$P_{13} = \bar{C}D$	zu Funktion F_3	(Spalte 8)

Absolut eliminierbare Primterme sind P_2 und P_8. Nach einem Spaltenvergleich kann in der Minterm-Primterm-Tabelle B in Funktion F_2 die Spalte 9 weggelassen werden, da Spalte 1 nur in denselben Zeilen Markierungen besitzt, aber im Gegensatz zu Spalte 9 nur 2. Aufgrund der gleichen Argumentation kann in F_2 auch noch die Spalte 13 wegen Spalte 15 weggelassen werden. Nach der Eliminierung der Primterme P_2, P_3, P_5, P_8 und P_{13} sowie der Spalten 9 und 15 folgt die Minterm-Primterm-Tabelle B auf der nächsten Seite.

In Funktion F_1 besteht zur Darstellung des Minterms 9 eine Auswahl zwischen den relativ eliminierbaren Primtermen P_1 und P_4. Wir verwenden den Primterm P_4, da dieser auch in Funktion F_2 zur Darstellung des Minterms 1 einsetzbar ist. Zusammen mit den Kernimplikanten folgt für die Funktion F_1:

$$F_1 = P_3 + P_5 + P_4 = \bar{B}\bar{C}\bar{D} + BC\bar{D} + A\bar{B}\bar{C}$$

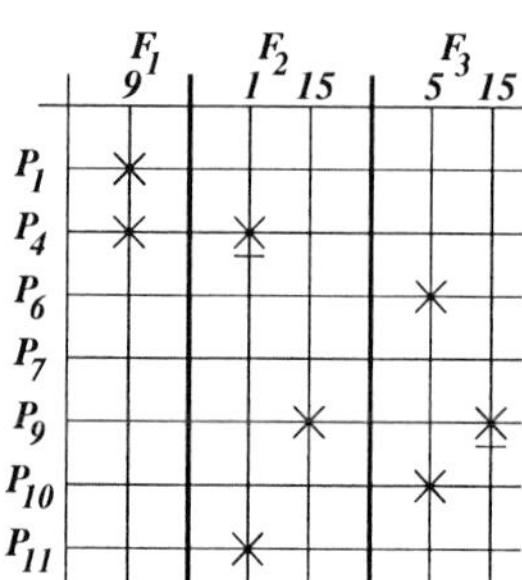

In Funktion F_2 besteht zur Darstellung des Minterms 15 eine Auswahl zwischen P_9 und P_{12}. Wir verwenden P_9, da P_9 in F_3 ebenfalls zur Darstellung des Minterms 15 einsetzbar ist. Damit folgt für F_2:

$$F_2 = P_4 + P_9 = A\bar{B}\bar{C} + ACD$$

In F_3 besteht zur Darstellung des Minterms 5 eine Auswahl zwischen den gleichwertigen Primtermen P_6 und P_{10}. Mit P_6 folgt für F_3:

$$F_3 = P_{13} + P_9 + P_6 = \bar{C}D + A\bar{B}\bar{C} + A\bar{B}C$$

Zusammenfassende Darstellung des Funktionsbündels:

$$\begin{aligned} F_1 &= P_4 + P_3 + P_5 &&= A\bar{B}\bar{C} + \bar{B}\bar{C}\bar{D} + BC\bar{D} \\ F_2 &= P_4 + P_9 &&= A\bar{B}\bar{C} + ACD \\ F_3 &= P_6 + P_9 + P_{13} &&= A\bar{B}C + ACD + \bar{C}D \end{aligned}$$

Eine logische Realisierung dieses Funktionsbündels würde folgendermaßen aussehen:

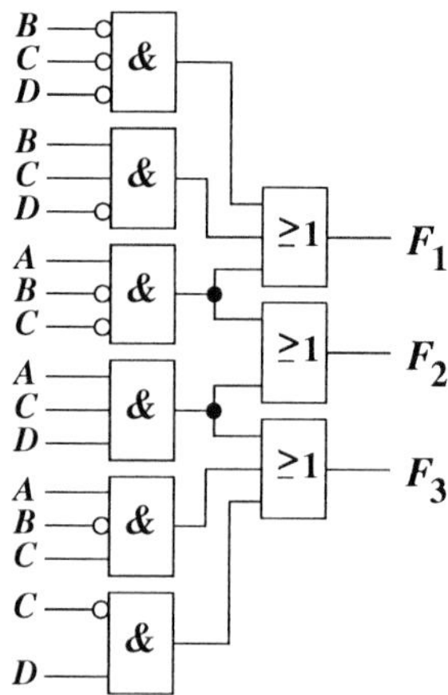

△

Lösung zu Aufgabe 1.25

Um die Minimierungsmöglichkeiten der Funktionen zu erkennen und auszuführen bringen wir die Ausdrücke auf disjunktive Formen:

$$
\begin{aligned}
X &= \overline{(\bar B+\bar D+A\bar C)\,(\bar A+(\overline{CD}\;\overline{\bar B\bar C}))} + \overline{\bar C+A+\overline{\bar B\bar D}} + A(\bar B+CD)+\bar ABC\bar C\\
&= \overline{\bar B+\bar D+A\bar C} + \overline{\bar A+(\overline{CD}\;\overline{\bar B\bar C})} + C\bar A\;\overline{\bar B\bar D}+A\bar B+ACD+\bar ABC\bar C\\
&= BD\;\overline{A\bar C} + A\;\overline{\overline{CD}\;\overline{\bar B\bar C}} + \bar AC(B+D)+A\bar B+ACD+\bar ABC\bar C\\
&= BD(\bar A+C) + A\,(CD+\bar B\bar C) + \bar ABC+\bar ACD+A\bar B+ACD+\bar ABC\bar C\\
&= \bar ABD+BCD+ACD+A\bar B\bar C+\bar ABC+\bar ACD+A\bar B+ACD+\bar ABC\bar C\\
&= \bar ABD+BCD+\bar AB(C+\bar C)+CD(A+\bar A)+A\bar B(\bar C+1)\\
&= \bar ABD+BCD+\bar AB+CD+A\bar B\\
&= \bar AB(D+1)+CD(B+1)+A\bar B = A\bar B+\bar AB+CD\\
Y &= C(AB+\bar A\bar B) + \bar D(\bar A\bar B+AB) = ABC+\bar A\bar BC+\bar A\bar B\bar D+AB\bar D
\end{aligned}
$$

Bei vier Variablen erkennen wir im KV-Diagramm sofort ob und welche weiteren Vereinfachungen möglich sind:

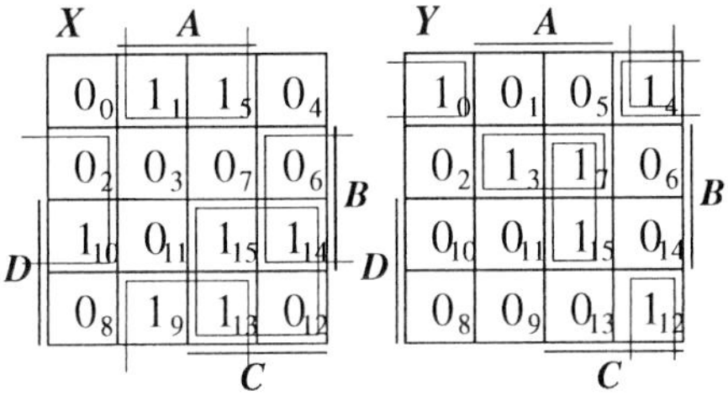

X

0_0	1_1	1_5	0_4
0_2	0_3	0_7	0_6
1_{10}	0_{11}	1_{15}	1_{14}
0_8	1_9	1_{13}	0_{12}

Y

1_0	0_1	0_5	1_4
0_2	1_3	1_7	0_6
0_{10}	0_{11}	1_{15}	0_{14}
0_8	0_9	0_{13}	1_{12}

Beide Funktionen sind über Zusammenfassungen nicht mehr zu vereinfachen. In den beiden Funktionsgleichungen erkennt man jedoch mehrere ANTIVALENZ-Funktionen, die ebenfalls zugelassen sind:

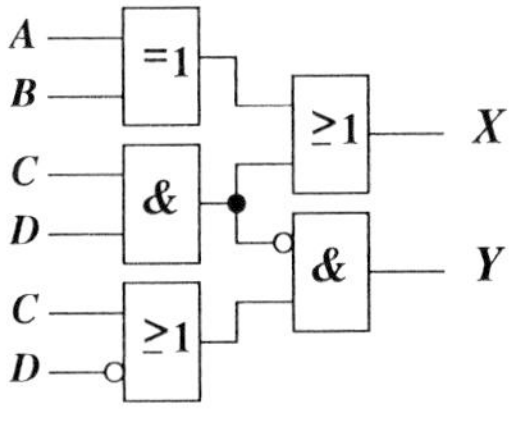

$$
\begin{aligned}
X &= A\bar B+\bar AB+CD\\
&= (A\not\equiv B)+CD\\
Y &= C(AB+\bar A\bar B) + \bar D(\bar A\bar B+AB)\\
&= C\overline{(A\not\equiv B)} + \bar D\overline{(A\not\equiv B)}\\
&= (C+\bar D)\;\overline{(A\not\equiv B)}
\end{aligned}
$$

Aus der schaltungstechnischen Realisierung des Funktionsbündels ergibt sich folgender Punktwert:
die Schaltung enthält 5 Gatter, ergibt $2\cdot 5 = 10$ Punkte; jedes Gatter besitzt je 2 Eingänge, ergibt $2\cdot 5 = 10$ Punkte; ferner sind 2 Negationen erforderlich, dies ergibt in der Summe 22 Punkte. △

Lösung zu Aufgabe 1.26

a) Funktionsgleichung $F = F(A, B, C, D)$ der Schaltung

Diese kann schrittweise aus der Schaltung entwickelt werden:

$$\begin{aligned} F &= f_1 + f_2 = ((AB)\bar{C}) + ((\bar{A}C)D + f_3) \\ &= ((AB)\bar{C}) + ((\bar{A}C) + (BD + f_4)) \\ &= ((AB)\bar{C}) + ((\bar{A}C) + (BD + ((AC)\bar{D} + f_5))) \\ &= ((AB)\bar{C}) + ((\bar{A}C) + (BD + ((AC)\bar{D} + ((\bar{A}\bar{B})(\bar{C}\bar{D}) + (\bar{B}C)\bar{D})))) \\ &= AB\bar{C} + \bar{A}C + BD + AC\bar{D} + \bar{A}\bar{B}\bar{C}\bar{D} + \bar{B}C\bar{D} \end{aligned}$$

b) KDNF für F

$$\begin{aligned} F &= \bar{A}C(B+\bar{B}) + BD(A+\bar{A}) + AB\bar{C}(D+\bar{D}) + AC\bar{D}(B+\bar{B}) \\ &\qquad + \bar{B}C\bar{D}(A+\bar{A}) + \bar{A}\bar{B}\bar{C}\bar{D} \\ &= \bar{A}BC + \bar{A}\bar{B}C + ABD + \bar{A}BD + AB\bar{C}D + AB\bar{C}\bar{D} + ABC\bar{D} \\ &\qquad + A\bar{B}C\bar{D} + A\bar{B}C\bar{D} + \bar{A}\bar{B}C\bar{D} + \bar{A}\bar{B}\bar{C}\bar{D} \\ &= \bar{A}BCD + \bar{A}BC\bar{D} + \bar{A}\bar{B}CD + \bar{A}\bar{B}C\bar{D} + ABCD + AB\bar{C}D + \bar{A}BCD \\ &+ \bar{A}B\bar{C}D + AB\bar{C}D + AB\bar{C}\bar{D} + ABC\bar{D} + A\bar{B}C\bar{D} + \bar{A}\bar{B}C\bar{D} + \bar{A}\bar{B}\bar{C}\bar{D} \\ &= \bar{A}\bar{B}\bar{C}\bar{D} + AB\bar{C}\bar{D} + \bar{A}\bar{B}C\bar{D} + A\bar{B}C\bar{D} + \bar{A}BC\bar{D} + ABC\bar{D} \\ &\qquad + \bar{A}B\bar{C}D + AB\bar{C}D + \bar{A}\bar{B}CD + \bar{A}BCD + ABCD \end{aligned}$$

c) QMC-Tabelle

Spalte 1		Spalte 2		Spalte 3	
i	$\breve{M}_i$	i,j	$\breve{M}_{i,j}$	i,j,k,l	$\breve{M}_{i,j,k,l}$
0	0000 √	0, 4	0−00 P_6	4, 5, 6, 7	01 − − P_1
				4, 6, 5, 7	~~01 − −~~
4	0100 √	4, 5	010− √	4, 6, 12, 14	−1 − 0 P_2
		4, 6	01−0 √	4, 12, 6, 14	~~−1 − 0~~
3	0011 √	4, 12	−100 √		
5	0101 √			3, 7, 11, 15	− − 11 P_3
6	0110 √	3, 7	0−11 √	3, 11, 7, 15	~~− − 11~~
10	1010 √	3, 11	−011 √	6, 7, 14, 15	−11− P_4
12	1100 √	5, 7	01−1 √	6, 14, 7, 15	~~−11−~~
		6, 7	011− √	10, 11, 14, 15	1 − 1− P_5
7	0111 √	6, 14	−110 √	10, 14, 11, 15	~~1 − 1−~~
11	1011 √	10, 11	101− √		
14	1110 √	10, 14	1−10 √		
		12, 14	11−0 √		
15	1111 √				
		7, 15	−111 √		
		11, 15	1−11 √		
		14, 15	111− √		

Aufgrund der QMC-Tabelle ergeben sich für F folgende 6 Primterme:

$$\begin{array}{llll}
01-- & \hat{=}\ P_1 = C\bar{D} & (4,5,6,7) \\
-1-0 & \hat{=}\ P_2 = \bar{A}C & (4,6,12,14) \\
--11 & \hat{=}\ P_3 = AB & (3,7,11,15) \\
-11- & \hat{=}\ P_4 = BC & (6,7,14,15) \\
1-1- & \hat{=}\ P_5 = BD & (10,11,14,15) \\
0-00 & \hat{=}\ P_6 = \bar{A}\bar{B}\bar{D} & (0,4)
\end{array}$$

d) Klassifizierung der Primterme in der Minterm-Primterm-Tabelle A:

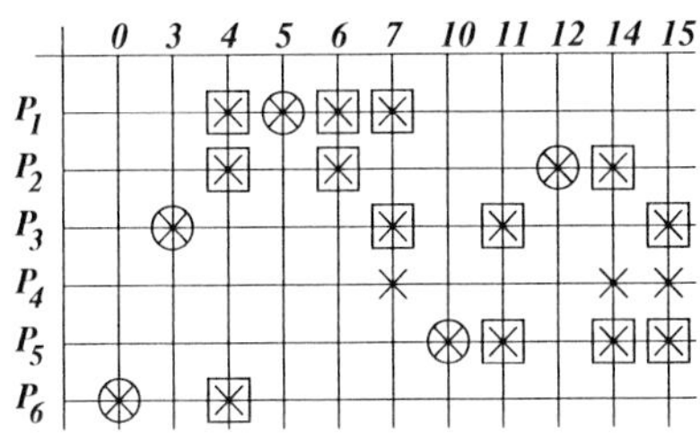

Kernimplikanten von F sind demnach:

$P_1 = C\bar{D}$ aufgrund Spalte 5
$P_2 = \bar{A}C$ aufgrund Spalte 12
$P_3 = AB$ aufgrund Spalte 3
$P_5 = BD$ aufgrund Spalte 10
$P_6 = \bar{A}\bar{B}\bar{D}$ aufgrund Spalte 0

Durch diese Kernimplikanten werden bereits alle Minterme überdeckt. Der Primterm P_4 ist absolut eliminierbar. Relativ eliminierbare Primterme gibt es damit nicht.

e) Es gibt nur eine minimale Lösung für F:

$$F = P_1 + P_2 + P_3 + P_5 + P_6 = C\bar{D} + \bar{A}C + AB + BD + \bar{A}\bar{B}\bar{D}$$

f) Lösung mit Hilfe des KV-Diagramms

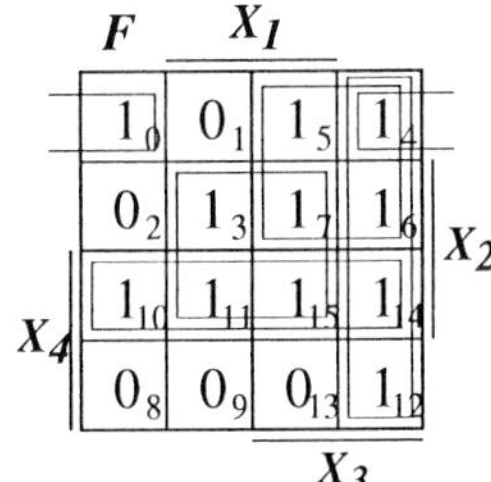

Laut nebenstehendem KV-Diagramm erhalten wir folgende minimale Lösung, die mit obiger Lösung übereinstimmt:

$$F = AB + BD + \bar{A}C + C\bar{D} + \bar{A}\bar{B}\bar{D}$$

g) Realisierung mit NAND-Bausteinen

$$F = \overline{\overline{AB + BD + \bar{A}C + C\bar{D} + \bar{A}\bar{B}\bar{D}}} = \overline{\overline{AB}\ \overline{BD}\ \overline{\bar{A}C}\ \overline{C\bar{D}}\ \overline{\bar{A}\bar{B}\bar{D}}}$$

△

Lösung zu Aufgabe 1.27

a) Funktionstabelle

	D	C	B	A	X	Y	Z
0	0	0	0	0	0	1	1
1	0	0	0	1	0	1	0
2	0	0	1	0	0	1	0
3	0	0	1	1	1	1	1
4	0	1	0	0	0	0	0
5	0	1	0	1	1	0	0
6	0	1	1	0	1	0	1
7	0	1	1	1	1	0	0
8	1	0	0	0	0	0	0
9	1	0	0	1	1	0	1
10	1	0	1	0	1	0	0
11	1	0	1	1	1	0	0
12	1	1	0	0	1	0	1
13	1	1	0	1	1	0	0
14	1	1	1	0	1	0	0
15	1	1	1	1	1	0	1

b) KV-Diagramme und Minimierung

Aus den nachfolgend dargestellten KV-Diagrammen ergeben sich folgende Funktionsgleichungen, die dann durch Klammerung und mit Hilfe von Anti- und Äquivalenzfunktionen noch etwas vereinfacht werden können:

$$
\begin{aligned}
X &= AB+AC+AD \\
&\quad +BC+BD+CD \\
&= A(B+C+D) \\
&\quad +B(C+D)+CD \\
Y &= \bar{C}\bar{D}
\end{aligned}
$$

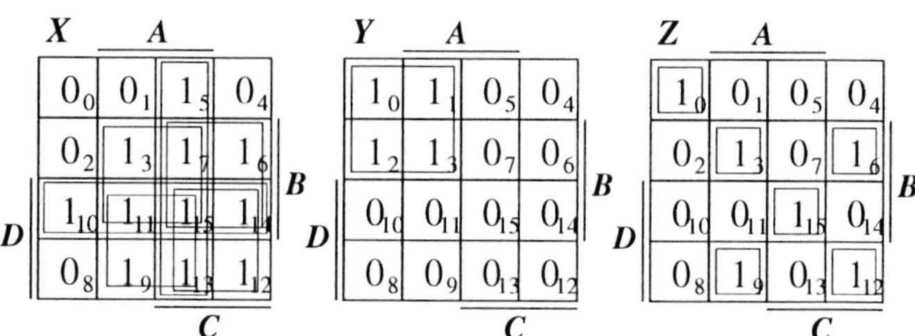

$$
\begin{aligned}
Z &= \bar{A}\bar{B}\bar{C}\bar{D}+AB\bar{C}\bar{D}+\bar{A}BC\bar{D}+A\bar{B}\bar{C}D+\bar{A}\bar{B}CD+ABCD \\
&= \bar{A}\bar{B}(\bar{C}\bar{D}+CD) + AB(\bar{C}\bar{D}+CD)+\bar{A}BC\bar{D}+A\bar{B}\bar{C}D \\
&= \bar{A}\bar{B}(C\equiv D) + AB(C\equiv D)+\bar{A}BC\bar{D}+A\bar{B}\bar{C}D \\
&= (\bar{A}\bar{B}+AB)(C\equiv D)+\bar{A}BC\bar{D}+A\bar{B}\bar{C}D \\
&= (A\equiv B)(C\equiv D)+\bar{A}BC\bar{D}+A\bar{B}\bar{C}D
\end{aligned}
$$

c) Funktionsgleichungen der Schaltungen für X und Y in NOR-Technik

$$
\begin{aligned}
X &= AB+AC+AD+BC+BD+CD = \overline{\overline{AB}}+\overline{\overline{AC}}+\overline{\overline{AD}}+\overline{\overline{BC}}+\overline{\overline{BD}}+\overline{\overline{CD}} \\
&= \overline{\bar{A}+\bar{B}} + \overline{\bar{A}+\bar{C}} + \overline{\bar{A}+\bar{D}} + \overline{\bar{B}+\bar{C}} + \overline{\bar{B}+\bar{D}} + \overline{\bar{C}+\bar{D}} \\
&= \overline{\overline{\overline{\bar{A}+\bar{B}} + \overline{\bar{A}+\bar{C}} + \overline{\bar{A}+\bar{D}} + \overline{\bar{B}+\bar{C}} + \overline{\bar{B}+\bar{D}} + \overline{\bar{C}+\bar{D}}}} \\
Y &= \overline{\overline{\bar{C}\bar{D}}} = \overline{\bar{\bar{C}}+\bar{\bar{D}}} = \overline{C+D}
\end{aligned}
$$

△

Lösung zu Aufgabe 1.28

a) Die KDNF als auch die KKNF bestimmt man am einfachsten mit Hilfe einer Funktionstabelle der Funktion F, in der man direkt auch die entsprechenden Minterme und Maxterme einträgt.

	D	C	B	A	F	Minterme	Maxterme
0	0	0	0	0	1	$\bar{A}\bar{B}\bar{C}\bar{D}$	
1	0	0	0	1	0		$\bar{A}+B+C+D$
2	0	0	1	0	0		$A+\bar{B}+C+D$
3	0	0	1	1	1	$AB\bar{C}\bar{D}$	
4	0	1	0	0	0		$A+B+\bar{C}+D$
5	0	1	0	1	1	$A\bar{B}C\bar{D}$	
6	0	1	1	0	1	$\bar{A}BC\bar{D}$	
7	0	1	1	1	0		$\bar{A}+\bar{B}+\bar{C}+D$
8	1	0	0	0	0		$A+B+C+\bar{D}$
9	1	0	0	1	1	$A\bar{B}\bar{C}D$	
10	1	0	1	0	1	$\bar{A}B\bar{C}D$	
11	1	0	1	1	0		$\bar{A}+\bar{B}+C+\bar{D}$
12	1	1	0	0	1	$\bar{A}\bar{B}CD$	
13	1	1	0	1	0		$\bar{A}+B+\bar{C}+\bar{D}$
14	1	1	1	0	0		$A+\bar{B}+\bar{C}+\bar{D}$
15	1	1	1	1	1	$ABCD$	

Die KDNF ergibt sich als disjunktive Verknüpfung der Minterme:

$$\begin{aligned} F &= \hat{M}_0+\hat{M}_3+\hat{M}_5+\hat{M}_6+\hat{M}_9+\hat{M}_{10}+\hat{M}_{12}+\hat{M}_{15} \\ &= \bar{A}\bar{B}\bar{C}\bar{D}+AB\bar{C}\bar{D}+A\bar{B}C\bar{D}+\bar{A}BC\bar{D}+A\bar{B}\bar{C}D \\ &\quad + \bar{A}B\bar{C}D+\bar{A}\bar{B}CD + ABCD \end{aligned}$$

b) Die KKNF ergibt sich als konjunktive Verknüpfung der Maxterme:

$$\begin{aligned} F &= \breve{M}_1\,\breve{M}_2\,\breve{M}_4\,\breve{M}_7\,\breve{M}_8\,\breve{M}_{11}\,\breve{M}_{13}\,\breve{M}_{14} \\ &= (\bar{A}+B+C+D)(A+\bar{B}+C+D)(A+B+\bar{C}+D)(\bar{A}+\bar{B}+\bar{C}+D) \\ &\quad (A+B+C+\bar{D})(\bar{A}+\bar{B}+C+\bar{D})(\bar{A}+B+\bar{C}+\bar{D})(A+\bar{B}+\bar{C}+\bar{D}) \end{aligned}$$

c) KV-Diagramm

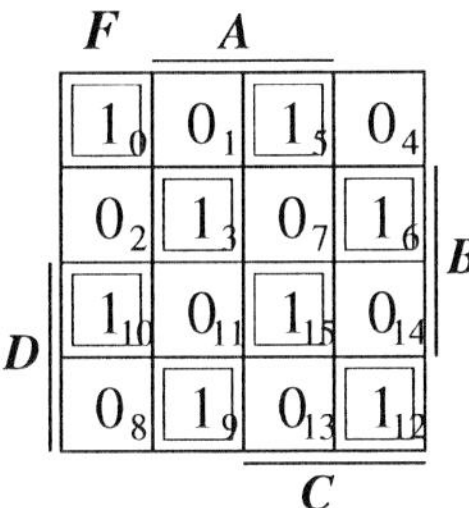

Die KDNF der Funktion F lässt sich im KV-Diagramm nicht weiter vereinfachen, da alle Minterme von F isoliert sind und damit keine Absorption durch Blockbildung möglich ist.

d) Vereinfachung der KDNF mit Hilfe von Antivalenzfunktionen

$$\begin{aligned} F &= \bar{A}\bar{B}(\bar{C}\bar{D}+CD)+A\bar{B}(C\bar{D}+\bar{C}D)+\bar{A}B(C\bar{D}+\bar{C}D)+AB(\bar{C}\bar{D}+CD) \\ &= (\bar{A}\bar{B}+AB)\,(\bar{C}\bar{D}+CD) + (A\bar{B}+\bar{A}B)\,(\bar{C}D+C\bar{D}) \\ &= (A\equiv B)\,(C\equiv D) + (A\not\equiv B)\,(C\not\equiv D) \\ &= \overline{(A\not\equiv B)}\;\overline{(C\not\equiv D)} + (A\not\equiv B)\,(C\not\equiv D) = (A\not\equiv B)\equiv(C\not\equiv D) \qquad \triangle \end{aligned}$$

Lösung zu Aufgabe 1.29

a) Zur Definition der Boolschen Funktion des Ergebnisses der Multiplikation von zwei 2-stelligen Dualzahlen stellen wir die Funktionstabelle auf. Die Funktion besitzt 4 Eingangsvariable (A_1, A_0, B_1, B_0) (Bitstellen der beiden Multiplikanten) und 4 Ausgangsvariable (X_3, X_2, X_1, X_0).

	A	A_1	A_0	B	B_1	B_0	X	X_3	X_2	X_1	X_0
0	0	0	0	0	0	0	0	0	0	0	0
1	0	0	0	1	0	1	0	0	0	0	0
2	0	0	0	2	1	0	0	0	0	0	0
3	0	0	0	3	1	1	0	0	0	0	0
4	1	0	1	0	0	0	0	0	0	0	0
5	1	0	1	1	0	1	1	0	0	0	1
6	1	0	1	2	1	0	2	0	0	1	0
7	1	0	1	3	1	1	3	0	0	1	1
8	2	1	0	0	0	0	0	0	0	0	0
9	2	1	0	1	0	1	2	0	0	1	0
10	2	1	0	2	1	0	4	0	1	0	0
11	2	1	0	3	1	1	6	0	1	1	0
12	3	1	1	0	0	0	0	0	0	0	0
13	3	1	1	1	0	1	3	0	0	1	1
14	3	1	1	2	1	0	6	0	1	1	0
15	3	1	1	3	1	1	9	1	0	0	1

Aufgrund der Funktionstabelle stellen wir für die Funktionen X_2, X_1 und X_0 ein KV-Diagramm auf. Die Funktion X_3 ergibt sich direkt aus der Tabelle: $X_3 = A_1 A_0 B_1 B_0$

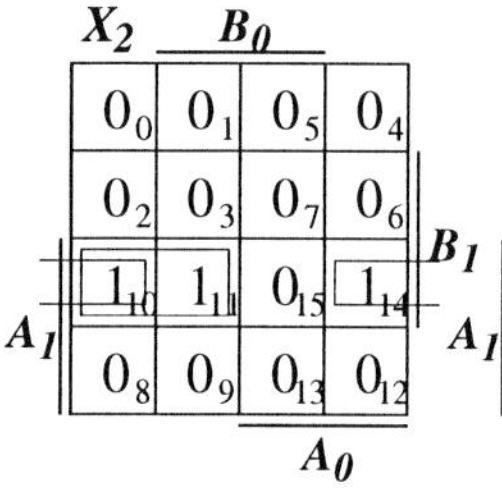

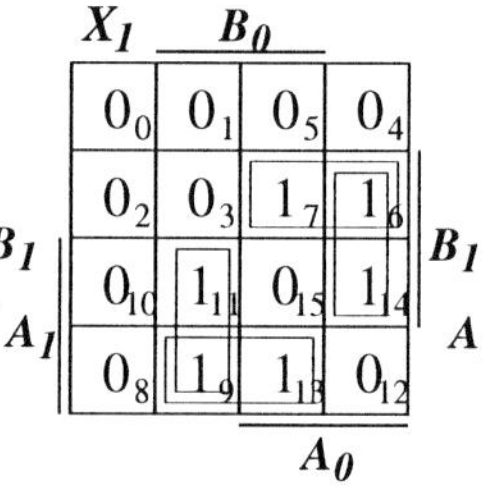

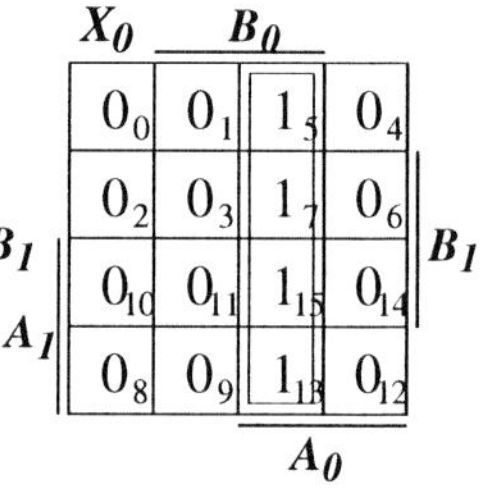

X_2 (B_0 über Spalten 2–3, A_0 unter Spalten 3–4, B_1 an Zeilen 2–3, A_1 an Zeilen 3–4)

0_{0}	0_{1}	0_{5}	0_{4}
0_{2}	0_{3}	0_{7}	0_{6}
1_{10}	1_{11}	0_{15}	1_{14}
0_{8}	0_{9}	0_{13}	0_{12}

X_1 (B_0, A_0, B_1, A_1 wie oben)

0_{0}	0_{1}	0_{5}	0_{4}
0_{2}	0_{3}	1_{7}	1_{6}
0_{10}	1_{11}	0_{15}	1_{14}
0_{8}	1_{9}	1_{13}	0_{12}

X_0 (B_0, A_0, B_1, A_1 wie oben)

0_{0}	0_{1}	1_{5}	0_{4}
0_{2}	0_{3}	1_{7}	0_{6}
0_{10}	0_{11}	1_{15}	0_{14}
0_{8}	0_{9}	1_{13}	0_{12}

Aus den KV-Diagrammen folgen die Funktionsgleichungen:

$$
\begin{aligned}
X_2 &= A_1\bar{A}_0B_1 + A_1B_1\bar{B}_0\\
X_1 &= A_1\bar{A}_0B_0 + A_1\bar{B}_1B_0 + \bar{A}_1A_0B_1 + A_0B_1\bar{B}_0\\
X_0 &= A_0B_0
\end{aligned}
$$

b) Schaltung in NAND-Technik

$$
\begin{aligned}
X_3 &= \overline{\overline{A_1A_0B_1B_0}}\\
X_2 &= \overline{\overline{A_1\bar{A}_0B_1 + A_1B_1\bar{B}_0}} = \overline{\overline{A_1\bar{A}_0B_1}\;\overline{A_1B_1\bar{B}_0}}\\
X_1 &= \overline{\overline{A_1\bar{A}_0B_0 + A_1\bar{B}_1B_0 + \bar{A}_1A_0B_1 + A_0B_1\bar{B}_0}}\\
&= \overline{\overline{A_1\bar{A}_0B_0}\;\overline{A_1\bar{B}_1B_0}\;\overline{\bar{A}_1A_0B_1}\;\overline{A_0B_1\bar{B}_0}}
\end{aligned}
$$

△

Lösung zu Aufgabe 1.30

a) Aufstellen der Funktionstabelle

	U	E	D	C	B	A	V	X_3	X_2	X_1	X_0
1	-15 V	0	0	0	0	1	0	1	1	1	1
2	-14 V	0	0	0	1	0	0	1	1	1	0
3	-13 V	0	0	0	1	1	0	1	1	0	1
4	-12 V	0	0	1	0	0	0	1	1	0	0
5	-11 V	0	0	1	0	1	0	1	0	1	1
6	-10 V	0	0	1	1	0	0	1	0	1	0
7	-9 V	0	0	1	1	1	0	1	0	0	1
8	-8 V	0	1	0	0	0	0	1	0	0	0
9	-7 V	0	1	0	0	1	0	0	1	1	1
10	-6 V	0	1	0	1	0	0	0	1	1	0
11	-5 V	0	1	0	1	1	0	0	1	1	1
12	-4 V	0	1	1	0	0	0	0	1	0	0
13	-3 V	0	1	1	0	1	0	0	0	1	1
14	-2 V	0	1	1	1	0	0	0	0	1	0
15	-1 V	0	1	1	1	1	0	0	0	0	1
16	0 V	1	0	0	0	0	1	0	0	0	0
17	+1 V	1	0	0	0	1	1	0	0	0	1
18	+2 V	1	0	0	1	0	1	0	0	1	0
19	+3 V	1	0	0	1	1	1	0	0	1	1
20	+4 V	1	0	1	0	0	1	0	1	0	0
21	+5 V	1	0	1	0	1	1	0	1	0	1
22	+6 V	1	0	1	1	0	1	0	1	1	0
23	+7 V	1	0	1	1	1	1	0	1	1	1
24	+8 V	1	1	0	0	0	1	1	0	0	0
25	+9 V	1	1	0	0	1	1	1	0	0	1
26	+10 V	1	1	0	1	0	1	1	0	1	0
27	+11 V	1	1	0	1	1	1	1	0	1	1
28	+12 V	1	1	1	0	0	1	1	1	0	0
29	+13 V	1	1	1	0	1	1	1	1	0	1
30	+14 V	1	1	1	1	0	1	1	1	1	0
31	+15 V	1	1	1	1	1	1	1	1	1	1

b) Bestimmung minimaler DNFs der Ausgangsgleichungen

Aus der Funktionstabelle folgt direkt die MDNF für das Vorzeichen V und die niedrigste Bitstelle X_0: $V = E \qquad X_0 = A$

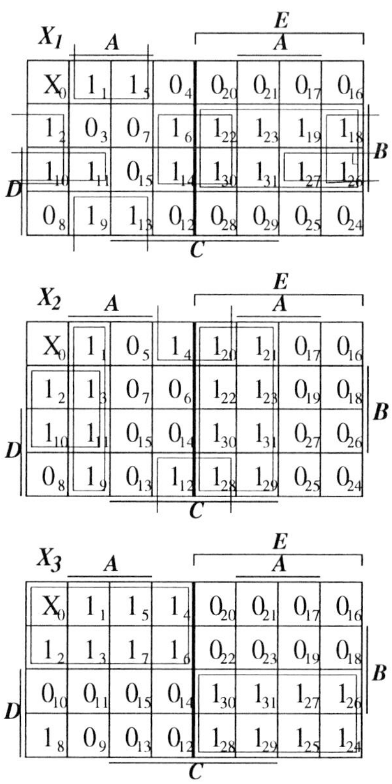

$$X_1 = BE + \bar{A}B + A\bar{B}\bar{E} \qquad X_2 = CE + A\bar{C}\bar{E} + \bar{A}\bar{B}C + B\bar{C}\bar{E}$$
$$X_3 = DE + \bar{D}\bar{E} + \bar{A}\bar{B}\bar{C}D$$

b) Realisierung in NOR- bzw. NAND-Technik

$$X_0 = A$$
$$X_1 = \overline{\overline{BE + \bar{A}B + A\bar{B}\bar{E}}} = \overline{\overline{BE}\;\overline{\bar{A}B}\;\overline{A\bar{B}\bar{E}}}$$
$$X_2 = \overline{\overline{CE}} + \overline{\overline{A\bar{C}\bar{E}}} + \overline{\overline{\bar{A}\bar{B}C}} + \overline{\overline{B\bar{C}\bar{E}}}$$
$$= \overline{\bar{C}+\bar{E}} + \overline{\bar{A}+C+E} + \overline{A+B+\bar{C}} + \overline{\bar{B}+C+E}$$
$$X_3 = \overline{\overline{DE}} + \overline{\overline{\bar{D}\bar{E}}} + \overline{\overline{\bar{A}\bar{B}\bar{C}D}} = \overline{\bar{D}+\bar{E}} + \overline{D+E} + \overline{A+B+C+\bar{D}} \qquad \triangle$$

Lösung zu Aufgabe 1.31

Zur Lösung des Problems stellen wir zuerst eine Funktionstabelle der sieben Funktionen $(A, B, C, D, E, F, G) = \underline{F}(X_0, X_1, X_2)$ auf. Dabei nehmen wir an, dass ein Anzeigeelement aufleuchtet, wenn am entsprechenden Eingang eine 1 anliegt.

	X_2	X_1	X_0	A	B	C	D	E	F	G
0	0	0	0	0	0	0	0	0	0	0
1	0	0	1	0	0	0	1	0	0	0
2	0	1	0	1	0	0	0	0	0	1
3	0	1	1	0	1	0	1	0	1	0
4	1	0	0	1	1	0	0	0	1	1
5	1	0	1	1	1	0	1	0	1	1
6	1	1	0	1	1	1	0	1	1	1
7	1	1	1	X	X	X	X	X	X	X

Mit Hilfe von KV-Diagrammen werden aufgrund der Funktionstabelle die minimierten Ausgangsgleichungen bestimmt:

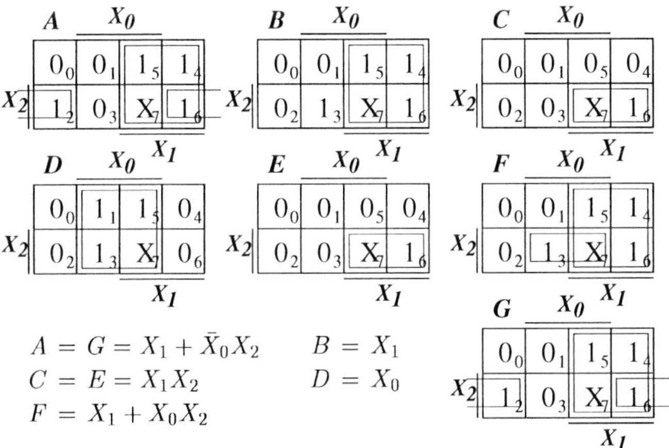

$A = G = X_1 + \bar{X}_0 X_2$ $\quad B = X_1$

$C = E = X_1 X_2$ $\quad D = X_0$

$F = X_1 + X_0 X_2$

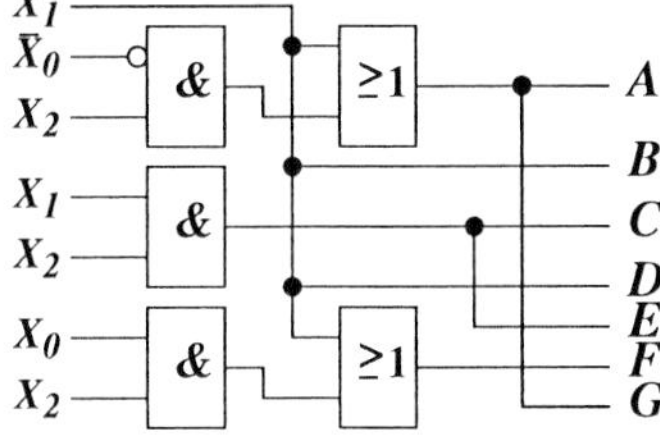

Weitere Mehrfachverwendungen bis auf die Funktionen A und G bzw. C und E erübrigen sich aufgrund der einfachen Darstellungen mit nur einem Literal.

△

Lösung zu Aufgabe 1.32

Tabelle des Funktionsbündels $(A, B, C, D, E, F, G) = \underline{F}(X_0, X_1, X_2, X_3)$

	X_3	X_2	X_1	X_0	A	B	C	D	E	F	G
0	0	0	0	0	1	1	1	1	1	1	0
1	0	0	0	1	0	1	1	0	0	0	0
2	0	0	1	0	1	1	0	1	1	0	1
3	0	0	1	1	1	1	1	1	0	0	1
4	0	1	0	0	0	1	1	0	0	1	1
5	0	1	0	1	1	0	1	1	0	1	1
6	0	1	1	0	1	0	1	1	1	1	1
7	0	1	1	1	1	1	1	0	0	0	0
8	1	0	0	0	1	1	1	1	1	1	1
9	1	0	0	1	1	1	1	1	0	1	1
10	1	0	1	0	X	X	X	X	X	X	X
11	1	0	1	1	X	X	X	X	X	X	X
12	1	1	0	0	X	X	X	X	X	X	X
13	1	1	0	1	X	X	X	X	X	X	X
14	1	1	1	0	X	X	X	X	X	X	X
15	1	1	1	1	X	X	X	X	X	X	X

Mit Hilfe von KV-Diagrammen werden aufgrund der Funktionstabelle die minimierten Ausgangsgleichungen (MDNFs) bestimmt:

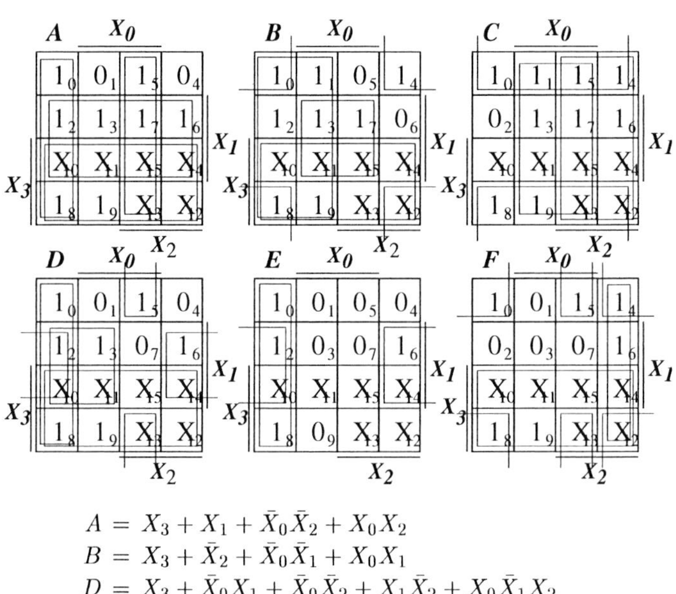

$$A = X_3 + X_1 + \bar{X}_0\bar{X}_2 + X_0X_2$$
$$B = X_3 + \bar{X}_2 + \bar{X}_0\bar{X}_1 + X_0X_1$$
$$D = X_3 + \bar{X}_0X_1 + \bar{X}_0\bar{X}_2 + X_1\bar{X}_2 + X_0\bar{X}_1X_2$$
$$F = X_3 + \bar{X}_0\bar{X}_1 + \bar{X}_0X_2 + X_0\bar{X}_1X_2$$

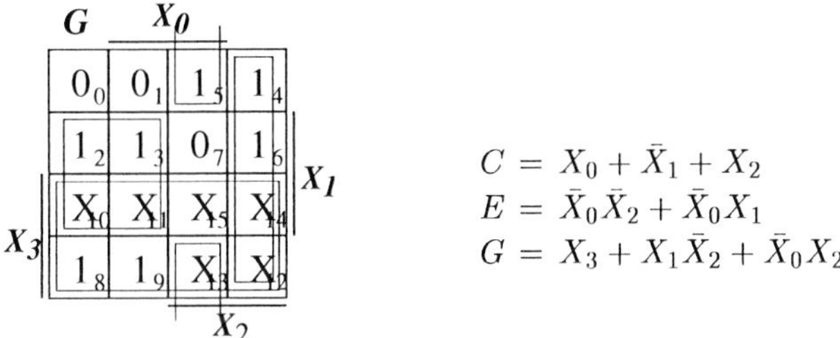

$$C = X_0 + \bar{X}_1 + X_2$$
$$E = \bar{X}_0\bar{X}_2 + \bar{X}_0 X_1$$
$$G = X_3 + X_1\bar{X}_2 + \bar{X}_0 X_2$$

Bei dieser Lösung ist offensichtlich eine Mehrfachverwendung der Terme $\bar{X}_0\bar{X}_2$, $\bar{X}_0\bar{X}_1$ und $\bar{X}_0 X_1$ möglich und wirtschaftlich sinnvoll. Es gibt aber auch noch einen weiteren möglichen Koppelterm. Überdeckt man in den Funktionen F und G den Minterm 5 durch den Term $X_0\bar{X}_1 X_2$ anstatt durch den kürzeren Term $X_0 X_2$, dann ist zusätzlich noch eine Dreifachverwendung dieses Termes möglich und sinnvoll. △

Lösung zu Aufgabe 1.33

Für die Funktion X_1 wird kein KV-Diagramm benötigt, aus der Funktionstabelle folgt unmittelbar $X_0 = a$. Für die anderen drei Funktionen stellen wir die KV-Diagramme nebeneinander dar:

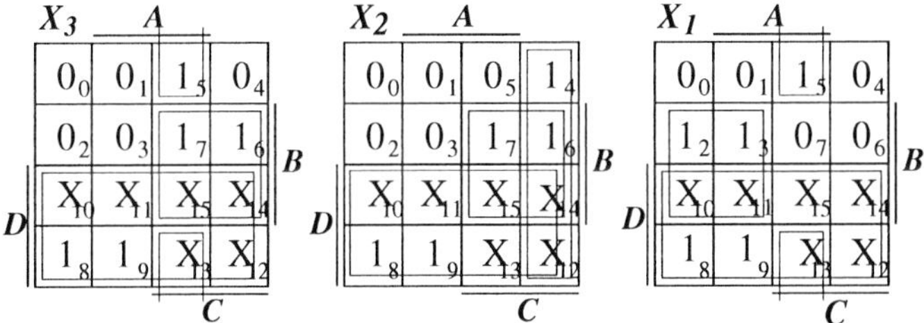

Vergleicht man die drei KV-Diagramme miteinander, so erkennt man, dass der Primterm $P_1 = D$ sowohl in Funktion X_3, als auch in Funktion X_2 und X_1 auftritt. Ebenso tritt der Primterm $P_2 = BC$ in Funktion X_2 und X_3 auf. Diese beiden Primterme P_1 und P_2 sind offensichtlich als Koppelterme wirtschaftlich zu nutzen.

Daneben entsteht aber in Funktion X_1 noch der Primterm $P_3 = A\bar{B}C$, und dieser ist auch in Funktion X_3 sinnvoll nutzbar, denn eine weitere Vereinfachung würde lediglich zu AC führen und wäre damit aufwendiger. Damit können wir die MDNFs angeben:

$$X_0 = A \qquad X_2 = D + BC + \bar{A}C$$
$$X_1 = D + B\bar{C} + A\bar{B}C \qquad X_3 = D + BC + A\bar{B}C$$

△

Lösung zu Aufgabe 1.34

Zur Entwicklung der Schaltung zur Erzeugung des Signals P (unzulässige Kombination) stellen wir zuerst eine Funktionstabelle auf, der wir dann die für das QMC-Tabelle notwendigen Minterme entnehmen und entsprechend ordnen können.

	5-stelliger Code						Dual-Code				Kontroll-Bit
	E	D	C	B	A		X_3	X_2	X_1	X_0	P
0	0	0	0	0	0	–	X	X	X	X	1
1	0	0	0	0	1	–	X	X	X	X	1
2	0	0	0	1	0	0	0	0	0	0	0
3	0	0	0	1	1	B	1	0	1	1	0
4	0	0	1	0	0	–	X	X	X	X	1
5	0	0	1	0	1	–	X	X	X	X	1
6	0	0	1	1	0	2	0	0	1	0	0
7	0	0	1	1	1	–	X	X	X	X	1
8	0	1	0	0	0	–	X	X	X	X	1
9	0	1	0	0	1	–	X	X	X	X	1
10	0	1	0	1	0	–	X	X	X	X	1
11	0	1	0	1	1	–	X	X	X	X	1
12	0	1	1	0	0	7	0	1	1	1	0
13	0	1	1	0	1	8	1	0	0	0	0
14	0	1	1	1	0	3	0	0	1	1	0
15	0	1	1	1	1	A	1	0	1	0	0
16	1	0	0	0	0	–	X	X	X	X	1
17	1	0	0	0	1	–	X	X	X	X	1
18	1	0	0	1	0	–	X	X	X	X	1
19	1	0	0	1	1	–	X	X	X	X	1
20	1	0	1	0	0	9	1	0	0	1	0
21	1	0	1	0	1	–	X	X	X	X	1
22	1	0	1	1	0	D	1	1	0	1	0
23	1	0	1	1	1	–	X	X	X	X	1
24	1	1	0	0	0	5	0	1	0	1	0
25	1	1	0	0	1	1	0	0	0	1	0
26	1	1	0	1	0	4	0	1	0	0	0
27	1	1	0	1	1	F	1	1	1	1	0
28	1	1	1	0	0	E	1	1	1	0	0
29	1	1	1	0	1	6	0	1	1	0	0
30	1	1	1	1	0	C	1	1	0	0	0
31	1	1	1	1	1	–	X	X	X	X	1

Der QMC-Tabelle auf der nächsten Seite können wir für die Funktion P die folgenden 9 Primterme entnehmen:

$$00-0- \mathrel{\hat{=}} P_1 = \bar{B}\bar{D}\bar{E} \quad (0,1,4,5)$$
$$0-00- \mathrel{\hat{=}} P_2 = \bar{B}\bar{C}\bar{E} \quad (0,1,8,9)$$

$$-000- \mathrel{\hat{=}} P_3 = \bar{B}\bar{C}\bar{D} \quad (0,1,16,17)$$
$$-0-01 \mathrel{\hat{=}} P_4 = A\bar{B}\bar{D} \quad (1,5,17,21)$$
$$010-- \mathrel{\hat{=}} P_5 = \bar{C}D\bar{E} \quad (8,9,10,11)$$
$$100-- \mathrel{\hat{=}} P_6 = \bar{C}\bar{D}E \quad (16,17,18,19)$$
$$-01-1 \mathrel{\hat{=}} P_7 = AC\bar{D} \quad (5,7,21,23)$$
$$10--1 \mathrel{\hat{=}} P_8 = A\bar{D}E \quad (17,19,21,23)$$
$$1-111 \mathrel{\hat{=}} P_9 = ABCE \quad (23,31)$$

Spalte 1		Spalte 2		Spalte 3		
i	$\breve{M}_i$	i,j	$\breve{M}_{i,j}$	i,j,k,l	$\breve{M}_{i,j,k,l}$	
0	00000 $\surd$	0,1	0000– $\surd$	0,1,4,5	00–0–	P_1
	———	0,4	00–00 $\surd$	0,1,8,9	0–00–	P_2
1	00001 $\surd$	0,8	0–000 $\surd$	0,1,16,17	–000–	P_3
4	00100 $\surd$	0,16	–0000 $\surd$	~~0,4,1,5~~	~~00–0–~~	
8	01000 $\surd$		———	~~0,8,1,9~~	~~0–00–~~	
16	10000 $\surd$	1,5	00–01 $\surd$	~~0,16,1,17~~	~~00–0–~~	
	———	1,9	0–001 $\surd$		———	
5	00101 $\surd$	1,17	–0001 $\surd$	1,5,17,21	–0–01	P_4
9	01001 $\surd$	4,5	0010– $\surd$	1,17,5,21	~~–0–01~~	
10	01010 $\surd$	8,9	0100– $\surd$	8,9,10,11	010––	P_5
17	10001 $\surd$	8,10	010–0 $\surd$	8,10,9,11	~~010––~~	
18	10010 $\surd$	16,17	1000– $\surd$	16,17,18,19	100––	P_6
	———	16,18	100–0 $\surd$	16,18,17,19	~~100––~~	
7	00111 $\surd$		———		———	
11	01011 $\surd$	5,7	001–1 $\surd$	5,7,21,23	–01–1	P_7
19	10011 $\surd$	5,21	–0101 $\surd$	5,21,7,23	~~–01–1~~	
21	10101 $\surd$	9,11	010–1 $\surd$	17,19,21,23	10––1	P_8
	———	10,11	0101– $\surd$	17,21,19,23	~~10––1~~	
23	10111 $\surd$	17,19	100–1 $\surd$			
	———	17,21	10–01 $\surd$			
31	11111 $\surd$	18,19	1001– $\surd$			
			———			
		7,23	–0111 $\surd$			
		19,23	10–11 $\surd$			
		21,23	101–1 $\surd$			
			———			
		23,31	1–111			

Die Kernimplikanten von F sind laut Minterm-Primterm-Tabelle A:

$P_1 = \bar{B}\bar{D}\bar{E}$	wegen Spalte	4
$P_5 = \bar{C}D\bar{E}$	wegen Spalten	10,11
$P_6 = \bar{C}\bar{D}E$	wegen Spalte	18
$P_7 = AC\bar{D}$	wegen Spalte	7
$P_9 = ABCE$	wegen Spalte	31

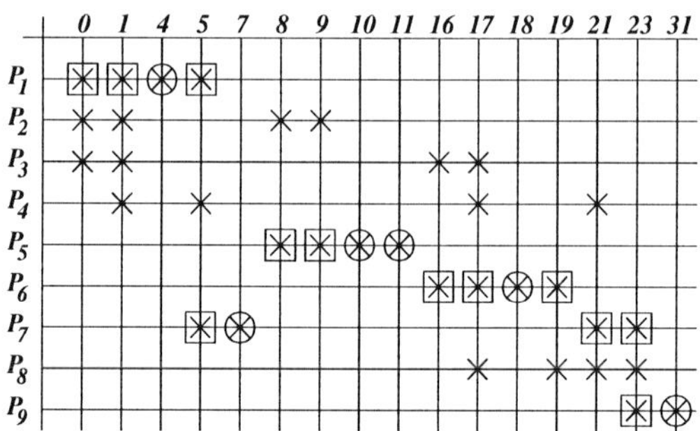

Durch die ermittelten 5 Kernimplikanten werden aber auch alle Minterme der Funktion P überdeckt. Die anderen 4 Primterme P_2, P_3, P_4 und P_8 sind absolut eliminierbar. Die zu realisierende MDNF für P lautet somit:

$$P = P_1 + P_5 + P_6 + P_7 + P_9 = \bar{B}\bar{D}\bar{E} + \bar{C}D\bar{E} + \bar{C}\bar{D}E + AC\bar{D} + ABCE \quad \triangle$$

Lösung zu Aufgabe 1.35

a) Die Schaltung muss 4 Ausgangssignale $(X_1, X_2, X_3, X_4) = F(V, a, b, c)$ aufweisen. Damit ergibt sich die folgende Funktionstabelle:

V	a	b	c	X_4	X_3	X_2	X_1
0	0	0	0	0	0	0	0
0	0	0	1	0	0	0	1
0	0	1	0	0	0	1	0
0	0	1	1	0	0	1	1
0	1	0	0	0	1	0	0
0	1	0	1	0	1	0	1
0	1	1	0	0	1	1	0
0	1	1	1	0	1	1	1
1	0	0	0	0	0	0	0
1	0	0	1	1	1	1	1
1	0	1	0	1	1	1	0
1	0	1	1	1	1	0	1
1	1	0	0	1	1	0	0
1	1	0	1	1	0	1	1
1	1	1	0	1	0	1	0
1	1	1	1	1	0	0	1

b) KV-Diagramme und Minimierung

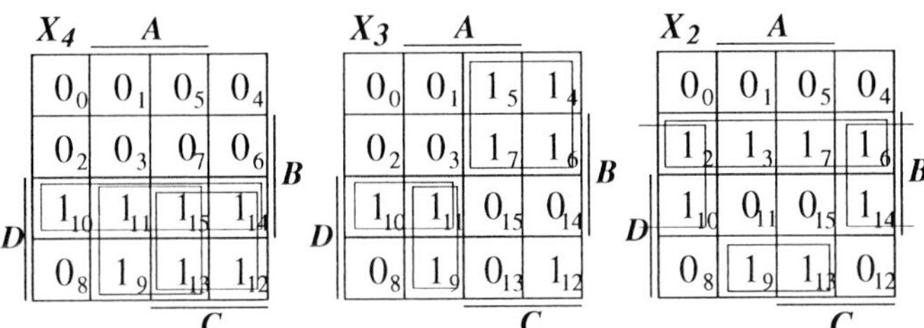

Aus den KV-Diagrammen ergeben sich folgende Funktionsgleichungen, die dann durch Klammerung noch etwas vereinfacht werden können:

$$
\begin{aligned}
X_4 &= Va + Vb + Vc = V(a+b+c)\\
X_3 &= \bar{V}a + V\bar{a}b + V\bar{a}c + a\bar{b}\bar{c} = a\,(\bar{V} + \bar{b}\bar{c}) + \bar{a}V\,(b+c)\\
&= a\,\overline{\overline{(\bar{V} + \bar{b}\bar{c})}} + \bar{a}V\,(b+c) = a\,\overline{(\bar{\bar{V}}\,\overline{\bar{b}\bar{c}})} + \bar{a}V\,(b+c)\\
&= a\,\overline{(V\,(b+c))} + \bar{a}\,(V\,(b+c)) = a \not\equiv (V\,(b+c))\\
X_2 &= \bar{V}b + b\bar{c} + V\bar{b}c\\
X_1 &= c
\end{aligned}
$$

△

Lösung zu Aufgabe 1.36

Zur Lösung des Problems überlegen wir zunächst welche Kombinationen von Weichenstellungen möglich sind und wie die Haltesignale dabei zu setzen sind. Dies stellen wir unterschieden für die beiden Fahrtrichtungen -Rechts- und -Links- in Form einer Tabelle dar.

	Fahrtrichtung -Rechts-							
	W_A	W_B	W_C	W_D	S_1	S_2	S_3	S_4
0,2	gerade	gerade	——	gerade	0	0	0	0
4,6	gerade	abbiegen	——	gerade	0	0	0	1
8,10	abbiegen	gerade	——	gerade	0	0	0	1
12,14	abbiegen	abbiegen	——	gerade	0	0	0	1
1,5	gerade	——	gerade	abbiegen	1	0	0	0
9,13	abbiegen	——	gerade	abbiegen	0	0	0	0
3,11	——	gerade	abbiegen	abbiegen	0	1	0	0
7	gerade	abbiegen	abbiegen	abbiegen	0	0	0	0
15	abbiegen	abbiegen	abbiegen	abbiegen	0	1	0	0

Beispielsweise gilt, dass wenn W_A und W_B auf -geradeaus- gestellt sind, dann kann W_C beliebig gestellt sein, nach Vorbedingung muss aber W_D auf -geradeaus- gestellt sein um die Weiterfahrt zu erlauben.

	Fahrtrichtung -Links-							
	W_A	W_B	W_C	W_D	S_1	S_2	S_3	S_4
0,2	gerade	gerade	——	gerade	0	0	0	0
1,3	gerade	gerade	——	abbiegen	0	0	0	1
4,5	gerade	abbiegen	gerade	——	0	1	0	0
6	gerade	abbiegen	abbiegen	gerade	0	0	1	0
7	gerade	abbiegen	abbiegen	abbiegen	0	0	0	0
8,12	abbiegen	——	gerade	gerade	0	0	1	0
9,13	abbiegen	——	gerade	abbiegen	0	0	0	0
10,11	abbiegen	——	abbiegen	——	1	0	0	0
14,15	abbiegen	——	abbiegen	——	1	0	0	0

Aufgrund dieser beiden Tabellen können wir nun die Funktionstabelle für das Bündel $(S_1, S_2, S_3, S_4) = F(L, W_A, W_B, W_C, W_D)$ aufstellen.

	L	W_A	W_B	W_C	W_D	S_1	S_2	S_3	S_4
0	0	0	0	0	0	0	0	0	0
1	0	0	0	0	1	1	0	0	0
2	0	0	0	1	0	0	0	0	0
3	0	0	0	1	1	0	1	0	0
4	0	0	1	0	0	0	0	0	1
5	0	0	1	0	1	1	0	0	0
6	0	0	1	1	0	0	0	0	1
7	0	0	1	1	1	0	0	0	0
8	0	1	0	0	0	0	0	0	1
9	0	1	0	0	1	0	0	0	0
10	0	1	0	1	0	0	0	0	1
11	0	1	0	1	1	0	1	0	0
12	0	1	1	0	0	0	0	0	1
13	0	1	1	0	1	0	0	0	0
14	0	1	1	1	0	0	0	0	1
15	0	1	1	1	1	0	1	0	0
0	1	0	0	0	0	0	0	0	0
1	1	0	0	0	1	0	0	0	1
2	1	0	0	1	0	0	0	0	0
3	1	0	0	1	1	0	0	0	1
4	1	0	1	0	0	0	1	0	0
5	1	0	1	0	1	0	1	0	0
6	1	0	1	1	0	0	0	1	0
7	1	0	1	1	1	0	0	0	0
8	1	1	0	0	0	0	0	1	0
9	1	1	0	0	1	0	0	0	0
10	1	1	0	1	0	1	0	0	0
11	1	1	0	1	1	1	0	0	0
12	1	1	1	0	0	0	0	1	0
13	1	1	1	0	1	0	0	0	0
14	1	1	1	1	0	1	0	0	0
15	1	1	1	1	1	1	0	0	0

Die MDNFs werden mit Hilfe von KV-Diagrammen bestimmt:

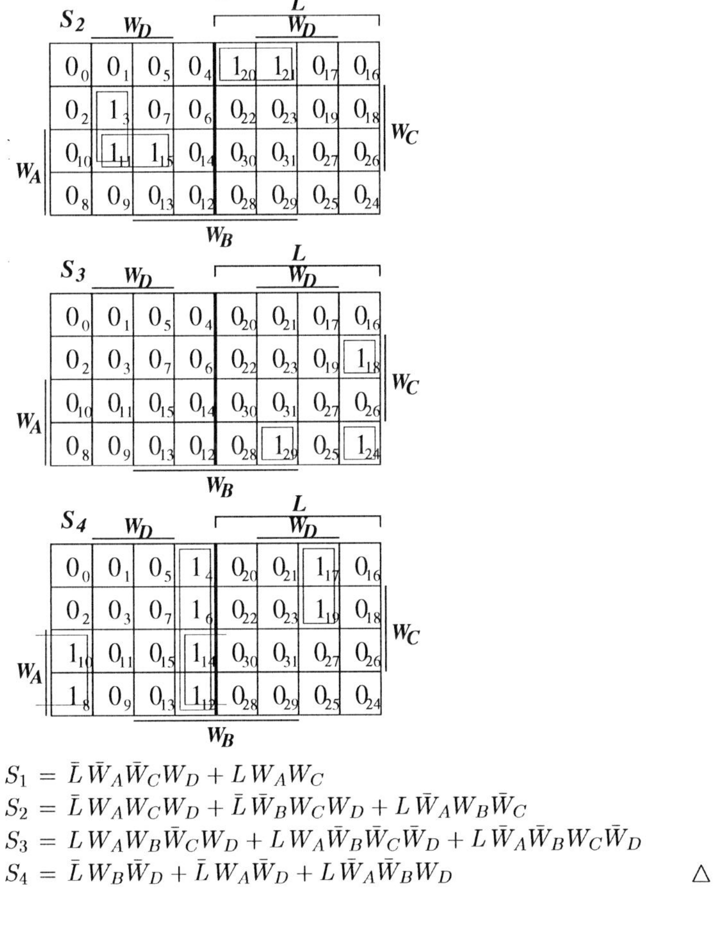

$$S_1 = \bar{L}\,\bar{W}_A\bar{W}_C W_D + L\,W_A W_C$$
$$S_2 = \bar{L}\,W_A W_C W_D + \bar{L}\,\bar{W}_B W_C W_D + L\,\bar{W}_A W_B \bar{W}_C$$
$$S_3 = L\,W_A W_B \bar{W}_C W_D + L\,W_A \bar{W}_B \bar{W}_C \bar{W}_D + L\,\bar{W}_A \bar{W}_B W_C \bar{W}_D$$
$$S_4 = \bar{L}\,W_B \bar{W}_D + \bar{L}\,W_A \bar{W}_D + L\,\bar{W}_A \bar{W}_B W_D \qquad \triangle$$

Lösung zu Aufgabe 1.37

a) Minimales UND/ODER-Schaltnetz

Aus der Funktionstabelle folgt sofort $D_3 = G_3$

Zur Bestimmung der anderen Funktionen verwenden wir KV-Diagramme:

D_2 (Spalten: G_0 über den Spalten 2–3; Zeilen: G_1 über Zeilen 2–3, G_3 über Zeilen 3–4; G_2 unter den Spalten 3–4)

0_0	0_1	1_5	1_4
0_2	0_3	1_7	1_6
X_{10}	X_{11}	X_{15}	X_{14}
X_8	X_9	0_{13}	0_{12}

D_1

0_0	0_1	1_5	1_4
1_2	1_3	0_7	0_6
X_{10}	X_{11}	X_{15}	X_{14}
X_8	X_9	0_{13}	0_{12}

D_0

0_0	1_1	0_5	1_4
1_2	0_3	1_7	0_6
X_{10}	X_{11}	X_{15}	X_{14}
X_8	X_9	1_{13}	0_{12}

$$D_2 = G_2\bar{G}_3$$
$$D_1 = \bar{G}_1G_2\bar{G}_3 + G_1\bar{G}_2$$
$$D_0 = \bar{G}_0\bar{G}_1G_2\bar{G}_3 + G_0\bar{G}_1\bar{G}_2 + \bar{G}_0G_1\bar{G}_2 + G_0G_1G_2 + G_0G_3$$

b) Beweis der Gültigkeit des mehrstufigen Schaltnetzes

$$D_3 = G_3 \qquad D_2 = (G_2 \not\equiv D_3)$$
$$D_1 = (G_1 \not\equiv D_2) \qquad D_0 = (G_0 \not\equiv D_1)$$

Durch rekursives Einsetzen und mit der Assoziativität der ANTIVALENZ-Funktion erhält man daraus:

$$D_2 = (G_2 \not\equiv G_3)$$
$$D_1 = (G_1 \not\equiv (G_2 \not\equiv G_3)) = G_1 \not\equiv G_2 \not\equiv G_3$$
$$D_0 = (G_0 \not\equiv (G_1 \not\equiv (G_2 \not\equiv G_3))) = G_0 \not\equiv G_1 \not\equiv G_2 \not\equiv G_3$$

Um $D_2 = G_2\bar{G}_3$ auf die Form $D_2 = (G_2 \not\equiv G_3)$ zu bringen, müssen wir $D_2 = G_2\bar{G}_3$ um den Term $\bar{G}_2G_3$ ergänzen. Wie aus dem KV-Diagramm von D_2 zu erkennen, ist diese antivalente Ergänzung zulässig, da der Term $\bar{G}_2G_3$ ausschließlich don't-care-Minterme überdeckt. Damit ist die Gültigkeit von $D_2 = (G_2 \not\equiv G_3)$ bereits gezeigt.

Analog müssen wir beim Beweis von $D_1 = G_1 \not\equiv G_2 \not\equiv G_3$ vorgehen. Offensichtlich können wir anstelle des Terms $G_1\bar{G}_2$ in $D_1 = \bar{G}_1G_2\bar{G}_3 + G_1\bar{G}_2$ auch den Term $G_1\bar{G}_2\bar{G}_3$ schreiben, da die anderen in $G_1\bar{G}_2$ enthaltenen Minterme don't-cares darstellen.

Damit die entsprechenden Antivalenzterme entstehen, müssen wir $D_1 = \bar{G}_1G_2\bar{G}_3 + G_1\bar{G}_2\bar{G}_3$ wie im KV-Diagramm zu erkennen um die don't-care-Terme $G_1G_2G_3$ und $\bar{G}_1\bar{G}_2G_3$ ergänzen und umformen:

$$\begin{aligned} D_1 &= \bar{G}_1G_2\bar{G}_3 + G_1\bar{G}_2\bar{G}_3 + G_1G_2G_3 + \bar{G}_1\bar{G}_2G_3 \\ &= \bar{G}_1(G_2\bar{G}_3 + \bar{G}_2G_3) + G_1(\bar{G}_2\bar{G}_3 + G_2G_3) \end{aligned}$$

$$D_1 = \bar{G}_1(G_2 \not\equiv G_3) + G_1(G_2 \equiv G_3) = \bar{G}_1(G_2 \not\equiv G_3) + G_1\overline{(G_2 \not\equiv G_3)}$$
$$= G_1 \not\equiv (G_2 \not\equiv G_3) = G_1 \not\equiv G_2 \not\equiv G_3$$

Für den Beweis von $D_0 = G_0 \not\equiv G_1 \not\equiv G_2 \not\equiv G_3$ können wir offensichtlich anstelle von

$$D_0 = \bar{G}_0\bar{G}_1G_2\bar{G}_3 + G_0\bar{G}_1\bar{G}_2 + \bar{G}_0G_1\bar{G}_2 + G_0G_1G_2 + G_0G_3$$

auch die erweiterte kanonische Form

$$D_0 = G_0\bar{G}_1\bar{G}_2\bar{G}_3 + \bar{G}_0\bar{G}_1G_2\bar{G}_3 + \bar{G}_0G_1\bar{G}_2\bar{G}_3 + G_0G_1G_2\bar{G}_3 + G_0\bar{G}_1G_2G_3$$

ohne don't-care-Minterme verwenden. Diese Form müssen wir aber gezielt um die drei don't-care-Minterme $G_0G_1\bar{G}_2G_3$, $\bar{G}_0G_1G_2G_3$ und $\bar{G}_0\bar{G}_1\bar{G}_2G_3$ erweitern, um die benötigten Antivalenzterme erzeugen zu können und anschließend umzuformen.

$$D_0 = G_0\bar{G}_1\bar{G}_2\bar{G}_3 + \bar{G}_0\bar{G}_1G_2\bar{G}_3 + \bar{G}_0G_1\bar{G}_2\bar{G}_3 + G_0G_1G_2\bar{G}_3$$
$$+ G_0\bar{G}_1G_2G_3 + G_0G_1\bar{G}_2G_3 + \bar{G}_0G_1G_2G_3 + \bar{G}_0\bar{G}_1\bar{G}_2G_3$$
$$D_0 = \bar{G}_0\bar{G}_1(G_2\bar{G}_3 + \bar{G}_2G_3) + \bar{G}_0G_1(\bar{G}_2\bar{G}_3 + G_2G_3)$$
$$+ G_0\bar{G}_1(\bar{G}_2\bar{G}_3 + G_2G_3) + G_0G_1(\bar{G}_2G_3 + G_2\bar{G}_3)$$
$$D_0 = (\bar{G}_0\bar{G}_1 + G_0G_1)(\bar{G}_2G_3 + G_2\bar{G}_3) + (\bar{G}_0G_1 + G_0\bar{G}_1)(\bar{G}_2\bar{G}_3 + G_2G_3)$$
$$D_0 = (G_0 \equiv G_1)(G_2 \not\equiv G_3) + (G_0 \not\equiv G_1)(G_2 \equiv G_3)$$
$$D_0 = \overline{(G_0 \not\equiv G_1)}(G_2 \not\equiv G_3) + (G_0 \not\equiv G_1)\overline{(G_2 \not\equiv G_3)}$$
$$D_0 = (G_0 \not\equiv G_1) \not\equiv (G_2 \not\equiv G_3) = G_0 \not\equiv G_1 \not\equiv G_2 \not\equiv G_3$$

Damit ist der Beweis vollständig. △

Lösung zu Aufgabe 1.38

a) Entwurf des zweistelligen Komparators mit KV-Diagrammen

	A	A_1	A_0	B	B_1	B_0	X	Y	Z
0	0	0	0	0	0	0	0	1	1
1	0	0	0	1	0	1	1	0	0
2	0	0	0	2	1	0	1	0	0
3	0	0	0	3	1	1	1	0	0
4	1	0	1	0	0	0	0	0	1
5	1	0	1	1	0	1	0	1	1
6	1	0	1	2	1	0	1	0	0
7	1	0	1	3	1	1	1	0	0
8	2	1	0	0	0	0	0	0	1
9	2	1	0	1	0	1	0	0	1
10	2	1	0	2	1	0	0	1	1
11	2	1	0	3	1	1	1	0	0
12	3	1	1	0	0	0	0	0	1
13	3	1	1	1	0	1	0	0	1
14	3	1	1	2	1	0	0	0	1
15	3	1	1	3	1	1	0	1	1

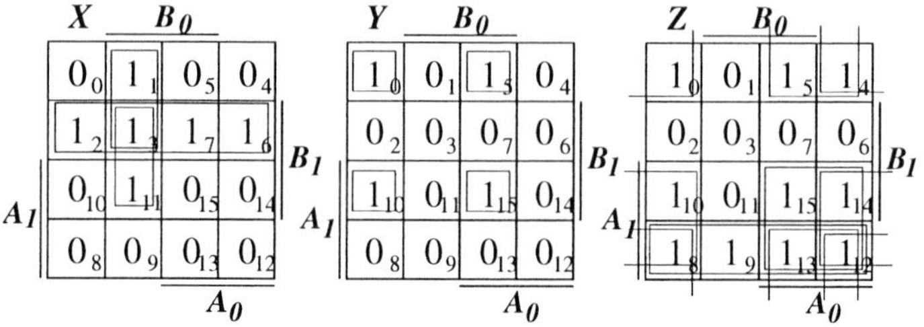

X (B_0, B_1, A_1, A_0)

0_{0}	1_{1}	0_{5}	0_{4}
1_{2}	1_{3}	1_{7}	1_{6}
0_{10}	1_{11}	0_{15}	0_{14}
0_{8}	0_{9}	0_{13}	0_{12}

Y (B_0, B_1, A_1, A_0)

1_{0}	0_{1}	1_{5}	0_{4}
0_{2}	0_{3}	0_{7}	0_{6}
1_{10}	0_{11}	1_{15}	0_{14}
0_{8}	0_{9}	0_{13}	0_{12}

Z (B_0, B_1, A_1, A_0)

1_{0}	0_{1}	1_{5}	1_{4}
0_{2}	0_{3}	0_{7}	0_{6}
1_{10}	0_{11}	1_{15}	1_{14}
1_{8}	1_{9}	1_{13}	1_{12}

$$
\begin{aligned}
X &= \bar{A}_1 B_1 + \bar{A}_1 \bar{A}_0 B_0 + \bar{A}_0 B_1 B_0 \\
Y &= \bar{A}_1 \bar{A}_0 \bar{B}_1 \bar{B}_0 + \bar{A}_1 A_0 \bar{B}_1 B_0 + A_1 \bar{A}_0 B_1 \bar{B}_0 + A_1 A_0 B_1 B_0 \\
Z &= A_1 \bar{B}_1 + A_1 \bar{B}_0 + A_1 A_0 + \bar{B}_1 A_0 + \bar{B}_1 \bar{B}_0
\end{aligned}
$$

b) aussagenlogische Formeln für dreistellige Dualzahlen

Die fünf Aussagen kann man folgendermaßen ausformulieren:

$$
\begin{aligned}
(A > B) &\iff (A_2 > B_2) \vee (A_2 = B_2) \wedge (A_1 > B_1) \\
&\qquad \vee (A_2 = B_2) \wedge (A_1 = B_1) \wedge (A_0 > B_0) \\
(A < B) &\iff (A_2 < B_2) \vee (A_2 = B_2) \wedge (A_1 < B_1) \\
&\qquad \vee (A_2 = B_2) \wedge (A_1 = B_1) \wedge (A_0 < B_0) \\
(A = B) &\iff (A_2 = B_2) \wedge (A_1 = B_1) \wedge (A_0 = B_0) \\
(A \geq B) &\iff (A > B) \vee (A = B) \\
&\iff (A_2 > B_2) \vee (A_2 = B_2) \wedge (A_1 > B_1) \\
&\qquad \vee (A_2 = B_2) \wedge (A_1 = B_1) \wedge (A_0 > B_0) \\
&\qquad \vee (A_2 = B_2) \wedge (A_1 = B_1) \wedge (A_0 = B_0) \\
(A \leq B) &\iff (A < B) \vee (A = B) \\
&\iff (A_2 < B_2) \vee (A_2 = B_2) \wedge (A_1 < B_1) \\
&\qquad \vee (A_2 = B_2) \wedge (A_1 = B_1) \wedge (A_0 < B_0) \\
&\qquad \vee (A_2 = B_2) \wedge (A_1 = B_1) \wedge (A_0 = B_0)
\end{aligned}
$$

c) Erzeugung boolscher Funktionen

In der Boolschen Logik bedeutet $u_i > v_i$, dass $u_i = 1$ und $v_i = 0$ sein muss, also $u_i \bar{v}_i$. $u_1 = v_1$ bedeutet, dass entweder $u_i = 1$, $v_i = 1$ oder $u_i = 0$, $v_i = 0$ gelten muss. Dabei handelt es sich um eine Äquivalenzfunktion $u_i \equiv v_i = u_i v_i + \bar{u}_i \bar{v}_i$.

Damit folgt für die Ausdrücke der Funktionen X_1, X_2 Y, Z_1 und Z_2:

$$
\begin{aligned}
X_1 &= A_2 \bar{B}_2 + (A_2 \equiv B_2) A_1 \bar{B}_1 + (A_2 \equiv B_2)(A_1 \equiv B_1) A_0 \bar{B}_0 \\
X_2 &= \bar{A}_2 B_2 + (A_2 \equiv B_2) \bar{A}_1 B_1 + (A_2 \equiv B_2)(A_1 \equiv B_1) \bar{A}_0 B_0 \\
Y &= (A_2 \equiv B_2)(A_1 \equiv B_1)(A_0 \equiv B_0) \\
Z_1 &= A_2 \bar{B}_2 + (A_2 \equiv B_2) A_1 \bar{B}_1 + (A_2 \equiv B_2)(A_1 \equiv B_1) A_0 \bar{B}_0 \\
&\quad + (A_2 \equiv B_2)(A_1 \equiv B_1)(A_0 \equiv B_0)
\end{aligned}
$$

$$Z_2 = \bar{A}_2 B_2 + (A_2 \equiv B_2)\bar{A}_1 B_1 + (A_2 \equiv B_2)(A_1 \equiv B_1)\bar{A}_0 B_0 \\ + (A_2 \equiv B_2)(A_1 \equiv B_1)(A_0 \equiv B_0)$$

d) Vergleich der beiden zweistelligen Lösungen

$$\begin{aligned} X &= \bar{A}_1 B_1 + (A_1 \equiv B_1)\bar{A}_0 B_0 = \bar{A}_1 B_1 + (A_1 B_1 + \bar{A}_1 \bar{B}_1)\bar{A}_0 B_0 \\ &= \bar{A}_1 B_1 + A_1 B_1 \bar{A}_0 B_0 + \bar{A}_1 \bar{B}_1 \bar{A}_0 B_0 \\ Y &= (A_1 \equiv B_1)(A_0 \equiv B_0) = (A_1 B_1 + \bar{A}_1 \bar{B}_1)(A_0 B_0 + \bar{A}_0 \bar{B}_0) \\ &= A_1 B_1 A_0 B_0 + \bar{A}_1 \bar{B}_1 A_0 B_0 + A_1 B_1 A_0 B_0 + \bar{A}_1 \bar{B}_1 \bar{A}_0 \bar{B}_0 \\ Z &= A_1 \bar{B}_1 + (A_2 \equiv B_2)(A_1 \equiv B_1) A_0 \bar{B}_0 + (A_1 \equiv B_1)(A_0 \equiv B_0) \\ &= A_1 \bar{B}_1 + (A_1 B_1 + \bar{A}_1 \bar{B}_1) A_0 \bar{B}_0 + (A_1 B_1 + \bar{A}_1 \bar{B}_1)(A_0 B_0 + \bar{A}_0 \bar{B}_0) \\ &= A_1 \bar{B}_1 + A_1 B_1 A_0 \bar{B}_0 + \bar{A}_1 \bar{B}_1 A_0 \bar{B}_0 + A_1 B_1 A_0 B_0 + \bar{A}_1 \bar{B}_1 A_0 B_0 \\ &\quad + A_1 B_1 \bar{A}_0 \bar{B}_0 + \bar{A}_1 \bar{B}_1 \bar{A}_0 \bar{B}_0 \\ &= A_1 \bar{B}_1 + A_1 B_1 A_0 (\bar{B}_0 + B_0) \bar{A}_1 \bar{B}_1 A_0 (\bar{B}_0 + B_0) \\ &\quad + A_1 B_1 \bar{B}_0 (\bar{A}_0 + A_0) + \bar{A}_1 \bar{B}_1 \bar{B}_0 (\bar{A}_0 + A_0) \\ &= A_1 \bar{B}_1 + A_1 B_1 A_0 + \bar{A}_1 \bar{B}_1 A_0 + A_1 B_1 \bar{B}_0 + \bar{A}_1 \bar{B}_1 \bar{B}_0 \end{aligned}$$

Es muss sich hier natürlich um die gleichen Funktionen handeln wie unter a). Die Lösungen sind jedoch nicht zweistufig und nicht minimiert. Trotzdem ist die Darstellung aufgrund der Äquivalenzfunktionen sehr kompakt. Ferner hätte man für Z auch einfach $\bar{X}$ setzen können. △

Lösung zu Aufgabe 1.39

Damit A die größte von drei Zahlen A, B und C ist, muss $(A > B)$ und $(A > C)$ gelten. In der Aussagenlogik bedeutet dies:

$$(X = 1) \iff (A > B) \wedge (A > C)$$

Analog gilt für die größte Zahl B (Y) und die größte Zahl C (Z):

$$\begin{aligned} (Y = 1) &\iff (B > A) \wedge (B > C) \\ (Z = 1) &\iff (C > A) \wedge (C > B) \end{aligned}$$

Um zu einer booleschen Gleichung zu kommen, muss der Größervergleich zweier Zahlen $(U > V)$ für die einzelnen Bitstellen in der booleschen Logik ausformuliert werden. Aussagenlogisch gilt:

$$U > V \iff (u_2 > v_2) \vee (u_2 = v_2) \wedge (u_1 > v_1) \vee (u_2 = v_2) \wedge (u_1 = v_1) \wedge (u_0 > v_0)$$

Übertragen in die boolesche Logik folgt daraus:

$$u_2 \bar{v}_2 + (u_2 \equiv v_2) u_1 \bar{v}_1 + (u_2 \equiv v_2)(u_1 \equiv v_1) u_0 \bar{v}_0$$

Damit folgt für die Boolschen Gleichungen der Ausgänge X, Y und Z:

$$\begin{aligned} X = &\left[A_2 \bar{B}_2 + (A_2 \equiv B_2) A_1 \bar{B}_1 + (A_2 \equiv B_2)(A_1 \equiv B_1) A_0 \bar{B}_0 \right] \\ &\left[A_2 \bar{C}_2 + (A_2 \equiv C_2) A_1 \bar{C}_1 + (A_2 \equiv C_2)(A_1 \equiv C_1) A_0 \bar{C}_0 \right] \end{aligned}$$

$$\begin{aligned} Y &= [\,B_2\bar{A}_2 + (B_2 \equiv A_2)B_1\bar{A}_1 + (B_2 \equiv A_2)(B_1 \equiv A_1)B_0\bar{A}_0\,] \\ &\quad [\,B_2\bar{C}_2 + (B_2 \equiv C_2)B_1\bar{C}_1 + (B_2 \equiv C_2)(B_1 \equiv C_1)B_0\bar{C}_0\,] \\ Z &= [\,C_2\bar{A}_2 + (C_2 \equiv A_2)C_1\bar{A}_1 + (C_2 \equiv A_2)(C_1 \equiv A_1)C_0\bar{A}_0\,] \\ &\quad [\,C_2\bar{B}_2 + (C_2 \equiv B_2)C_1\bar{B}_1 + (C_2 \equiv B_2)(C_1 \equiv B_1)C_0\bar{B}_0\,] \end{aligned}$$ △

Lösung zu Aufgabe 1.40

a) Prinzipschaltbild der Komparator-/Meldeschaltung

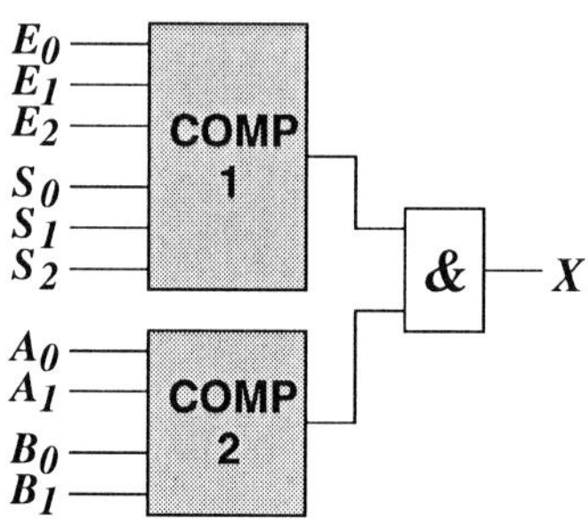

b) Schaltalgebraische Funktionen der einzelnen Blöcke

Binärkomparator COMP 1

$$X_1 = 1 \iff (E = S) \iff (E_2 = S_2) \wedge (E_1 = S_1) \wedge (E_0 = S_0)$$

Bitmustervergleicher COMP 2

$$X_2 = 1 \iff (B \sqsupset A) \iff (B_1 \sqsupset A_1) \wedge (B_0 \sqsupset A_0)$$

Funktionsgleichungen

$$\begin{aligned} X_1 &= (E_2 \equiv S_2)\,(E_1 \equiv S_1)\,(E_0 \equiv S_0) \\ X_2 &= (B_1 + \bar{A}_1)\,(B_2 + \bar{A}_2) \end{aligned}$$

c) Bestimmung der Funktionen X_1 und X_2 in NAND-Technik

$$\begin{aligned} X_1 &= (E_2S_2 + \bar{E}_2\bar{S}_2)\,(E_1S_1 + \bar{E}_1\bar{S}_1)\,(E_0S_0 + \bar{E}_0\bar{S}_0) \\ &= \overline{\overline{(E_2S_2 + \bar{E}_2\bar{S}_2)}}\;\overline{\overline{(E_1S_1 + \bar{E}_1\bar{S}_1)}}\;\overline{\overline{(E_0S_0 + \bar{E}_0\bar{S}_0)}} \\ &= \overline{\overline{E_2S_2}\;\overline{\bar{E}_2\bar{S}_2}}\;\overline{\overline{E_1S_1}\;\overline{\bar{E}_1\bar{S}_1}}\;\overline{\overline{E_0S_0}\;\overline{\bar{E}_0\bar{S}_0}} \\ X_2 &= (B_1 + \bar{A}_1)\,(B_2 + \bar{A}_2) = \overline{\overline{(B_1 + \bar{A}_1)}}\;\overline{\overline{(B_2 + \bar{A}_2)}} = \overline{\bar{B}_1A_1}\;\overline{\bar{B}_2A_2} \end{aligned}$$

d) DNF des Komparators bei $(E \geq S) \iff \neg(E < S)$

aussagenlogische Formel für $(E < S)$

$$\begin{aligned} X_1 = 0 &\iff (E < S) \\ &\iff (E_2 < S_2) \vee (E_2 = S_2) \wedge [\,(E_1 < S_1) \vee (E_1 = S_1) \wedge (E_0 < S_0)\,] \end{aligned}$$

die Funktionsgleichung für $E \geq S$ erhält man am einfachsten durch Negation der Formel für $E < S$, also $\bar{X}_1$

$$\begin{aligned}
\overline{X}_1 &= \bar{E}_2 S_2 + (E_2 \equiv S_2)\,[\,\bar{E}_1 S_1 + (E_1 \equiv S_1)\bar{E}_0 S_0\,] \\
X_1 &= \overline{\bar{E}_2 S_2 + (E_2 \equiv S_2)\,[\,\bar{E}_1 S_1 + (E_1 \equiv S_1)\bar{E}_0 S_0\,]} \\
&= \overline{\bar{E}_2 S_2}\;\;\overline{(E_2 \equiv S_2)\,[\,\bar{E}_1 S_1 + (E_1 \equiv S_1)\bar{E}_0 S_0\,]} \\
&= (E_2 + \bar{S}_2)\,[\,\overline{(E_2 \equiv S_2)} + \overline{[\,\bar{E}_1 S_1 + (E_1 \equiv S_1)\bar{E}_0 S_0\,]}\,] \\
&= (E_2 + \bar{S}_2)\,[\,(E_2 \not\equiv S_2) + [\,\overline{\bar{E}_1 S_1}\;\;\overline{(E_1 \equiv S_1)\bar{E}_0 S_0}\,]\,] \\
&= (E_2 + \bar{S}_2)\,[\,(E_2 \not\equiv S_2) + [\,(E_1 + \bar{S}_1)\,[\,\overline{(E_1 \equiv S_1)} + \overline{\bar{E}_0 S_0}\,]\,]\,] \\
&= (E_2 + \bar{S}_2)\,[\,E_2 \bar{S}_2 + \bar{E}_2 S_2 + (E_1 + \bar{S}_1)\,[\,(E_1 \bar{S}_1 + \bar{E}_1 S_1) + (E_0 + \bar{S}_0)\,]\,] \\
&= (E_2 + \bar{S}_2)\,[\,E_2 \bar{S}_2 + \bar{E}_2 S_2 + (E_1 + \bar{S}_1)\,[\,E_1 \bar{S}_1 + \bar{E}_1 S_1 + E_0 + \bar{S}_0\,]\,]
\end{aligned}$$

Bestimmung einer DNF durch Auflösen der Klammern

$$\begin{aligned}
X_1 &= (E_2 + \bar{S}_2)\,[\,E_2 \bar{S}_2 + \bar{E}_2 S_2 + E_1 E_1 \bar{S}_1 + E_1 \bar{E}_1 S_1 + E_1 E_0 + E_1 \bar{S}_0 \\
&\qquad + \bar{S}_1 E_1 \bar{S}_1 + \bar{S}_1 \bar{E}_1 S_1 + \bar{S}_1 E_0 + \bar{S}_1 \bar{S}_0\,] \\
&= (E_2 + \bar{S}_2)\,[\,E_2 \bar{S}_2 + \bar{E}_2 S_2 + E_1 \bar{S}_1 + E_1 E_0 + E_1 \bar{S}_0 + \bar{S}_1 E_1 \\
&\qquad + \bar{S}_1 E_0 + \bar{S}_1 \bar{S}_0\,] \\
&= (E_2 + \bar{S}_2)\,[\,E_2 \bar{S}_2 + \bar{E}_2 S_2 + E_1 \bar{S}_1 + E_1 E_0 + E_1 \bar{S}_0 + \bar{S}_1 E_0 + \bar{S}_1 \bar{S}_0\,] \\
&= E_2 E_2 \bar{S}_2 + E_2 \bar{E}_2 S_2 + E_2 E_1 \bar{S}_1 + E_2 E_1 E_0 + E_2 E_1 \bar{S}_0 + E_2 \bar{S}_1 E_0 \\
&\qquad + E_2 \bar{S}_1 \bar{S}_0 + \bar{S}_2 E_2 \bar{S}_2 + \bar{S}_2 \bar{E}_2 S_2 + \bar{S}_2 E_1 \bar{S}_1 + \bar{S}_2 E_1 E_0 \\
&\qquad + \bar{S}_2 E_1 \bar{S}_0 + \bar{S}_2 \bar{S}_1 E_0 + \bar{S}_2 \bar{S}_1 \bar{S}_0 \\
&= E_2 \bar{S}_2 + E_2 E_1 \bar{S}_1 + E_2 E_1 E_0 + E_2 E_1 \bar{S}_0 + E_2 \bar{S}_1 E_0 + E_2 \bar{S}_1 \bar{S}_0 \\
&\qquad + \bar{S}_2 E_1 \bar{S}_1 + \bar{S}_2 E_1 E_0 + \bar{S}_2 E_1 \bar{S}_0 + \bar{S}_2 \bar{S}_1 E_0 + \bar{S}_2 \bar{S}_1 \bar{S}_0
\end{aligned}$$

Hierbei handelt es sich gleichzeitig auch um die MDNF der Funktion X_1. Eine kürzere Form erhält man durch Ausklammern:

$$\begin{aligned}
X_1 &= E_2 \bar{S}_2 + E_2(E_1(\bar{S}_1 + E_0 + \bar{S}_0) + \bar{S}_1(E_0 + \bar{S}_0)) \\
&\qquad + \bar{S}_2(E_1(\bar{S}_1 + E_0 + \bar{S}_0) + \bar{S}_1(E_0 + \bar{S}_0)) \\
&= E_2 \bar{S}_2 + (E_2 + \bar{S}_2)(E_1 \bar{S}_1 + (E_1 + \bar{S}_1)(E_0 + \bar{S}_0))
\end{aligned}$$

△

Lösung zu Aufgabe 1.41

a) Ausgangsgleichungen des HA

$$S = (A \not\equiv B) = A\bar{B} + \bar{A}B \qquad\qquad \ddot{U} = AB$$

b) Wert für S bei $B = 1$

$$S = (A \not\equiv B) = A\,\bar{1} + \bar{A}\,1 = A\,0 + \bar{A} = \bar{A}$$

c) Ausgangsfunktion S_1 der Reihenschaltung zweier HA

$$\begin{aligned}
S_0 &= (A_0 \not\equiv B_0) \qquad\qquad \ddot{U}_0 = A_0 B_0 \\
S_1 &= (A_1 \not\equiv B_1) = (S_0 \not\equiv \ddot{U}_0) = (A_0 \not\equiv B_0) \not\equiv A_0 B_0
\end{aligned}$$

$$\begin{aligned}
S_1 &= (A_0\bar{B}_0 + \bar{A}_0 B_0) \not\equiv A_0 B_0 \\
&= (A_0\bar{B}_0 + \bar{A}_0 B_0)\,\overline{A_0 B_0} + \overline{(A_0\bar{B}_0 + \bar{A}_0 B_0)}\, A_0 B_0 \\
&= (A_0\bar{B}_0+\bar{A}_0 B_0)\,(\bar{A}_0+\bar{B}_0) + \overline{(A_0\bar{B}_0)}\;\overline{(\bar{A}_0 B_0)}\, A_0 B_0 \\
&= A_0\bar{B}_0\bar{A}_0+\bar{A}_0 B_0\bar{A}_0+A_0\bar{B}_0\bar{B}_0+\bar{A}_0 B_0\bar{B}_0+(\bar{A}_0+B_0)(A_0+\bar{B}_0)A_0 B_0 \\
&= \bar{A}_0 B_0+A_0\bar{B}_0+(\bar{A}_0 A_0+B_0 A_0+\bar{A}_0\bar{B}_0+B_0\bar{B}_0)A_0 B_0 \\
&= \bar{A}_0 B_0+A_0\bar{B}_0+B_0 A_0 A_0 B_0+\bar{A}_0\bar{B}_0 A_0 B_0 \\
&= \bar{A}_0 B_0+A_0\bar{B}_0+A_0 B_0 \\
&= B_0(\bar{A}_0+A_0) + A_0(\bar{B}_0+B_0) = A_0+B_0
\end{aligned}$$

d) Begründung der Vollständigkeit
Unter b) wurde die Darstellung der Negation und unter c) die Darstellung der ODER-Funktion gezeigt. Bei ODER-NICHT handelt es sich um ein vollständiges System, mit dem jede beliebige Funktion darstellbar ist.

e) Beweis von $(A \not\equiv \bar{B}) = (A \equiv B)$

$$(A \not\equiv \bar{B}) = A\bar{\bar{B}} + \bar{A}\bar{B} = AB + \bar{A}\bar{B} = (A \equiv B)$$

f) Darstellung der ÄQUIVALENZ mit Hilfe zweier HA
Zur Darstellung von $(A \equiv B) = (A \not\equiv \bar{B})$ wird also eine Negation und ein ANTIVALENZ-Gatter benötigt. Damit ergibt sich die folgende Schaltung:

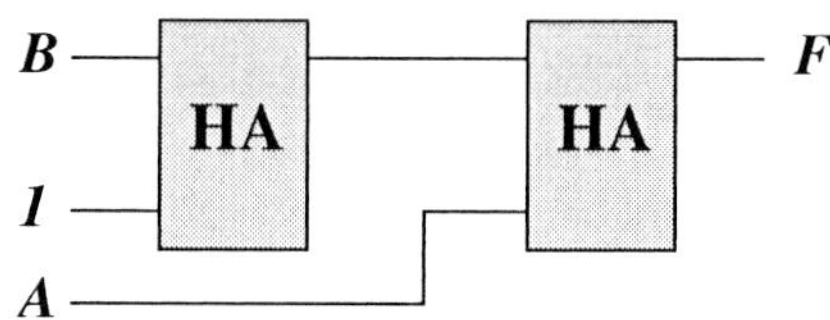

△

Lösung zu Aufgabe 1.42

a) Vollständige Operatorensysteme

1. UND-NICHT
2. ODER-NICHT
3. ANTIVALENZ-UND

b) Ausgangsfunktionen Y_2 und Y_3

$$\begin{aligned}
Y_2 &= X_1(X_1 \equiv X_2) = X_1(X_1 X_2+\bar{X}_1\bar{X}_2) = X_1 X_2 \\
Y_3 &= X_1+X_2
\end{aligned}$$

c) Wert für Y_1 bei $X_2=0$

$$Y_1 = (X_1 \equiv X_2) = X_1 X_2+\bar{X}_1\bar{X}_2 = X_1\,0+\bar{X}_1\bar{0} = \bar{X}_1\,1 = \bar{X}_1$$

d) Begründung der Vollständigkeit
Der betrachtete Baustein liefert eine UND- und eine ODER-Verknüpfung

sowie eine Negation. Mit diesen drei Verknüpfungen ist jede boolsche Funktion darstellbar, da sowohl ODER-NICHT als auch UND-NICHT bereits für sich vollständige Systeme darstellen.

e) Realisierung der Funktion $F = \bar{A}B$

Der erste Baustein liefert über Y_1 mit $X_1 = A$ und $X_2 = 0$ die Negation $\bar{A}$. Der zweite Baustein liefert über Y_2 mit $X_1 = \bar{A}$ und $X_2 = B$ die UND-Verknüpfung, so dass sich folgende Schaltung ergibt:

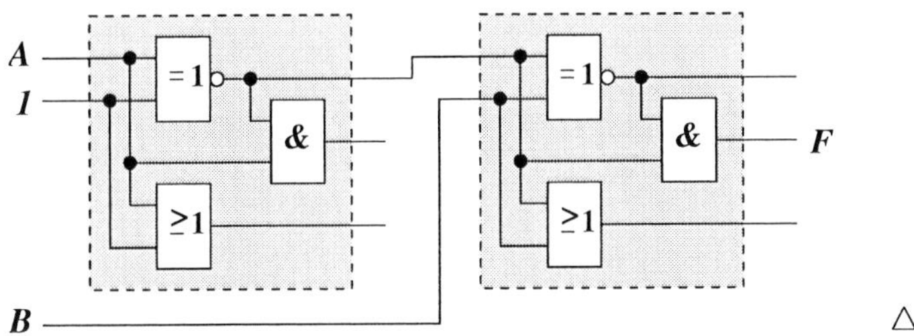

△

Lösung zu Aufgabe 1.43

a) Vollständigkeit eines Halbaddierers

Der Halbaddierer (HA) stellt als Ausgänge das Summenbit S_i und den Übertrag $\ddot{U}_{i+1}$ zur Verfügung. Das Summenbit stellt dabei eine Antivalenz $S_i = (A_i \not\equiv B_i)$ und das Übertragsbit eine Konjunktion $\ddot{U}_i = A_i B_i$ der beiden Eingangssignale A_i, B_i dar. Es genügt also, zu zeigen, dass das ANTIVALENZ-UND-System ein *vollständiges* System ist, mit dem man beliebige Funktionen darstellen kann.

Ein vollständiges System ist dadurch gekennzeichnet, dass die Verknüpfungen UND, ODER und Negation darstellbar sind. Die UND-Verknüpfung ist bereits vorhanden. Die Darstellung der ODER-Verknüpfung kann wie folgt gezeigt werden:

$$
\begin{aligned}
X_1 + X_2 &= X_1(X_2 + \bar{X}_2) + X_2(X_1 + \bar{X}_1) = X_1\bar{X}_2 + \bar{X}_1 X_2 + X_1 X_2 \\
&= X_1\bar{X}_1\bar{X}_2 + \bar{X}_1\bar{X}_1 X_2 + X_1\bar{X}_2\bar{X}_2 + \bar{X}_1 X_2 \bar{X}_2 \\
&\qquad + X_1 X_2(\bar{X}_1 X_1 + X_1 X_2 + \bar{X}_1\bar{X}_2 X_2 \bar{X}_2) \\
&= (X_1\bar{X}_2 + \bar{X}_1 X_2)(\bar{X}_1 + \bar{X}_2) + X_1 X_2(\bar{X}_1 + X_2)(X_1 + \bar{X}_2) \\
&= (X_1\bar{X}_2 + \bar{X}_1 X_2)\overline{X_1 X_2} + X_1 X_2 \overline{X_1 \bar{X}_2}\;\overline{\bar{X}_1 X_2} \\
&= (X_1 \not\equiv X_2)\;\overline{X_1 X_2} + \overline{X_1\bar{X}_2 + \bar{X}_1 X_2}\; X_1 X_2 \\
&= (X_1 \not\equiv X_2)\;\overline{X_1 X_2} + \overline{(X_1 \not\equiv X_2)}\; X_1 X_2 \\
&= (X_1 \not\equiv X_2) \not\equiv X_1 X_2
\end{aligned}
$$

Es fehlt also nur die Negation, welche aus der ANTIVALENZ-Verknüpfung einer einzelnen Variablen mit der logischen 1 folgt:

$$A \not\equiv 1 = A \cdot \overline{1} + \overline{A} \cdot 1 = \overline{A}$$

Also kann man jede beliebige Schaltfunktion durch geeignet verkoppelte HA realisieren.

b) Bau eines Volladdierers (VA) aus Halbaddierern

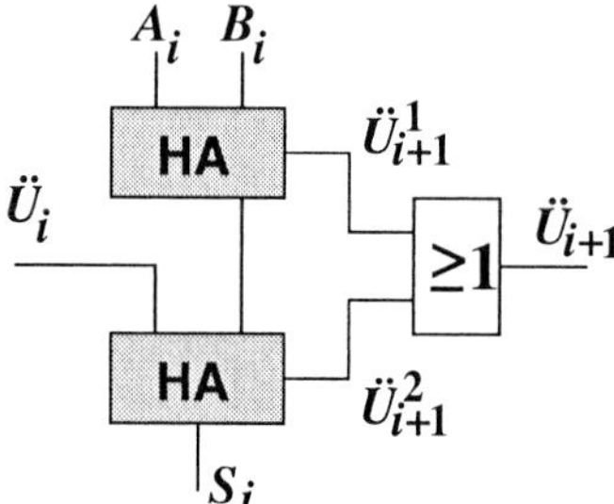

Ein VA kann durch die nebenstehende Schaltung aus zwei HA und einem ODER-Gatter zusammengesetzt werden. Das einzige zum Bau des VA fehlende Bauteil ist also das ODER-Gatter, in dem die Übertragssignale $\ddot{U}^1_{i+1}$ und $\ddot{U}^2_{i+1}$ aus den beiden HA zusammengeführt werden.

Dieses ist durch möglichst wenige HA zu ersetzen. Dazu stellen wir die ODER-Verknüpfung wie oben gezeigt im ANTIVALENZ-UND-System dar ($A+B = (A \not\equiv B) \not\equiv AB$). Zur Darstellung des ODER-Gatters sind somit zwei ANTIVALENZ-Gatter und ein UND-Gatter und somit zwei zusätzliche HA erforderlich. Es ergibt sich das folgende Schaltbild:

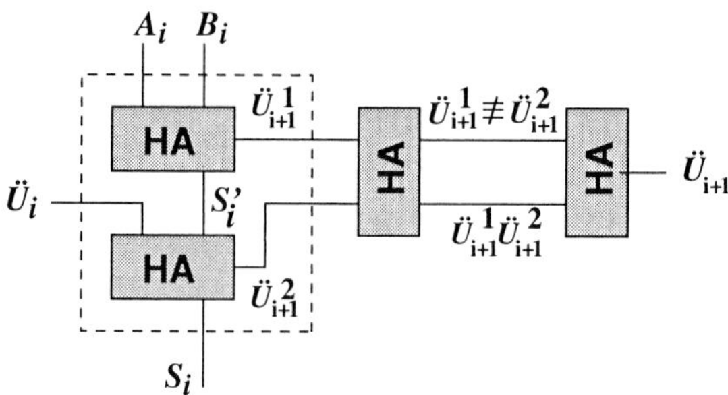

Stellt man die Funktion dieses VA in einer Funktionstabelle dar, so erkennt man, dass $\ddot{U}^1_{i+1}$ und $\ddot{U}^2_{i+1}$ niemals gleichzeitig 1 sein können.

A_i	B_i	$\ddot{U}_i$	S'_i	$\ddot{U}^1_{i+1}$	S_i	$\ddot{U}^2_{i+1}$	$\ddot{U}_{i+1}$
0	0	0	0	0	0	0	0
0	0	1	0	0	1	0	0
0	1	0	1	0	1	0	0
0	1	1	1	0	0	1	1
1	0	0	1	0	1	0	0
1	0	1	1	0	0	1	1
1	1	0	0	1	1	0	1
1	1	1	0	1	0	0	1

$$\begin{aligned} S'_i &= (A_i \not\equiv B_i) \\ \ddot{U}^1_{i+1} &= A_i B_i \\ S_i &= (\ddot{U}_i \not\equiv S'_i) \\ \ddot{U}^2_{i+1} &= \ddot{U}_i S'_i \\ \ddot{U}_{i+1} &= \ddot{U}^1_{i+1} + \ddot{U}^2_{i+1} \end{aligned}$$

Die Funktionen $\ddot{U}_{i+1}$ kann anstelle einer ODER-Funktion auch durch eine ANTIVALENZ-Funktion gebildet werden. Wenn man dies berücksichtigt, kann man den zweiten HA einsparen. △

Lösung zu Aufgabe 1.44

In diesem einfachen Beispiel gibt es nur zwei Möglichkeiten zwei Eingänge auf zwei Ausgänge zu schalten. Dementsprechend wird nur ein Steuersignal benötigt, ein Adressdecoder wird nicht benötigt.

	A_1	A_2	C_1
0	E_1	E_2	1
1	E_2	E_1	0

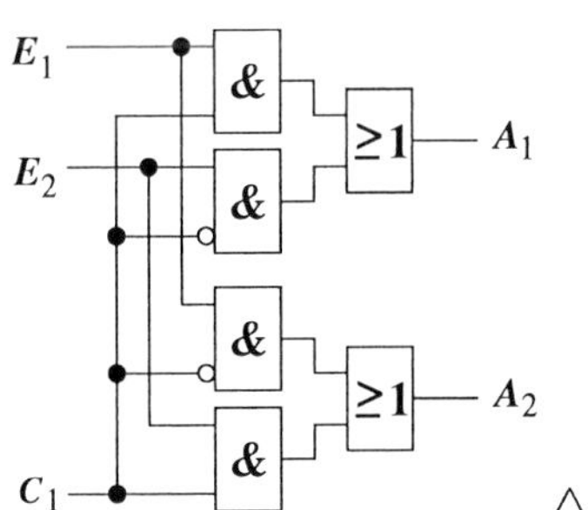

△

Lösung zu Aufgabe 1.45

a) mögliche Zuordnungen von Eingangs- zu Ausgangsvariablen

Die Zahl der Kombinationen erhält man, indem man alle möglichen Zuordnungen notiert und durchnummeriert. Es ergeben sich 6 Möglichkeiten und es werden daher 3 Steuervariablen ($2^3 = 8 > 6$) benötigt. Für die Zuordnung der Codierungen zu den Kombinationen gibt es verschiedene Alternativen.

	A_1	A_2	C_1	C_2	C_3
0	E_1	E_2	0	0	0
1	E_1	E_3	0	0	1
2	E_2	E_1	0	1	0
3	E_2	E_3	0	1	1
4	E_3	E_1	1	0	0
5	E_3	E_2	1	0	1

	A_1	A_2	C_1	C_2	C_3
0	E_1	E_2	0	0	0
1	E_1	E_3	0	0	1
2	E_2	E_1	0	1	0
3	E_2	E_3	0	1	1
4	E_3	E_1	1	1	0
5	E_3	E_2	1	0	0

Die Zahl der Kombinationen hätte man auch mit Hilfe der Kombinatorik bestimmen können:

$$2! \cdot \binom{3}{2} = \frac{2! \cdot 3!}{(3-2)!\ 2!} = 6$$

b) Funktionsgleichungen der Ausgänge A_1 und A_2

Die Funktionsgleichung für A_1 bzw. A_2 erhält man, indem man jeden

Eingang E_i konjunktiv mit den beiden entsprechenden Steuerkombinationen verknüpft, bei denen dieser Eingang auf den jeweiligen Ausgang durchgeschaltet sein soll. Da jeweils ein Eingang auf einen Ausgang durchgeschaltet sein soll, müssen die somit erzeugten Terme anschließend disjunktiv verknüpft werden.

$$\begin{aligned} A_1 &= E_1(\bar{C}_1\bar{C}_2\bar{C}_3 + \bar{C}_1\bar{C}_2C_3) + E_2(\bar{C}_1C_2\bar{C}_3 + \bar{C}_1C_2C_3) \\ &\quad + E_3(C_1\bar{C}_2\bar{C}_3 + C_1\bar{C}_2C_3) \\ A_2 &= E_1(\bar{C}_1C_2\bar{C}_3 + C_1\bar{C}_2\bar{C}_3) + E_2(\bar{C}_1\bar{C}_2\bar{C}_3 + C_1\bar{C}_2C_3) \\ &\quad + E_3(\bar{C}_1\bar{C}_2C_3 + \bar{C}_1C_2C_3) \end{aligned}$$

c) Schaltungstechnische Realisierung mit 8 ODER- und 12 UND-Gattern

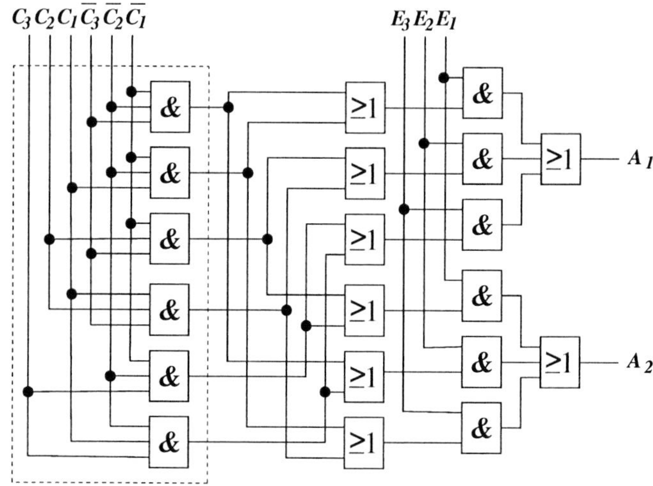

d) Vereinfachung der Schaltung

Eine Vereinfachung der Schaltung ergibt sich durch Auflösen der Klammern und Verkürzen der Terme. Dabei wird der Adresscodierer sozusagen in die Auswahllogik hineingezogen und ist nicht mehr explizit als solcher erkennbar.

$$\begin{aligned} A_1 &= E_1\bar{C}_1\bar{C}_2 + E_2\bar{C}_1C_2 + E_3C_1\bar{C}_2 \\ A_2 &= E_1\bar{C}_3(C_1 \not\equiv C_2) + E_2\bar{C}_2(C_1 \equiv C_3) + E_3\bar{C}_1C_3 \end{aligned}$$

Eine noch einfachere Darstellung ergibt sich durch eine bessere Kodierung wie in der Tabelle rechts:

$$\begin{aligned} A_1 &= E_1\bar{C}_1\bar{C}_2 + E_2\bar{C}_1C_2 + E_3C_1\bar{C}_3 \\ A_2 &= E_1C_2\bar{C}_3 + E_2\bar{C}_2\bar{C}_3 + E_3\bar{C}_1C_3 \end{aligned}$$

△

Lösung zu Aufgabe 1.46

a) Zerlegung in Teilfunktionen

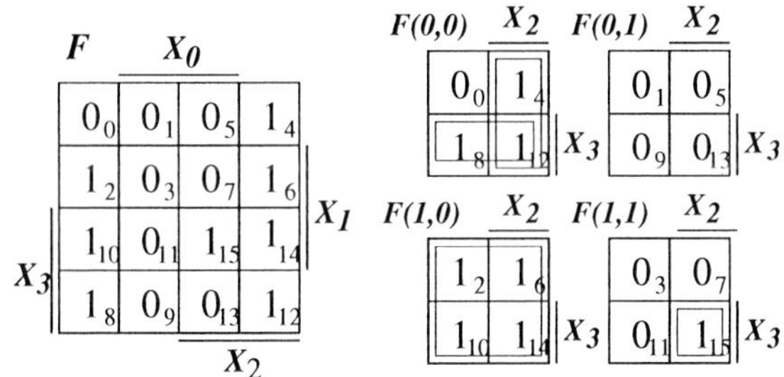

b) Funktionsgleichungen der vier Teilfunktionen

$$F(X_1\!=\!0, X_0\!=\!0) \;=\; X_2 + X_3 \qquad F(X_1\!=\!0, X_0\!=\!1) \;=\; 0$$
$$F(X_1\!=\!1, X_0\!=\!0) \;=\; 1 \qquad F(X_1\!=\!1, X_0\!=\!1) \;=\; X_2X_3$$

c) Beschaltung des MUX zur Realisierung von F

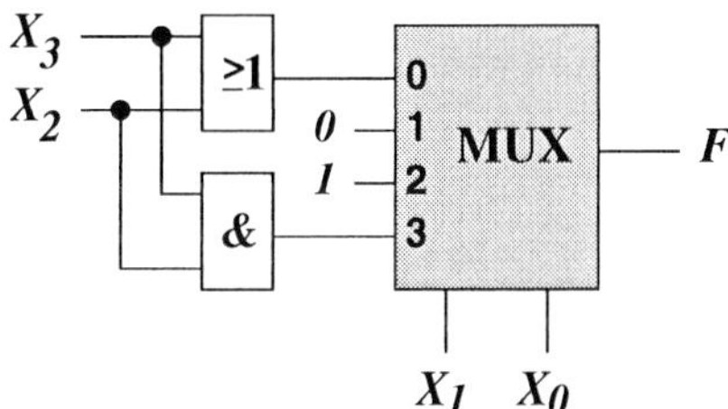

d) Logische Funktion der gegebenen Schaltung

$$F_1(X_1\!=\!0, X_0\!=\!0) \;=\; X_3 \qquad F_1(X_1\!=\!0, X_0\!=\!1) \;=\; X_2$$
$$F_1(X_1\!=\!1, X_0\!=\!0) \;=\; 1 \qquad F_1(X_1\!=\!1, X_1\!=\!1) \;=\; (X_1 \not\equiv X_2)$$

$$F_1 = \bar{X}_1\bar{X}_0X_3 + \bar{X}_1X_0X_2 + X_1\bar{X}_0 + X_1X_0(X_1 \not\equiv X_2) \qquad \triangle$$

Lösung zu Aufgabe 1.47

a) Zerlegung von F_1 in Teilfunktionen

Die Zerlegung lässt sich am besten anhand einer KDNF ausführen. Diese muss zuerst erzeugt werden:

$$\begin{aligned} F_1 &= X_2(X_1 \not\equiv X_0) + X_3 \not\equiv X_1 \equiv X_0 \\ &= X_2(X_1\bar{X}_0 + \bar{X}_1X_0) + (X_3\bar{X}_1 + \bar{X}_3X_1) \equiv X_0 \end{aligned}$$

$$\begin{aligned}
F_1 &= X_2X_1\bar{X}_0 + X_2\bar{X}_1X_0 + (X_3\bar{X}_1+\bar{X}_3X_1)X_0 + \overline{X_3\bar{X}_1+\bar{X}_3X_1}\,\bar{X}_0 \\
&= X_2X_1\bar{X}_0 + X_2\bar{X}_1X_0 + (X_3\bar{X}_1+\bar{X}_3X_1)X_0 + (\bar{X}_3+X_1)(X_3+\bar{X}_1)\bar{X}_0 \\
&= X_2X_1\bar{X}_0 + X_2\bar{X}_1X_0 + (X_3\bar{X}_1+\bar{X}_3X_1)X_0 \\
&\qquad + (\bar{X}_3X_3+\bar{X}_3\bar{X}_1+X_1X_3+X_1\bar{X}_1)\bar{X}_0 \\
&= X_3X_2X_1\bar{X}_0+\bar{X}_3X_2X_1\bar{X}_0+X_3X_2\bar{X}_1X_0+\bar{X}_3X_2\bar{X}_1X_0 \\
&\qquad + X_3X_2\bar{X}_1X_0+X_3\bar{X}_2\bar{X}_1X_0+\bar{X}_3X_2X_1X_0+\bar{X}_3\bar{X}_2X_1X_0 \\
&\qquad + \bar{X}_3X_2\bar{X}_1X_0+\bar{X}_3\bar{X}_2\bar{X}_1\bar{X}_0+X_3X_2X_1\bar{X}_0+X_3\bar{X}_2X_1\bar{X}_0
\end{aligned}$$

Ausklammern von $\bar{X}_1\bar{X}_0$, $\bar{X}_1X_0$, $X_1\bar{X}_0$ und X_1X_0 ergibt:

$$\begin{aligned}
F_1 &= \bar{X}_1\bar{X}_0(\bar{X}_3\bar{X}_2+\bar{X}_3X_2) + \bar{X}_1X_0(\bar{X}_3X_2+X_3\bar{X}_2+X_3X_2) \\
&\qquad + X_1\bar{X}_0(\bar{X}_3X_2+X_3\bar{X}_2+X_3X_2) + X_1X_0(\bar{X}_3\bar{X}_2+\bar{X}_3X_2) \\
&= \bar{X}_1\bar{X}_0\bar{X}_3(\bar{X}_2+X_2) + \bar{X}_1X_0(X_3(\bar{X}_2+X_2)+X_2(\bar{X}_3+X_3)) \\
&\qquad + X_1\bar{X}_0(X_3(\bar{X}_2+X_2)+X_2(\bar{X}_3+X_3)) + X_1X_0(\bar{X}_2+X_2) \\
&= \bar{X}_1\bar{X}_0(\bar{X}_3) + \bar{X}_1X_0(X_3+X_2) + X_1\bar{X}_0(X_3+X_2) + X_1X_0(\bar{X}_3)
\end{aligned}$$

$$F(X_1=0, X_0=0) = \bar{X}_3 \qquad F(X_1=0, X_0=1) = X_3 + X_2$$
$$F(X_1=1, X_0=0) = X_3 + X_2 \qquad F(X_1=1, X_0=1) = \bar{X}_3$$

b) Mit der Zerlegung nach a) ergibt sich die folgende Eingangsbelegung:

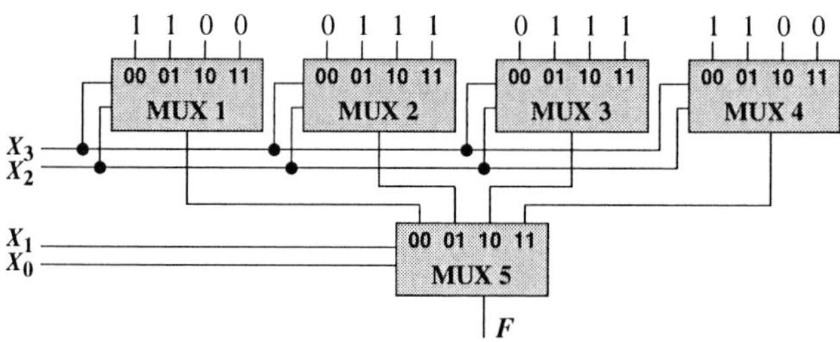

MUX1 benötigt an den Eingängen eine 1, wo $X_2 = 0$ ist, d.h. an den Eingängen 00 und 01. Dabei wird angenommen, dass die obere Leitung eines MUX der ersten bzw. der linken Ziffer entspricht. Dementsprechend benötigen MUX2 und MUX3 an den Eingängen eine 1, wo X_3 oder X_2 gleich 1 ist, d.h. an den Eingängen 01, 10 und 11.

Man kann die Eingangsbelegung auch sofort erkennen, wenn man sich die einzelnen Minterme gemäß den an MUX5 anliegenden Termen $\bar{X}_1\bar{X}_0$, $\bar{X}_1X_0$, $X_1\bar{X}_0$ und X_1X_0 in einer Tabelle sortiert darstellt:

$\bar{X}_1\bar{X}_0$	$\bar{X}_1X_0$	$X_1\bar{X}_0$	X_1X_0
$\bar{X}_3\bar{X}_2\bar{X}_1\bar{X}_0 \hat{=} 00$	$\bar{X}_3X_2\bar{X}_1X_0 \hat{=} 01$	$\bar{X}_3X_2X_1\bar{X}_0 \hat{=} 01$	$\bar{X}_3\bar{X}_2X_1X_0 \hat{=} 00$
$\bar{X}_3X_2\bar{X}_1\bar{X}_0 \hat{=} 01$	$X_3\bar{X}_2\bar{X}_1X_0 \hat{=} 10$	$X_3\bar{X}_2X_1\bar{X}_0 \hat{=} 10$	$\bar{X}_3X_2X_1X_0 \hat{=} 01$
	$X_3X_2\bar{X}_1X_0 \hat{=} 11$	$X_3X_2X_1\bar{X}_0 \hat{=} 11$	

c) Das Aufstellen der Funktionstabelle aus der Schaltung ergibt:

X_3	X_2	00	01	10	11	X_1	X_0	F
0	0	1	0	0	1	0	0	1
0	1	0	1	1	0	0	0	1
1	0	1	1	1	1	0	0	0
1	1	0	1	1	0	0	0	0
0	0	1	0	0	1	0	1	0
0	1	0	1	1	0	0	1	1
1	0	1	1	1	1	0	1	1
1	1	0	1	1	0	0	1	1
0	0	1	0	0	1	1	0	0
1	1	0	1	1	0	1	0	1
1	0	1	1	1	1	1	0	1
1	1	0	1	1	0	1	0	1
0	0	1	0	0	1	1	1	1
0	1	0	1	1	0	1	1	1
1	0	1	1	1	1	1	1	0
1	1	0	1	1	0	1	1	0

d) Vereinfachung der Schaltung

Da die Eingangsbelegungen bei MUX1 und MUX4 als auch bei MUX2 und MUX3 gleich sind, können 2 MUX eingespart werden:

- MUX4 kann weglassen werden und dafür Eingang 11 von MUX 5 auf den Ausgang von MUX1 gelegt werden
- MUX3 kann weglassen werden und dafür Eingang 10 von MUX 5 auf den Ausgang von MUX2 gelegt werden

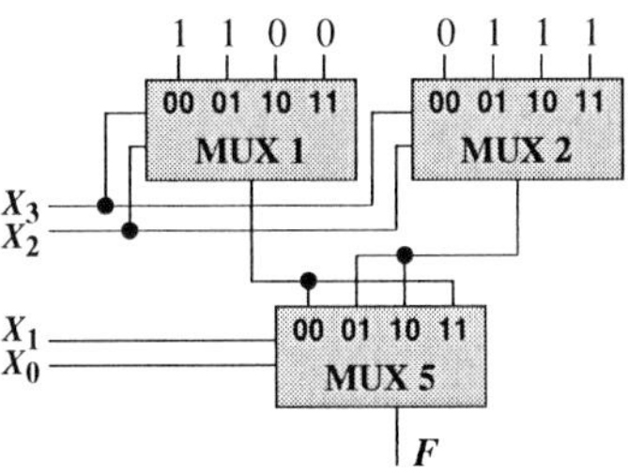

△

Lösung zu Aufgabe 1.48

a) Belegung der Eingänge durch Zerlegen der Funktionsgleichung

$$\begin{aligned} F_1 &= X_1 \not\equiv X_3 \equiv X_4 + X_2(X_3 \not\equiv X_4) \\ &= [\,(X_1\bar X_3 + \bar X_1 X_3)X_4 + \overline{(X_1\bar X_3 + \bar X_1 X_3)}\bar X_4\,] + X_2(X_3\bar X_4 + \bar X_3 X_4) \\ &= [X_1\bar X_3 X_4 + \bar X_1 X_3 X_4 + (\bar X_1 + X_3)\,(X_1 + \bar X_3)\bar X_4] \\ &\quad + X_2 X_3 \bar X_4 + X_2 \bar X_3 X_4 \end{aligned}$$

$$
\begin{aligned}
F_1 &= X_1\bar{X}_3X_4+\bar{X}_1X_3X_4+\bar{X}_1\bar{X}_3\bar{X}_4+X_1X_3\bar{X}_4 + X_2X_3\bar{X}_4+X_2\bar{X}_3X_4\\
&= X_1\bar{X}_2\bar{X}_3X_4+X_1X_2\bar{X}_3X_4+\bar{X}_1\bar{X}_2X_3X_4+\bar{X}_1X_2X_3X_4\\
&\qquad +\bar{X}_1\bar{X}_2\bar{X}_3\bar{X}_4+\bar{X}_1X_2\bar{X}_3\bar{X}_4+X_1\bar{X}_2X_3\bar{X}_4+X_1X_2X_3\bar{X}_4\\
&\qquad +\bar{X}_1X_2X_3\bar{X}_4+X_1X_2X_3\bar{X}_4+\bar{X}_1X_2\bar{X}_3X_4+X_1X_2\bar{X}_3X_4\\
&= X_1\bar{X}_2\bar{X}_3X_4+X_1X_2\bar{X}_3X_4+\bar{X}_1\bar{X}_2X_3X_4+\bar{X}_1X_2X_3X_4\\
&\qquad +\bar{X}_1\bar{X}_2\bar{X}_3\bar{X}_4+\bar{X}_1X_2\bar{X}_3\bar{X}_4+X_1\bar{X}_2X_3\bar{X}_4+X_1X_2X_3\bar{X}_4\\
&\qquad +\bar{X}_1X_2X_3\bar{X}_4+\bar{X}_1X_2\bar{X}_3X_4\\
&= \bar{X}_3\bar{X}_4(\bar{X}_1\bar{X}_2+\bar{X}_1X_2) + \bar{X}_3X_4(\bar{X}_1X_2+X_1\bar{X}_2+X_1X_2)\\
&\qquad + X_3\bar{X}_4(\bar{X}_1X_2+X_1\bar{X}_2+X_1X_2) + X_3X_4(\bar{X}_1\bar{X}_2+\bar{X}_1X_2)\\
&= \bar{X}_3\bar{X}_4(\bar{X}_1(\bar{X}_2+X_2)) + \bar{X}_3X_4(X_1(\bar{X}_2+X_2) + X_2(\bar{X}_1+X_1))\\
&\qquad + X_3\bar{X}_4(X_1(\bar{X}_2+X_2) + X_2(\bar{X}_1+X_1)) + X_3X_4(\bar{X}_1(\bar{X}_2+X_2))\\
&= \bar{X}_3\bar{X}_4(\bar{X}_1) + \bar{X}_3X_4(X_1+X_2) + X_3\bar{X}_4(X_1+X_2) + X_3X_4(\bar{X}_1)
\end{aligned}
$$

$$F(X_3=0, X_4=0) = \bar{X}_1 \qquad F(X_3=0, X_4=1) = X_1+X_2$$
$$F(X_3=1, X_4=0) = X_1+X_2 \qquad F(X_3=1, X_4=1) = \bar{X}_1$$

Damit ergibt sich die folgende Eingangsbelegung:

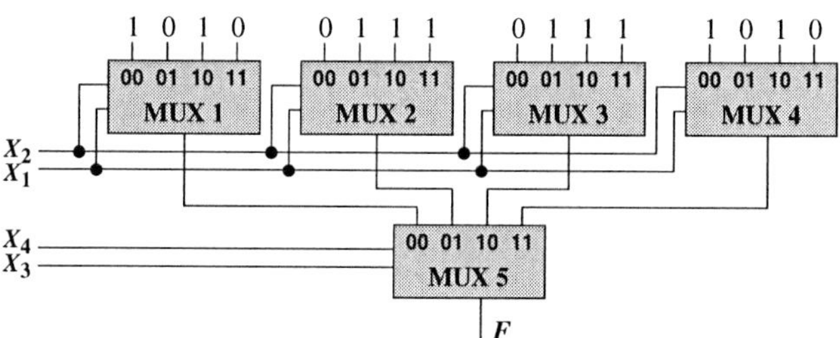

Funktionstabelle

X_2	X_1	00	01	10	11	X_4	X_3	F
0	0	1	0	0	1	0	0	1
0	1	0	1	1	0	0	0	0
1	0	1	1	1	1	0	0	1
1	1	0	1	1	0	0	0	0
0	0	1	0	0	1	0	1	0
0	1	0	1	1	0	0	1	1
1	0	1	1	1	1	0	1	1
1	1	0	1	1	0	0	1	1
0	0	1	0	0	1	1	0	0
1	1	0	1	1	0	1	0	1
1	0	1	1	1	1	1	0	1
1	1	0	1	1	0	1	0	1
0	0	1	0	0	1	1	1	1
0	1	0	1	1	0	1	1	0
1	0	1	1	1	1	1	1	1
1	1	0	1	1	0	1	1	0

b) Vereinfachung der Schaltung

Es können 2 MUX eingespart werden:

MUX4 weg und Eingang 11 von MUX5 auf Ausgang von MUX1
MUX3 weg und Eingang 10 von MUX5 auf Ausgang von MUX2 △

Lösung zu Aufgabe 1.49

Einen 8-auf-1-MUX erhält man durch eine zweistufige Kaskadierung von 4-auf-1-MUX. Dabei werden in der ersten Stufe aufgrund der vorgegebenen 8 Eingänge zwei 4-auf-1-MUX benötigt.

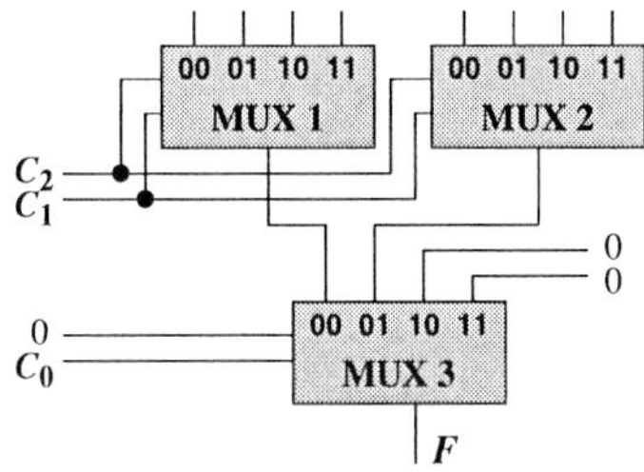

Da die erste Stufe nur 2 MUX enthält, wird der MUX in der zweiten Stufe nur zur Hälfte in Form von 2 Eingängen ausgenutzt. Die freien Eingänge können einfach auf 0 gelegt werden. △

2 Flip-Flops, Schaltwerke und Automaten

Aufgabe 2.1 *Unterschied von SR-FF und einem SR-MS-FF*

a) Worin besteht der schaltungstechnische Unterschied (abgesehen vom Taktsignal) zwischen einem SR-FF und einem SR-MS-FF? Wie wirkt sich dieser Unterschied auf das Ausgangsverhalten aus?

b) Bestimmen Sie den Verlauf der Ausgangssignale Q_{A1} eines SR-FFs und Q_{A2} eines SR-MS-FFs, indem Sie das folgende Signal-Zeit-Diagramm vervollständigen.

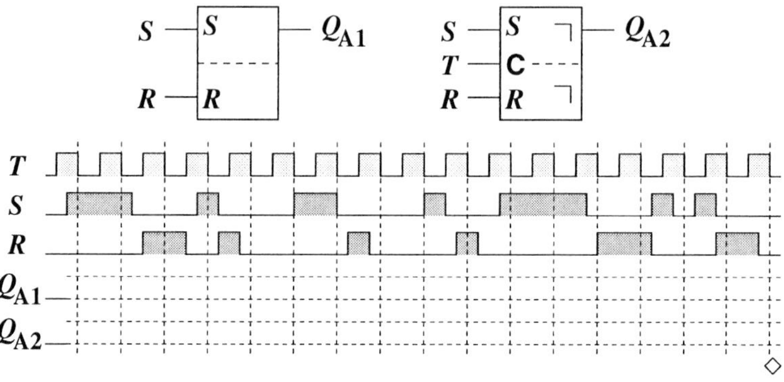

◇

Aufgabe 2.2 *Beschaltung eines SR-FFs*

Ergänzen Sie ein SR-FF durch vorgeschaltete Gatter (keine Rückkopplung) so, dass bei gleichzeitig anliegenden Setz- und Rücksetzsignalen, also bei $S = R = 1$, das SR-FF

a) gesetzt wird,

b) rückgesetzt wird,

c) nicht verändert wird.

Bei allen anderen Eingangsbelegungen von S, R=(00,01,10) soll dabei die ursprüngliche Funktion erhalten bleiben, d.h. die Eingangsbeschaltung soll sich auf die anderen Eingangsbelegungen nicht auswirken. Geben Sie die Schaltungen mit dem SR-FF als nicht weiter zergliedertem Schaltungssymbol an! ◇

Aufgabe 2.3 *Verhalten eines T-FFs*

Ein T-MS-FF erhält man aus einem JK-MS-FF, indem man die beiden Eingänge J und K miteinander verbindet. Der gemeinsame Eingang wird mit E bezeichnet.

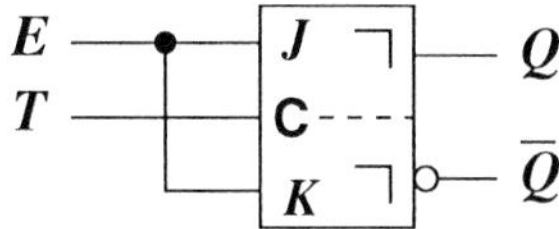

Analysieren Sie die Schaltung zum Nachweis des korrekten T-Verhaltens, indem Sie die Funktionstabelle sowie die Funktionsgleichung $Q^{n+1} = f(Q^n, E)$ für das T-MS-FF basierend auf der Funktionstabelle des JK-MS-FFs herleiten. ◇

Aufgabe 2.4 *Vergleich zweier D-MS-FF-Varianten*

Ein D-MS-FF entsteht aus einem JK-MS-FF, indem der Rücksetzeingang K über eine Negation mit dem Setzeingang J verschaltet wird (Variante A). Ebenso könnte man auch ein D-MS-FF aus einem SR-MS-FF aufbauen, wobei dann der Rücksetzeingang R über eine Negation mit dem Setzeingang S verschaltet wird (Variante B).

a) Zeichnen Sie die Schaltbilder der beiden Varianten A und B des D-MS-FF. Verwenden Sie dazu die nicht weiter zergliederten Symbole für das SR-MS-FF und das JK-MS-FF.

b) Erläutern Sie kurz den wesentlichen Unterschied im Schaltverhalten der beiden D-MS-FF-Varianten A und B.

c) Vervollständigen Sie im folgenden Signal-Zeit-Diagramm den Verlauf der Ausgangssignale Q_A bzw. Q_B der beiden D-MS-FF-Varianten (positiv-zweizustandsgesteuert) A und B.

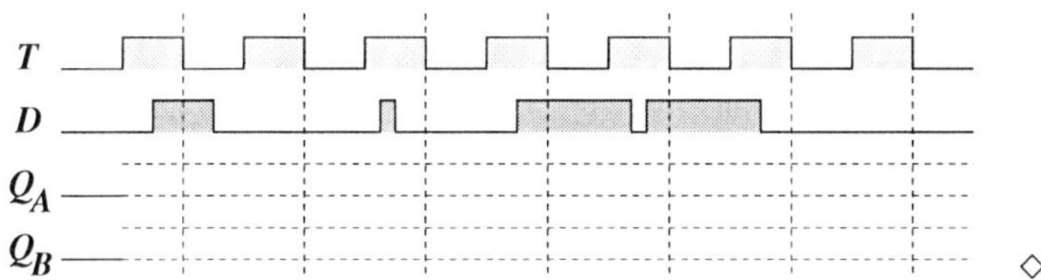

◇

Aufgabe 2.5 *D-MS-FF und T-MS-FF*

a) Stellen Sie das Zustandsübergangsdiagramm eines D-MS-FFs dar.

b) Entwickeln Sie für das D- und das T-MS-FF die Vorschriftentabelle, in der Q^n und Q^{n+1} als gegebene Variablen und D bzw. E als davon abhängige Variablen auftreten, also $D, E = f(Q^n, Q^{n+1})$.

c) Erläutern Sie, wieso das T-MS-FF trotz der antivalenzähnlichen Übergangsgleichung $Q^{n+1} = E \not\equiv Q$ keine Variante eines Antivalenzgatters darstellen kann. ◇

Aufgabe 2.6 *Entprellen eines mechanischen Tasters*

Zeichnen Sie eine Schaltung, bestehend aus zwei NAND-Gattern, mit deren Hilfe ein mechanischer Schalter entprellt werden kann. Welche logische Funktion hat diese Schaltung?

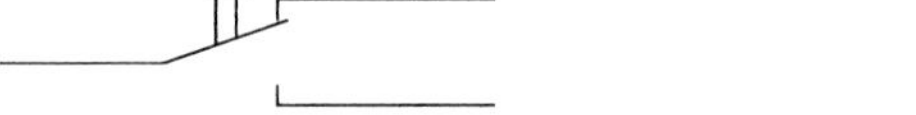

◇

Aufgabe 2.7 *Schaltwerksanalyse*

Gegeben ist das folgende synchrone Schaltwerk aus JK-MS-FF mit einem Eingangssignal X, welches in der Folge analysiert werden soll. Ausgangsgröße sei die dual codierte Zustandsnummer $(Q_1\,Q_0)|_2$.

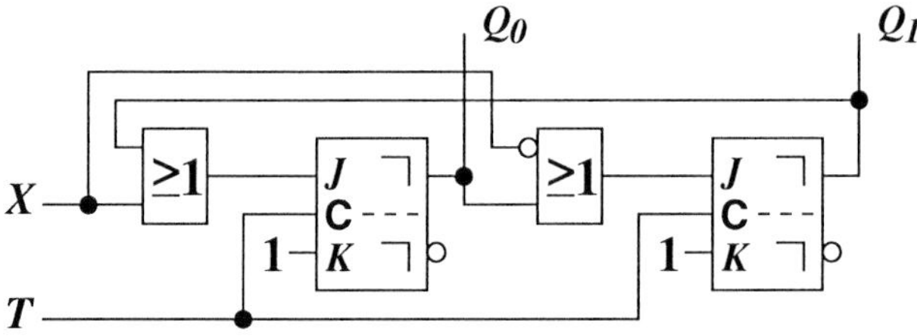

a) Handelt es sich bei diesem Schaltwerk um einen Moore-Automaten? Begründen Sie Ihre Antwort.

b) Vervollständigen Sie die folgende reduzierte Übergangstabelle für ein JK-FF, dessen K-Eingang dauerhaft auf logisch 1 liegt.

Q^n	J	Q^{n+1}
0	0	
0	1	

Q^n	J	Q^{n+1}
1	0	
1	1	

c) Vervollständigen Sie die folgende Zustandstabelle des Schaltwerks. J_0 bezeichnet hier den J-Eingang von FF 0, J_1 den von FF 1. Beachten Sie, dass die K-Eingänge beider FF dauerhaft auf 1 liegen.

X	Q_1^n	Q_0^n	J_1	J_0	Q_1^{n+1}	Q_0^{n+1}
0	0	0				
0	0	1				
0	1	0				
0	1	1				

X	Q_1^n	Q_0^n	J_1	J_0	Q_1^{n+1}	Q_0^{n+1}
1	0	0				
1	0	1				
1	1	0				
1	1	1				

d) Zeichnen Sie den das Schaltwerk beschreibenden Zustandsgraphen. Denken Sie dabei an die duale Zustandscodierung. Verzichten Sie auf die Angabe der Ausgangswerte, geben Sie an den Kanten nur die entsprechenden Eingangs(X)-Werte an.

e) Gegeben sei im Weiteren das folgende unvollständige Schaltwerk.

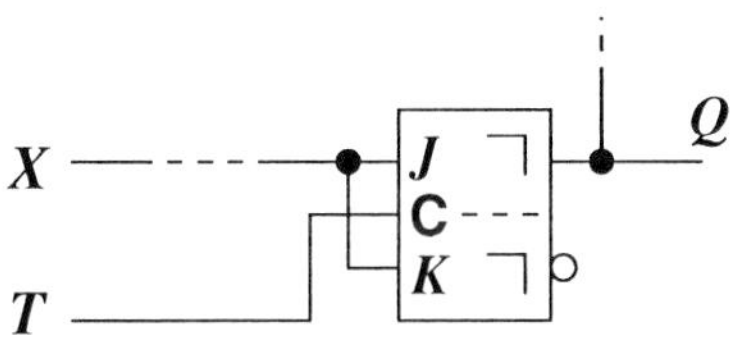

X	Q^n	J, K	Q^{n+1}
0	0		1
0	1		0
1	0		0
1	1		0

Vervollständigen Sie das Schaltwerk, so dass es das in der danebenstehenden Tabelle angegebene Übergangsverhalten aufweist. Außer Leitungen dürfen Sie nur ein einzelnes Schaltgatter (wenn nötig, mit negierten Ein-/Ausgängen) verwenden. Es sind mehrere Lösungen möglich.

◇

Aufgabe 2.8 *Schaltwerksanalyse*

Gegeben ist das folgende synchrone Schaltwerk aus JK-MS-FF mit einem Eingangssignal X, welches in der Folge analysiert werden soll. Ausgangsgröße sei die dual codierte Zustandsnummer $(Q_1 \, Q_0)|_2$.

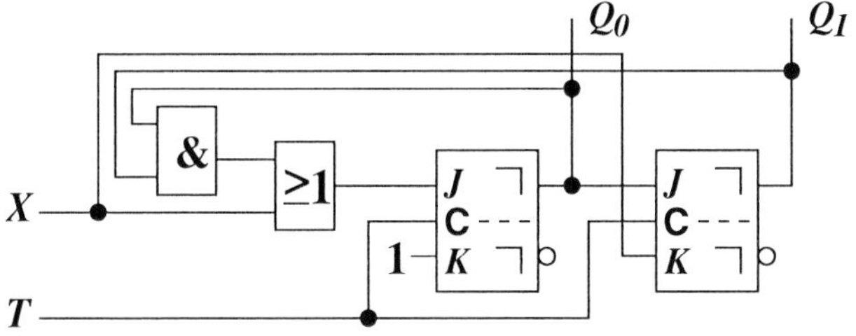

a) Um welchen Automatentyp handelt es sich bei diesem Schaltwerk? Begründen Sie Ihre Antwort.

b) Vervollständigen Sie die folgende reduzierte Übergangstabelle für ein JK-FF, dessen K-Eingang dauerhaft auf 0 bzw. auf 1 liegt.

$K=0$

Q^n	J	Q^{n+1}
0	0	
0	1	
1	0	
1	1	

$K=1$

Q^n	J	Q^{n+1}
0	0	
0	1	
1	0	
1	1	

c) Vervollständigen Sie die folgende Zustandstabelle des Schaltwerks. J_0 bezeichnet hier den J-Eingang von FF 0, J_1 den von FF 1. Beachten Sie, dass der K-Eingänge von FF0 dauerhaft auf 1 liegt.

X	Q_1^n	Q_0^n	J_1	J_0	Q_1^{n+1}	Q_0^{n+1}
0	0	0				
0	0	1				
0	1	0				
0	1	1				
1	0	0				
1	0	1				
1	1	0				
1	1	1				

d) Stellen Sie das Zustandsdiagramm dieses Schaltwerks dar. Denken Sie dabei an die duale Zustandscodierung. Verzichten Sie auf die Angabe der Ausgangswerte, geben Sie an den Kanten nur die entsprechenden Eingangs(X)-Werte an.

e) Welche Zustandsfolge wird durchlaufen, wenn sich das Schaltwerk zum Zeitpunkt $t=0$ im Zustand 3 befindet und der zeitliche Verlauf von X und T wie folgt aussieht?

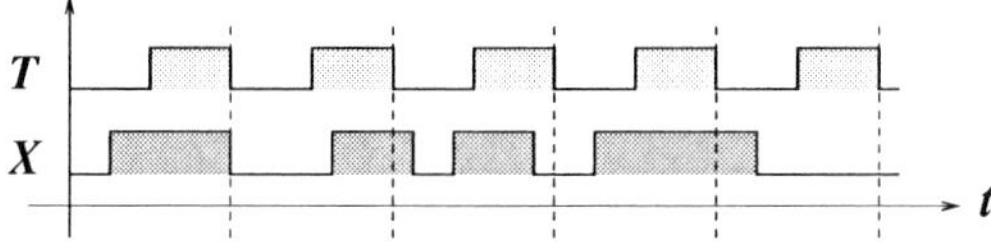

f) Zeichnen Sie in das folgende Signal-Zeit-Diagramm einen möglichen Verlauf für das Eingangssignal X ein, für den beginnend im Zustand 3 die Zustandsfolge $3 \to 0 \to 1 \to 2 \to 1$ durchlaufen wird.

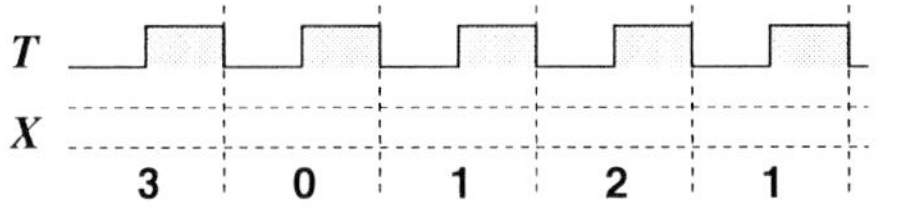

◇

Aufgabe 2.9 *Schaltwerksanalyse*

Gegeben ist das folgende synchrone Schaltwerk aus JK-MS-FF, welches in der Folge analysiert werden soll. Ausgangsgröße sei die dual codierte Zustandsnummer $(Q_2\, Q_1\, Q_0)|_2$.

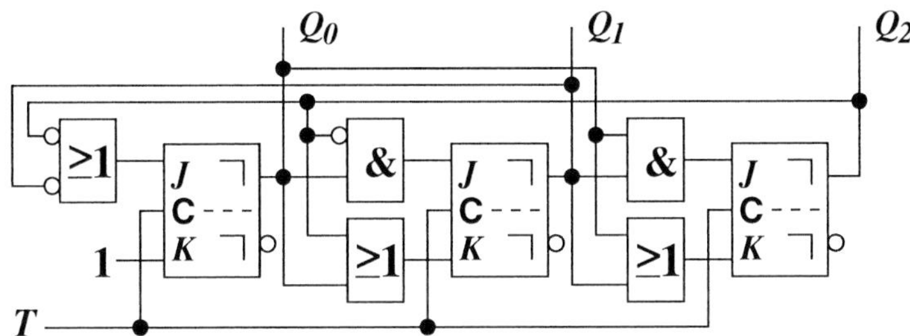

a) Um welchen Automatentyp handelt es sich bei diesem Schaltwerk? Begründen Sie Ihre Antwort.

b) Geben Sie die Funktionsgleichungen für alle FF-Eingänge in Abhängigkeit von Q_2, Q_1 und Q_0 an. Dabei bezeichnen J_0, K_0 die Eingänge von FF0, J_1 und K_1 bzw. J_2 und K_2 entsprechend die der FF 1 bzw. 2.

c) Vervollständigen Sie die folgende Zustandstabelle des Schaltwerks.

Q_2	Q_1	Q_0	J_2	K_2	J_1	K_1	J_0	K_0	Q_2^{n+1}	Q_1^{n+1}	Q_0^{n+1}
0	0	0									
0	0	1									
0	1	0									
0	1	1									
1	0	0									
1	0	1									
1	1	0									
1	1	1									

d) Zeichnen Sie das Zustandsdiagramm des Schaltwerks. Denken Sie dabei an die duale Zustandscodierung.

e) Welche Zustände können startend vom Zustand 0 aus niemals erreicht werden?

f) Welche Funktion erfüllt das Schaltwerk?

Aufgabe 2.10 *Schaltwerksanalyse*

Gegeben ist das unten abgebildete asynchrone Schaltwerk, welches in der Folge analysiert werden soll. Ausgangsgröße sei die dual codierte Zustandsnummer $(Q_1\,Q_0)|_2$.

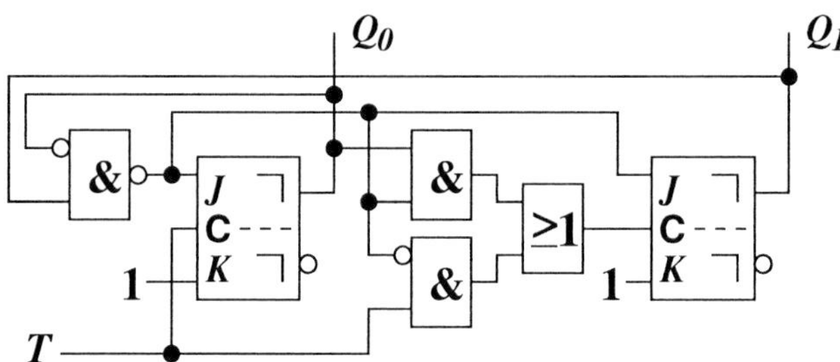

Bei den beiden FFs handelt es sich um positiv zustandsgesteuerte JK-MS-FF, deren K-Eingang jeweils dauerhaft auf logisch 1 liegt.

a) Handelt es sich bei diesem Schaltwerk um die Realisierung eines Moore- oder eines Mealy-Automaten? Begründen Sie kurz Ihre Antwort.

b) Geben Sie die logischen Gleichungen für J_0, K_0, C_0 und J_1, K_1 in Abhängigkeit von T, Q_0 und Q_1 sowie die Gleichung für C_1 in Abhängigkeit von T, Q_0 und J_0 an.

c) Vervollständigen Sie die beiden folgenden Tabellen, so dass sie das Übergangsverhalten eines in dieser Weise beschalteten JK-MS-FFs über der Zeit wiedergeben (C bezeichne den Takteingang des FF, Q seinen Ausgang).

J=1	$C(t)$	0	1	0	1	0	1	0	1
	$Q(t)$	0							

J=0	$C(t)$	0	1	0	1	0	1	0	1
	$Q(t)$	0							

d) Ergänzen Sie die folgende Tabelle, so dass sie das zeitliche Verhalten des gegebenen Schaltwerks vollständig beschreibt.

$T(t)$	0	1	0	1	0	1	0
$J_0(t)$	1						1
$C_0(t)$	0						0
$Q_0(t)$	0						0
$J_1(t)$	1						1
$C_1(t)$	0						0
$Q_1(t)$	0						0
$z(t)$	0						0

e) Zeichnen Sie den Zustandsgraph des Automaten (Denken Sie an die duale Zustandscodierung).
Welche Funktion erfüllt das Schaltwerk? ◇

Aufgabe 2.11 *Schaltwerksanalyse*

Gegeben ist das folgende aus JK-MS-FF bestehende asynchrone Schaltwerk, welches analysiert werden soll. X sei ein vom Taktsignal T unabhängiges asynchrones Eingangssignal, Ausgangsgröße sei die dual codierte Zustandsnummer $(B\,A)|_2$.

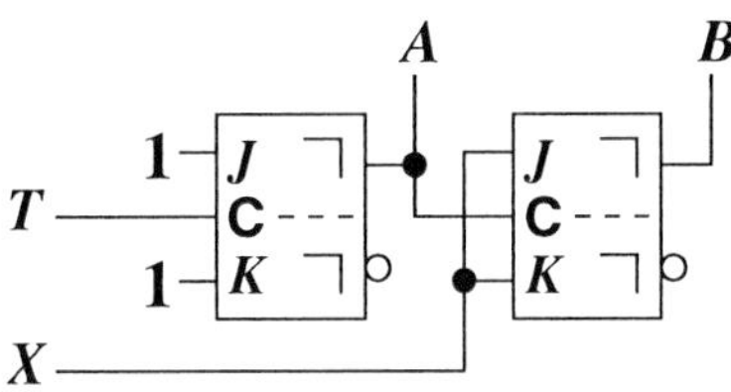

a) Entwickeln Sie die vollständige Zustandstabelle des Schaltwerks. Stellen Sie dazu fest, wieviele Zustände das Schaltwerk besitzt und stellen Sie die Zustände in Abhängigkeit vom Eingangssignal X in einer Tabelle dar. Beachten Sie die duale Zustandscodierung, wobei der Ausgang von FF A die Wertigkeit 2^0 und der Ausgang von FF B die Wertigkeit 2^1 besitzt.
Bestimmen Sie anschließend zu jedem Zustand und zu jedem Eingangssignal den jeweiligen Folgezustand. Berücksichtigen Sie dabei, dass es sich um ein asynchrones Schaltwerk handelt und damit eine Zustandsänderung eines FFs nur möglich ist, wenn am entsprechenden Takteingang eine negative Taktflanke vorliegt.

b) Zeichnen Sie das Zustandsdiagramm dieses Schaltwerks.

c) Vervollständigen Sie das folgende Signal-Zeit-Diagramm.

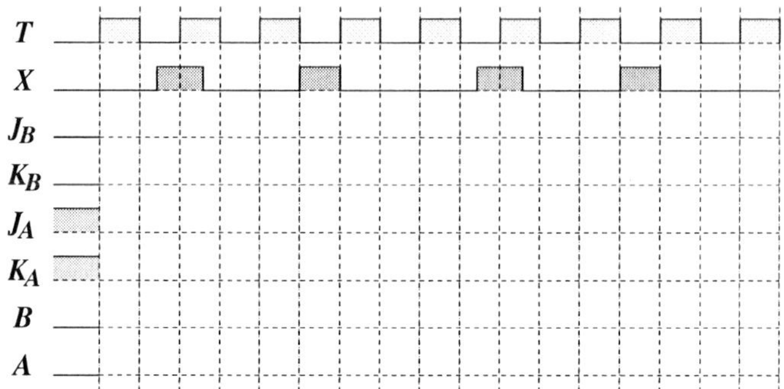

Welche Zustandsfolge wird bei der angenommenen dualen Zustandscodierung durchlaufen?

◇

Aufgabe 2.12 *Schaltwerksanalyse*

Gegeben ist das folgende aus JK-MS-FF bestehende synchrone Schaltwerk, welches analysiert werden soll. X sei ein vom Taktsignal T unabhängiges asynchrones Eingangssignal, Ausgangsgröße sei die dual codierte Zustandsnummer $(B\,A)|_2$.

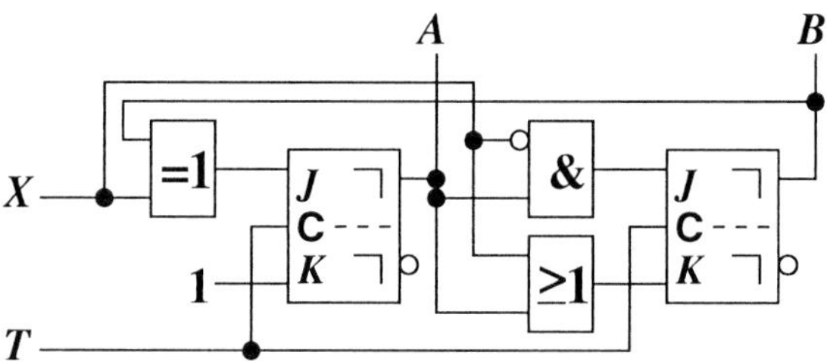

a) Entwickeln Sie die vollständige Zustandstabelle des Schaltwerks. Stellen Sie dazu fest, wieviele Zustände das Schaltwerk besitzt und stellen Sie die Zustände in Abhängigkeit vom Eingangssignal X in einer Tabelle dar. Beachten Sie die duale Zustandscodierung, wobei der Ausgang von FF A die Wertigkeit 2^0 und der Ausgang von FF B die Wertigkeit 2^1 besitzt.

b) Zeichnen Sie das Zustandsdiagramm dieses Schaltwerks.

c) Vervollständigen Sie das folgende Signal-Zeit-Diagramm.

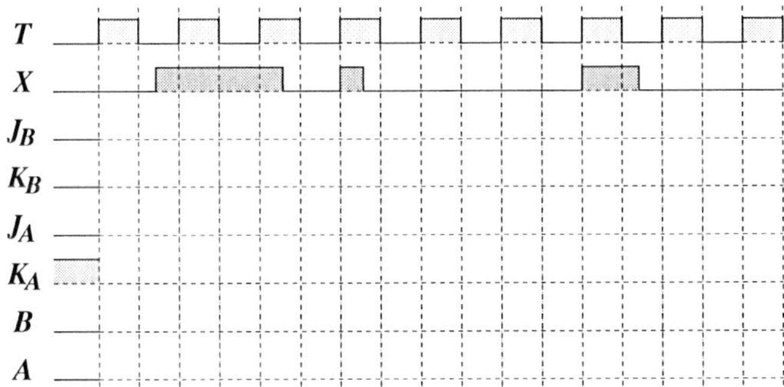

Welche Zustandsfolge wird bei der angenommenen dualen Zustandscodierung durchlaufen? ◇

Aufgabe 2.13 *Schaltwerksanalyse*

Gegeben ist das folgende aus JK-MS-FF bestehende synchrone Schaltwerk, welches analysiert werden soll. X sei ein vom Taktsignal T unabhängiges asynchrones Eingangssignal, Ausgangsgröße sei die dual codierte Zustandsnummer $(B\,A)|_2$.

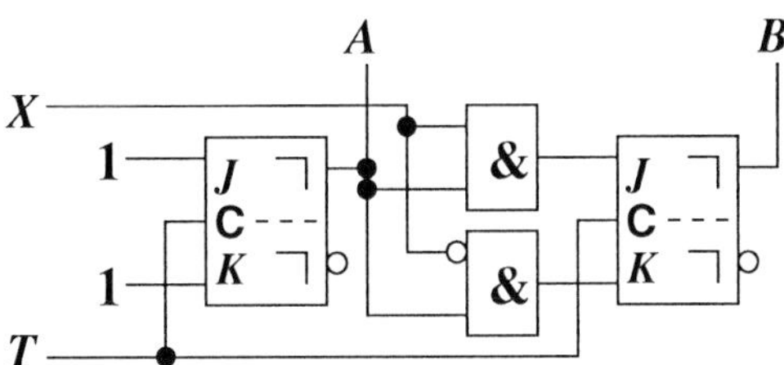

a) Entwickeln Sie die vollständige Zustandstabelle des Schaltwerks indem Sie die Zustände in Abhängigkeit vom Eingangssignal X in einer Tabelle darstellen. Beachten Sie die duale Zustandscodierung, wobei der Ausgang von FF A die Wertigkeit 2^0 und der Ausgang von FF B die Wertigkeit 2^1 besitzt.

b) Zeichnen Sie das Zustandsdiagramm dieses Schaltwerks.

c) Vervollständigen Sie das nachfolgende Signal-Zeit-Diagramm. Welche Zustandsfolge wird bei der angenommenen dualen Zustandscodierung durchlaufen?

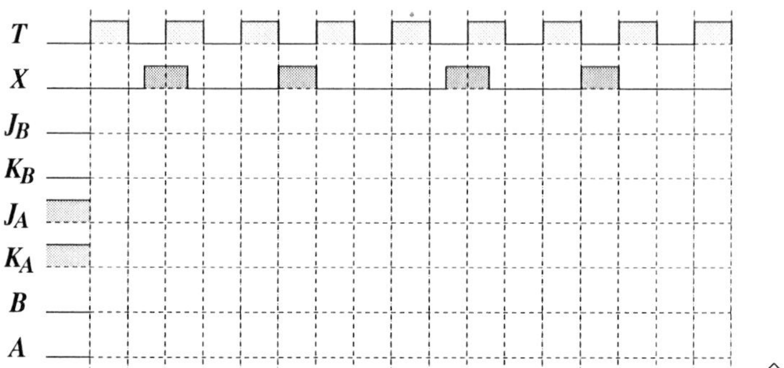

◇

Aufgabe 2.14 *Schaltwerksanalyse*

Gegeben sind die folgenden zwei aus JK-MS-FF aufgebauten asynchronen Schaltwerke, welche analysiert werden sollen. X sei ein vom Taktsignal T unabhängiges asynchrones Eingangssignal, Ausgangsgröße sei jeweils die dual codierte Zustandsnummer $(B\,A)|_2$.

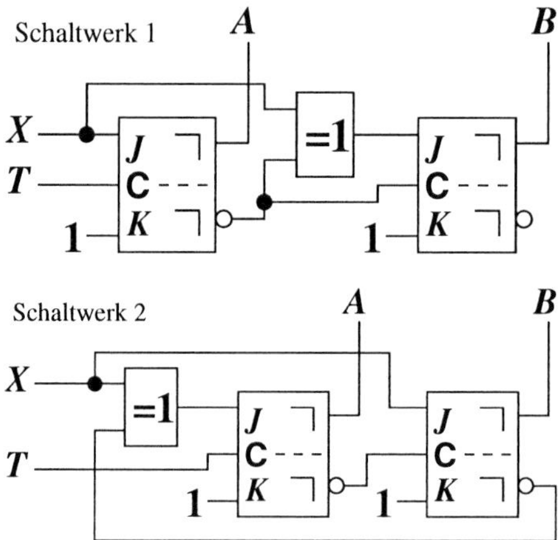

Die Schaltwerke sollen bei dieser Analyse mit nicht-idealisierten Bausteinen, die aufgrund der Signallaufzeiten interne Verzögerungen besitzen, betrachtet werden. Das Taktsignal T habe eine Frequenz von $33,33$ MHz. Die interne Verzögerungszeit eines Gatters betrage $10\,ns$, die interne Verzögerungszeit eines FFs betrage $15\,ns$. Vervollständigen Sie das folgende Signal-Zeit-Diagramm für beide Schaltwerke und stellen Sie jeweils fest, welche Zustandsfolge durchlaufen wird.

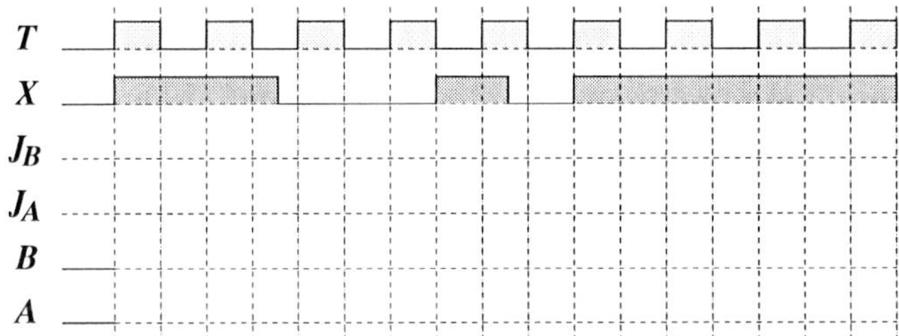

Aufgabe 2.15 *Schaltwerksanalyse*

Die Ansteuergleichungen der drei FF eines synchronen Schaltwerkes aus negativ flankengetriggerten JK-MS-FF (diese schalten mit der positiven Flanke) mit den Ausgangsbezeichnungen A, B und C lauten:

$$J_C = B(X+A) \quad J_B = A+(X \equiv C) \quad J_A = X(B \equiv C) + \bar{X}(B \not\equiv C)$$
$$K_C = B(\bar{X}+A) \quad K_B = A+(X \not\equiv C) \quad K_A = (X \not\equiv C)$$

X sei ein taktunabhängiges Eingangssignal. Die FF besitzen die Stellenwertigkeiten FF-C=3, FF-B=2 und FF-A=1, so dass die Ausgangsgröße durch die dual codierte Zustandsnummer $(C\,B\,A)|_2$ gegeben ist.

a) Ermitteln Sie mit Hilfe einer Zustandstabelle das vollständige Zustandsdiagramm des Schaltwerkes.

b) Vervollständigen Sie das folgende Signal-Zeit-Diagramm.

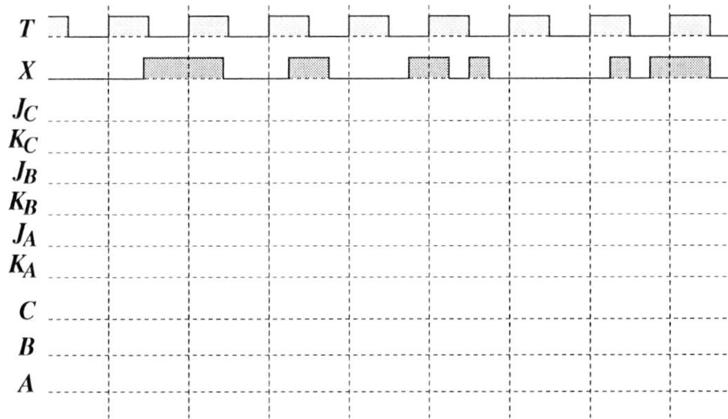

Welche Zustandsfolge wird bei der angenommenen dualen Zustandscodierung durchlaufen? ◇

Aufgabe 2.16 *Schaltwerksanalyse*

Die Ansteuergleichungen sowie die Takteingänge der FF eines asynchronen Schaltwerks aus JK-MS-FFs mit den Ausgangsbezeichnungen A, B, C und D lauten:

$$\begin{array}{llll} T_A = E & T_B = A & T_C = B & T_D = AC \\ J_A = 1 & J_B = \bar{C}+\bar{D} & J_C = 1 & J_D = B \\ K_A = 1 & K_B = 1 & K_C = 1 & K_D = \bar{B} \end{array}$$

E sei ein Eingangssignal, das hier als Takt verwendet wird. Die FF besitzen die Stellenwertigkeiten FF-D=4, FF-C=3, FF-B=2 und FF-A=1, so dass die Ausgangsgröße durch die dual codierte Zustandsnummer $(D\,C\,B\,A)|_2$ gegeben ist. Ermitteln Sie mit Hilfe einer Zustandstabelle das vollständige Zustandsdiagramm des Schaltwerks. ◇

Aufgabe 2.17 *Automatenmodelle*

a) Welche Automatenmodelle kennen Sie? Worin unterscheiden sich die Automatenmodelle im Wesentlichen?

b) Betrachten Sie die beiden dargestellten Zustandsmodelle.

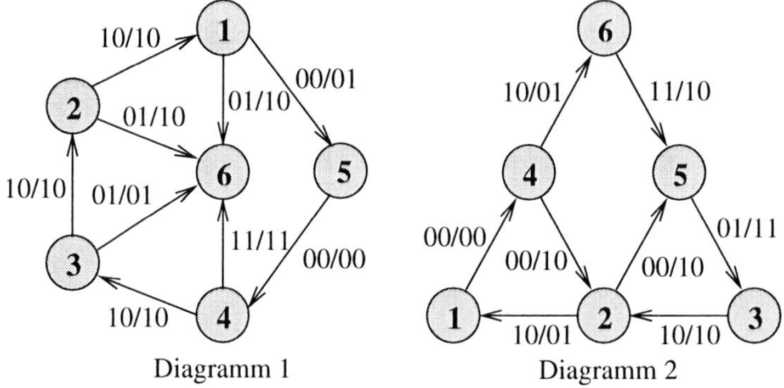

Diagramm 1 Diagramm 2

Die folgenden Fragen sind für beide Zustandsdiagramme jeweils getrennt zu beantworten:

b1) Welcher Automatentyp wird durch diese Zustandsdiagramme beschrieben, und woran erkennt man das? Lassen sich die Diagramme als Moore- oder Mealy-Automat oder als beides beschreiben ohne die Zahl der Zustände zu verändern?

b2) Enthält eines der beiden Diagramme Zustände, die zueinander gleichwertig sind, d.h. Zustände, die man zusammenfassen kann ohne die Funktion oder das Verhalten zu verändern. ◇

Aufgabe 2.18 *Automatenmodelle*

Gegeben ist das folgende Zustandsdiagramm eines Mealy-Automaten

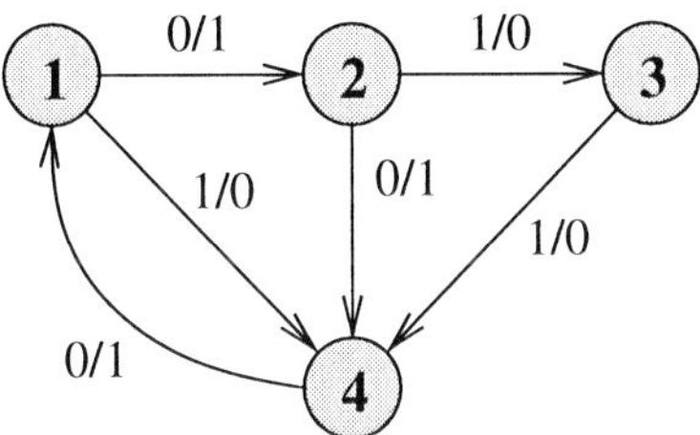

a) Warum handelt es sich bei dem Zustandsmodell um einen Mealy-Automaten?

b) Stellen Sie ein äquivalentes Zustandsmodell mit gleicher Funktion als Moore-Automat dar. ◇

Aufgabe 2.19 *Automatenmodelle*

Gegeben ist das folgende Zustandsdiagramm.

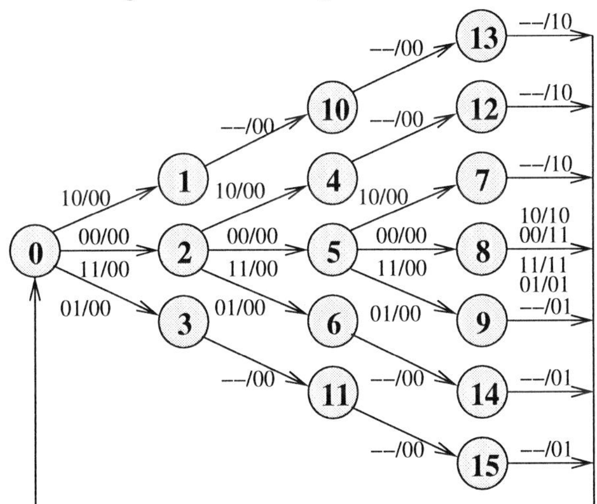

a) Handelt es sich bei dem Zustandsmodell um einen Mealy-Automaten (Begründung)?

b) Stellen Sie fest, ob es in diesem Zustandsmodell Zustände gibt, die zueinander gleichwertig sind, d.h. Zustände, die man zusammenfassen kann ohne die Funktion oder das Verhalten zu verändern.

Minimieren Sie das Zustandsmodell entsprechend, wenn Sie solche gleichwertigen Zustände finden.

c) Handelt es sich bei dem nach b) reduzierten Zustandsmodell ebenfalls um einen Mealy-Automaten (Begründung)? ◇

Aufgabe 2.20 *Automatenmodelle*

Gegeben ist das folgende Zustandsmodell eines Mealy-Automaten.

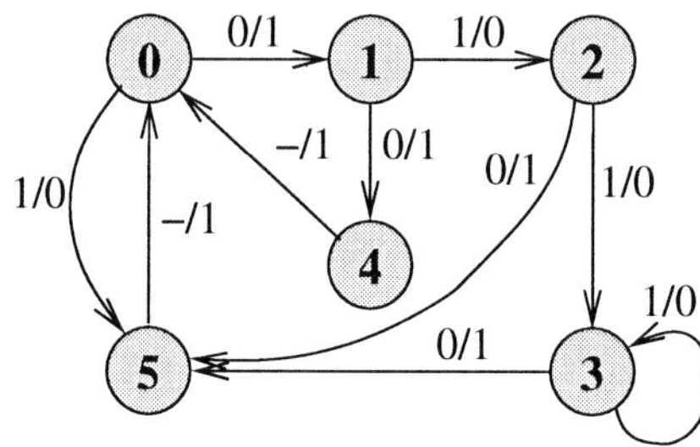

Stellen Sie fest, ob es in diesem Zustandsmodell äquivalente Zustände gibt und minimieren Sie das Zustandsmodell so weit wie möglich. ◇

Aufgabe 2.21 *Automatenmodelle*

Gegeben ist das folgende Zustandsmodell eines Mealy-Automaten.

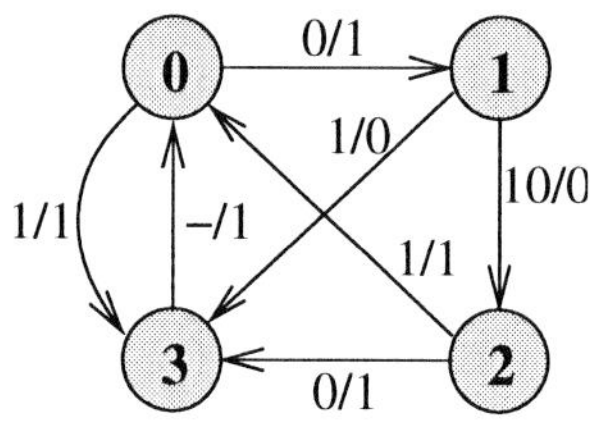

a) Warum handelt es sich bei dem Zustandsmodell um einen Mealy-Automaten?

b) Stellen Sie ein äquivalentes Zustandsmodell mit gleicher Funktion als Moore-Automat dar. ◇

Aufgabe 2.22 *Automatenmodelle*

Gegeben sei die folgende Automatentabelle eines endlichen Automaten:

	z^{n+1}/y^{n+1}			
z^n	$X_1X_0=00$	$X_1X_0=01$	$X_1X_0=10$	$X_1X_0=11$
1	2/0	1/0	1/0	1/0
2	3/0	1/0	1/0	1/0
3	3/1	1/0	1/0	1/0
4	2/0	1/0	1/1	1/0

a) Warum handelt es sich bei diesem Zustandsmodell um einen Mealy-Automaten?

b) Wandeln Sie den Mealy-Automaten in einen verhaltensäquivalenten Moore-Automaten um. ◇

Aufgabe 2.23 *Entwurf eines Schaltwerks*

Konstruieren Sie zu folgendem Zustandsdiagramm systematisch ein Schaltwerk mit JK-MS-FF. Verwenden Sie dabei eine duale Zustandscodierung.

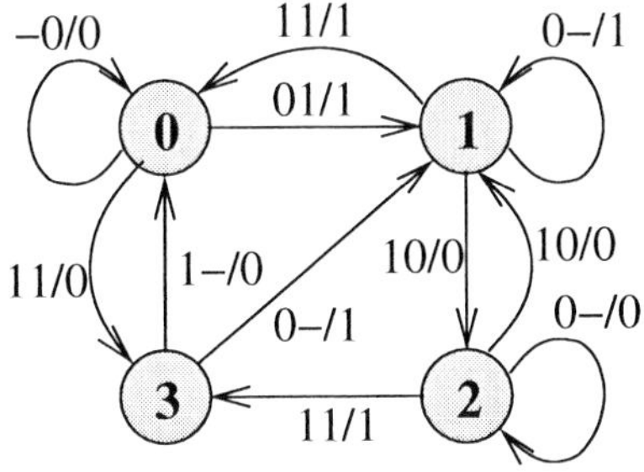

a) Stellen Sie dazu die Zustandstabelle mit den Vorbereitungseingängen der FF auf.

b) Leiten Sie aus der Zustandstabelle die minimalen Ansteuergleichungen der FF und die Ausgangsgleichung her. ◇

Aufgabe 2.24 *Entwurf eines Schaltwerks*

Konstruieren Sie zu folgendem Zustandsdiagramm systematisch ein synchrones Schaltwerk mit JK-MS-FF und minimiertem Ansteuerschaltnetz.

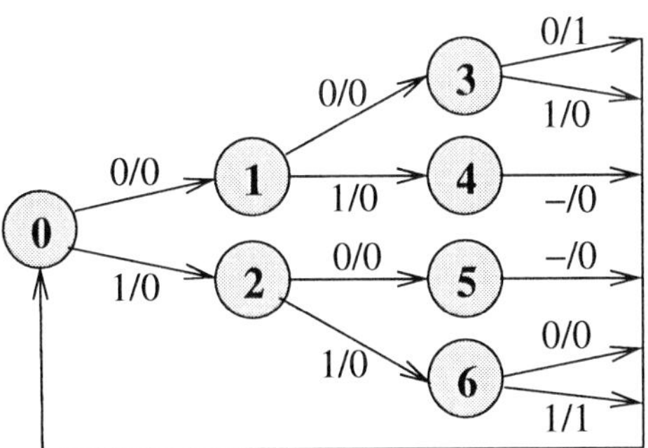

a) Entwickeln Sie dazu zunächst eine Zustandstabelle mit den Ansteuervariablen. Verwenden Sie dabei eine duale Zustandscodierung.

b) Leiten Sie die minimalen Ansteuergleichungen der Flipflops und die Ausgangsgleichung her. Nutzen Sie die don't-cares, die sich bei den Ansteuervariablen ergeben, zur weiteren Vereinfachung. ◇

Aufgabe 2.25 *Entwurf eines Schaltwerks*

Konstruieren Sie zu folgendem Zustandsdiagramm systematisch ein minimiertes Schaltwerk mit JK-MS-FF.

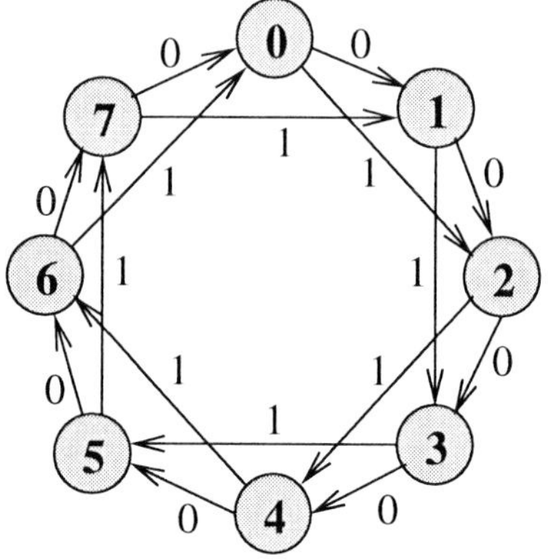

a) Entwickeln Sie eine Zustandstabelle mit den Ansteuervariablen. Verwenden Sie dabei eine duale Zustandscodierung.

b) Leiten Sie die minimalen Ansteuergleichungen der FF und die Ausgangsgleichung her.

Aufgabe 2.26 *Entwurf eines Zählschaltwerks*

Es soll ein 4-Bit-Zähler im Exzess-3-Code entworfen werden. Der Zähler soll den folgenden Zählbereich abdecken und nach Erreichen des Endwerts (Dezimal 9) wieder bei 0 beginnen:

Dezimal	BCD				Exzess-3			
0	0	0	0	0	0	0	1	1
1	0	0	0	1	0	1	0	0
2	0	0	1	0	0	1	0	1
3	0	0	1	1	0	1	1	0
4	0	1	0	0	0	1	1	1
5	0	1	0	1	1	0	0	0
6	0	1	1	0	1	0	0	1
7	0	1	1	1	1	0	1	0
8	1	0	0	0	1	0	1	1
9	1	0	0	1	1	1	0	0

a) Zeichen Sie das Zustandsdiagramm des Exzess-3-Code-Zählers und tragen Sie die Ausgangssignale an den Kanten ein.

b) Erstellen Sie die Zustandstabelle und verwenden Sie dabei insbesondere eine duale Codierung der Zustände.

c) Entwerfen Sie eine minimierte Schaltung unter Verwendung von D-MS-FF. Die Angabe der Ansteuergleichungen genügt. ◇

Aufgabe 2.27 *Entwurf eines Modulo-7-Zählers*

Entwerfen Sie einen Modulo-7-Zähler, der autonom von 0 bis 6 zählt und automatisch immer wieder von vorne beginnt.

a) Stellen Sie das Zustandsdiagramm des Modulo-7-Zählers dar.
b) Stellen Sie die vollständige Zustandstabelle auf. Verwenden Sie eine duale Zustandscodierung.
c) Entwerfen Sie eine optimierte Schaltung unter Verwendung von JK-MS-FF. Die Ansteuergleichungen genügen. ◇

Aufgabe 2.28 *Entwurf einer einfachen Zählschaltung*

Es soll ein Modulo-11-Rückwärts-Zähler entworfen werden, der autonom im Dual-Code arbeitet und automatisch immer wieder von vorne beginnt.

a) Stellen Sie das Zustandsdiagramm des Modulo-11-Zählers dar.
b) Stellen Sie die vollständige Zustandstabelle auf.
c) Entwerfen Sie eine minimierte Schaltung unter Verwendung von JK-MS-FF. Die Ansteuergleichungen genügen. ◇

Aufgabe 2.29 *Entwurf einer Zählschaltung*

Es soll ein Modulo-4-Vorwärts/Rückwärts-Zähler entworfen werden. Der Zähler besitze ein Eingangssignal X, bei $X = 0$ soll vorwärts, bei $X = 1$ soll rückwärts gezählt werden. Die Zählfolge soll jeweils automatisch wieder von vorne beginnen, eine Umschaltung des Eingangssignals soll sofort innerhalb eines Zählzyklus wirksam werden.

a) Stellen Sie das Zustandsdiagramm des Modulo-4-Vorwärts-/Rückwärtszählers dar.
b) Stellen Sie die Zustandstabelle mit dualer Zustandscodierung auf.
c) Entwerfen Sie eine optimierte Schaltung unter Verwendung von JK-MS-FF. Die Ansteuergleichungen genügen. ◇

Aufgabe 2.30 *Entwurf einer komplexeren Zählschaltung*

Entwerfen Sie einen Zähler im Dual-Code, der in Abhängigkeit der beiden Eingangsvariablen E_1 und E_2 folgendes Verhalten zeigt:

E_1	E_2	
0	0	Vorwärtszählung mod-8 (0 bis 7)
0	1	Rückwärtszählung mod-8
1	0	Vorwärtszählung mod-5 (0 bis 4)
1	1	Rückwärtszählung mod-5

Die Eingangsvariablen E_1 und E_2 können sich bei jedem Zählerstand ändern. Tritt dabei ein unzulässiger Zustand auf, dann soll der Zähler auf Null zurückgesetzt werden und dann entsprechend der Vorgabe durch die Eingangsvariablen weiterzählen.

a) Stellen Sie das Zustandsdiagramm des Zählers dar.

b) Erstellen Sie aufgrund des Zustandsdiagramms eine vollständige Zustandstabelle. Beachten Sie die duale Zustandscodierung.

c) Entwerfen Sie eine optimierte Schaltung unter Verwendung von JK-MS-FF. Die Ansteuergleichungen der FF genügen. ◇

Aufgabe 2.31 *Entwurf eines Schaltwerks*

Gegeben ist das dargestellte Zustandsdiagramm eines Automaten mit einer Eingangsvariablen E und zwei Ausgangsvariablen y_1, y_2.

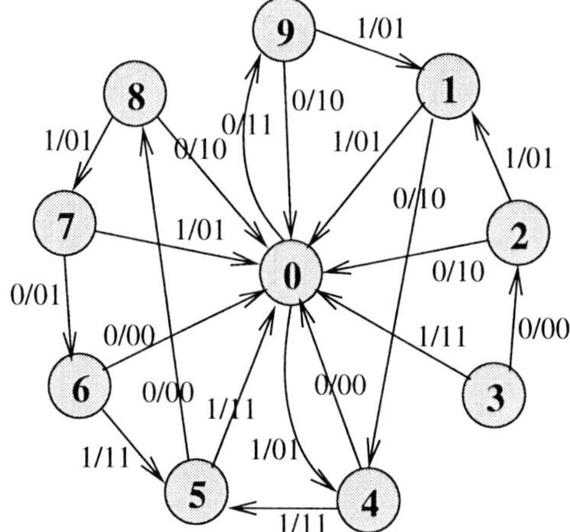

Die durch das Zustandsdiagramm beschriebene Funktion ist durch ein synchrones Schaltwerk zu realisieren. Als Bausteine stehen 3 D-MS-FF, 2 T-MS-FF und diverse Gatter zur Verfügung. Wählen Sie die Anordnung der FF so aus, dass die Ansteuergleichungen der FF minimal werden und leiten Sie diese her.

Beachten Sie, dass die an den Kanten eingetragenen Ausgangssignale y^{n+1} sich auf den Folgezustand beziehen. Stellen Sie fest, ob es sich um einen Moore- oder Mealy-Automaten handelt, und überlegen Sie sich eine geeignete Lösung zur korrekten Realisierung der Ausgangssignale. Versuchen Sie zuerst den Zustandsraum zu minimieren. ◇

Aufgabe 2.32 *Entwurf eines Frequenzteilers*

Entwerfen Sie einen umschaltbaren Frequenzteiler, der in Abhängigkeit von der Eingangsvariable E das folgende Teilerverhältnis realisiert:

$E = 0$	Teilerverhältnis 4:1
$E = 1$	Teilerverhältnis 8:1

Das Ausgangssignal Y des Frequenzteilers soll für beide Fälle ein symmetrisches Tastverhältnis aufweisen, d.h. 0- und 1-Signal weisen jeweils die gleiche zeitliche Länge auf. Die Eingangsvariable E kann sich zu beliebigen Zeitpunkten ändern. Tritt eine solche Änderung vor dem vierten Taktimpuls auf, so soll die Schaltung unmittelbar das neu vorgegebene Teilerverhältnis realisieren, während eine Änderung nach dem vierten Taktimpuls den Frequenzteiler zunächst zurücksetzt.
Zur korrekten synchronisierten Erzeugung des Ausgangssignals Y soll ein weiteres FF als Ergebnisregister eingesetzt werden.

a) Skizzieren Sie Y in Abhängigkeit von Eingangstakt T in einem Signal-Zeit-Diagramm.
b) Stellen Sie das Zustandsdiagramm des Frequenzteilers dar.
c) Erstellen Sie aufgrund des Zustandsdiagramms eine vollständige Zustandstabelle. Verwenden Sie die duale Zustandscodierung.
d) Entwerfen Sie eine optimierte Schaltung unter Verwendung von JK-MS-FF. Die Ansteuergleichungen der FF genügen. ◇

Aufgabe 2.33 *Schaltwerk zur Decodierung und Fehlererkennung*

Bei einer seriellen Datenübertragung wird zur Sicherung von vier Zeichen, die durch die Bitkombinationen -00-, -01-, -10- und -11- dargestellt werden, der folgende 4-stellige Binärcode benutzt:

Information		Codierung			
y_1	y_0	x_3	x_2	x_1	x_0
0	0	0	0	0	0
0	1	1	1	0	0
1	0	0	0	1	1
1	1	1	1	1	1

Entwerfen Sie ein Schaltwerk, das den bitseriell (niederwertigstes Bit x_0 zuerst) einlaufenden Code decodiert und die empfangene Information nach jeweils vier Takten einen Takt lang parallel ausgibt. Im Falle eines Übertragungsfehlers soll die Ausgangsinformation -00- sein und der Fehler durch ein weiteres Ausgangssignal F mit $F = 1$ angezeigt werden.

a) Wieviele Eingangs- und Ausgangssignale besitzt das Schaltwerk?
b) Stellen Sie das Zustandsdiagramm dar und vereinfachen Sie es wenn möglich.
c) Entwerfen Sie ein minimiertes Schaltwerk unter Verwendung von JK-MS-FF (Zustandstabelle reicht aus). ◇

Aufgabe 2.34 *Entwurf eines Steuerschaltwerks*

Eine Sortieranlage gemäß folgender Abbildung soll Pakete nach drei Größen sortieren. Die Pakete werden dem Sortiermechanismus über das *getaktete* Transportförderband zugeführt. Während der Zeit, in der das Transportband zwischen zwei Takten kurz anhält, erfolgt eine Größenmessung im Messbereich M mit Hilfe der beiden Sensoren A und B.

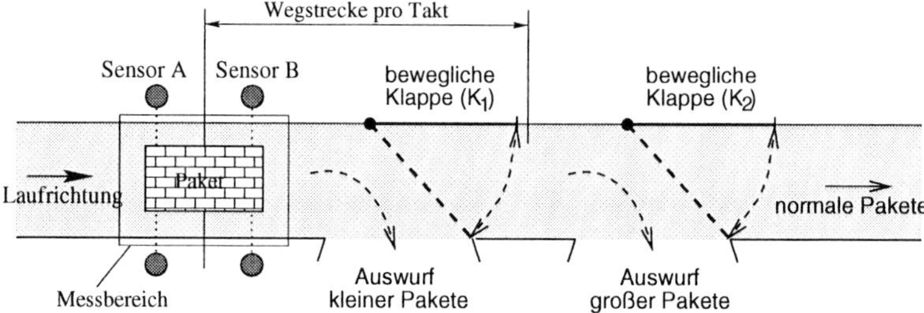

Für die Auswertung im Messbereich M wird Folgendes vereinbart:

- Pakete, die im Messbereich *keine* der beiden Lichtschranken unterbrechen, sollen als **kleine** Pakete aussortiert werden.
- Pakete, die im Messbereich *genau eine* der beiden Lichtschranken unterbrechen, sollen als **normale** Pakete aussortiert werden.
- Pakete, die im Messbereich *beide* Lichtschranken unterbrechen, sollen als **große** Pakete aussortiert werden.

Die Steuerung der Richtungsklappen soll durch ein synchron mit dem Fließband getaktetes Schaltwerk erfolgen, wobei die Signale $K_1 = 1$ bzw. $K_2 = 1$ die Klappen jeweils in die untere Position bewegen. Die Klappen werden zu Beginn einer Taktperiode eingestellt und bleiben für die gesamte Taktdauer in dieser Position. Auch die größten Pakete haben nach einer Taktdauer die Klappe "Klein" (K_1) komplett passiert.

Das zu entwerfende Schaltwerk soll durch ein Automatenmodell mit den folgenden vier Zuständen beschrieben werden:

Zustand 0: In diesem Zustand werden normale Pakete bearbeitet, d.h. es wird keine der beiden Klappen betätigt.

Zustand 1: In diesem Zustand werden kleine Pakete bearbeitet, d.h. es wird die Klappe K_1 (“kleine Pakete”) betätigt.

Zustand 2: In diesem Zustand werden große Pakete bearbeitet, hier wird eine Taktdauer lang gewartet.

Zustand 3: In diesem Zustand werden ebenfalls große Pakete bearbeitet, hier wird die Klappe K_2 (“große Pakete”) betätigt.

Dabei werden natürlich in allen Zuständen Pakete jeder Art registriert. Ferner ist zu beachten, dass der Zustand 2 nur über den Zustand 3 verlassen werden kann, und dementsprechend in Zustand 3 möglicherweise parallel auch Pakete anderer Längen verarbeitet werden müssen.

a) Wieviele Eingangs- und Ausgangsvariablen besitzt das Schaltwerk?
b) Entwickeln Sie das Zustandsdiagramm mit den vier spezifizierten Zuständen, indem Sie alle Transitionen mit den Übergangsbedingungen darstellen.
c) Versuchen Sie das Zustandsdiagramm zu minimieren.
d) Bestimmen Sie die Ansteuer- und Ausgangsgleichungen für eine Realisierung mit JK-MS-FF. ◇

Aufgabe 2.35 *Parallel-Serienwandler*

Zu entwerfen ist ein Schaltwerk zur Realisierung eines Parallel-/Serienwandlers für 3 Bit lange Codeworte $A=(A_2, A_1, A_0)$, wobei das niederwertigste Bit A_0 jeweils zuerst ausgegeben werden soll. Um die Ausgabe inkonsistenter Datenworte zu vermeiden, darf eine Veränderung der Eingabe jeweils nur zum Beginn einer neuen Ausgabe berücksichtigt werden.

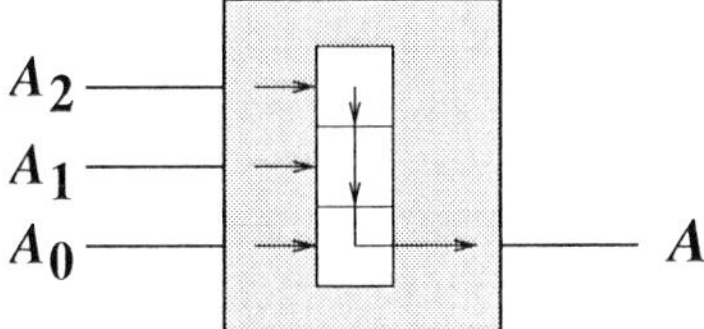

a) Wieviele Eingangs- und Ausgangsvariable hat das Schaltwerk?
b) Entwerfen Sie das Zustandsdiagramm des Parallel-/Serienwandlers.
c) Überprüfen Sie, ob in diesem Zustandsdiagramm Zustände zusammengefasst werden können. Wenn ja, vereinfachen Sie mit den Regeln ohne die Automatentabelle aufzustellen.
d) Wieviele Einträge (Zeilen) würde die zum Entwurf benötigte Zustandstabelle enthalten? ◇

Aufgabe 2.36 *Entwurf eines Steuerschaltwerks*

Ein eingleisiger Bahnübergang soll durch automatische Schranken mit Ampel gesichert werden. Als Signalgeber für die Steuerung seien die Kontakte K_1 und K_2 in den Gleisen vorgesehen, die beim Überfahren durch einen Zug ein 1-Signal liefern. Beim Anfahren des Zuges aus einer der beiden Richtungen (Auslösen eines Kontaktes K_1 oder K_2) auf den Bahnübergang soll unmittelbar das Rotsignal eingeschaltet werden.

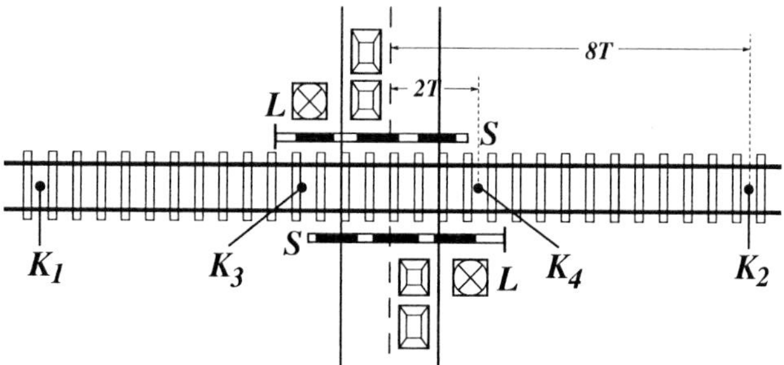

Da ein Zug im Mittel ca. $10\,T$ benötigt, um vom Kontakt bis zur Mitte des Bahnübergangs zu fahren, sollen $6T$ (T=Taktperide) nach dem Auslösen die Schranken geschlossen werden. Nach dem Überqueren des Bahnübergangs soll nach $2\,T$ das Rotlicht ausgeschaltet und die Schranke geöffnet werden. Um den Fall mit einzubeziehen, dass ein rangierender Zug bis zum Übergang fährt und dann die Fahrtrichtung wechselt, sind im Übergangsbereich zwei zusätzliche Kontakte K_3 und K_4 eingebaut.

a) Entwerfen Sie das Zustandsdiagramm eines Schaltwerks zur Steuerung von Ampel L und Schranken S.

b) Entwerfen Sie eine Lösung mit zwei verkoppelten Schaltwerken, wobei das eine Schaltwerk die Zeitsteuerung und das zweite Schaltwerk die Steuerung von Ampel und Schranke übernimmt. ◇

Aufgabe 2.37 *Entwurf eines Steuerschaltwerks*

Eine Rolltreppe mit Auf- und Abwärtsrichtung soll durch ein Schaltwerk gesteuert werden. Um die Laufrichtung festzulegen, sind am oberen und unteren Zugang jeweils zwei Lichtschranken installiert.

Die Beförderungsdauer der Rolltreppe sei zwei Taktdauern ($2\,T$) lang. Nach dem Auslösen durch einen Fußgänger soll die Rolltreppe für die Zeit $3\,T$ in der entsprechenden Richtung laufen. Betritt ein weiterer Fußgänger die Treppe, so beginnt die Laufzeit jeweils von vorne bzw. ist ab diesem Zeitpunkt wiederum $3\,T$.

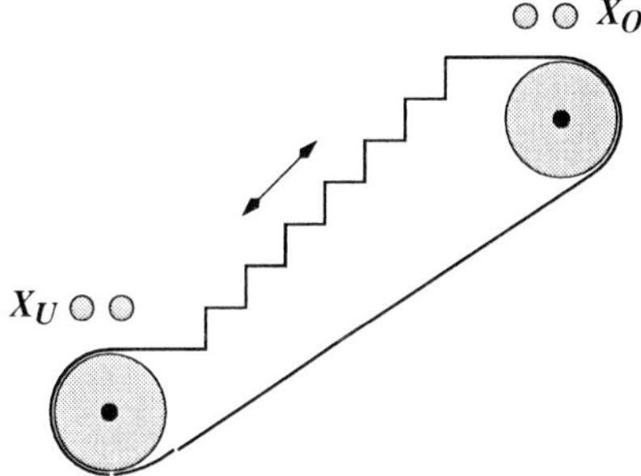

Betritt ein Fußgänger die laufende Rolltreppe in der falschen Richtung, dann soll das Schaltwerk in einen Zustand -Stop- übergehen, aus dem es sich nicht mehr befreien kann (absorbierender Zustand), die Rolltreppe bleibt außer Betrieb bis zum Neustart.

Teil I: Erzeugung von Zählimpulsen

Entwerfen Sie ein Schaltwerk, mit dessen Hilfe aufgrund der Signale je zweier Lichtschranken L_1 und L_2 die Bewegungsrichtung identifiziert werden kann. Natürlich ist nur von Bedeutung wenn jemand die Rolltreppe betritt, im dargestellten Fall soll das Schaltwerk nur bei einer Bewegung von links nach rechts einen Impuls der Länge T (Taktdauer) (Ausgangssignal L_i) abgeben. Sie können davon ausgehen, dass die beiden Lichtschranken so weit auseinander sind, dass sie innerhalb T nicht beide überdeckt werden.

K_1 ⟶ K_2 ($L_i = 1$)

a) Wieviele Eingangs- und Ausgangsvariable hat dieses Schaltwerk?

b) Entwerfen Sie das Zustandsdiagramm und realisieren Sie es durch ein synchrones Schaltwerk (Taktperiode τ) mit JK-MS-FF (Funktionsgleichungen genügen).

Teil II: Steuerung der Rolltreppe

Entwerfen Sie ein synchrones Schaltwerk (Taktperiode $T = 100\tau$) zur Steuerung der Rolltreppe mit den beiden Bewegungsimpulsen, die Sie dabei als gegebene Eingangssignale X_U und X_O betrachten.

a) Wieviele Eingangs- und Ausgangsvariable hat das Schaltwerk?

b) Zeichnen Sie das Zustandsdiagramm. Überlegen Sie dabei insbesondere welche Übergänge für den Zustand -Stop- in Frage kommen.

c) Ist eine Vereinfachung des Zustandsdiagramms möglich?

d) Entwickeln Sie die Zustandstabelle mit den Erregungsvariablen und Ausgangsvariablen bei Verwendung von D-MS-FF. ◇

Aufgabe 2.38 *Schaltwerk zur Fehlererkennung*

Bei einer seriellen Datenübertragung wird zur Sicherung ein fünfstelliger sogenannter 2-aus-5-Code benutzt, dessen Codeworte in der folgenden Tabelle aufgelistet sind.

	x_4	x_3	x_2	x_1	x_0
0	1	1	0	0	0
1	0	0	0	1	1
2	0	0	1	0	1
3	0	0	1	1	0
4	0	1	0	0	1
5	0	1	0	1	0
6	0	1	1	0	0
7	1	0	0	0	1
8	1	0	0	1	0
9	1	0	1	0	0

Zu entwerfen ist ein Schaltwerk, das die beim Empfänger bitseriell einlaufenden Codeworte (Bit x_0 zuerst) auf Übertragungsfehler hin untersucht. Um bei einem erkannten Fehler eine Wiederholung des fehlerhaft übertragenen Codewortes zu initialisieren, soll der Fehler nach dem vollständigen Einlaufen einen Takt lang durch ein Ausgangssignal $F = 1$ angezeigt werden.

a) Wieviele Eingangs- und Ausgangsvariablen besitzt das Schaltwerk?

b) Entwickeln Sie das Zustandsdiagramm und vereinfachen Sie es wenn möglich.

c) Bestimmen Sie die minimierten Funktionsgleichungen.

d) Entwerfen Sie ein Schaltwerk mit identischer Funktion, das aus zwei über Ein- bzw. Ausgangsvariablen verkoppelte Teilschaltwerke besteht. Das eine Schaltwerk soll dabei die Fehlererkennung übernehmen und das andere Schaltwerk, ein Zähler, die Zeitsteuerung.

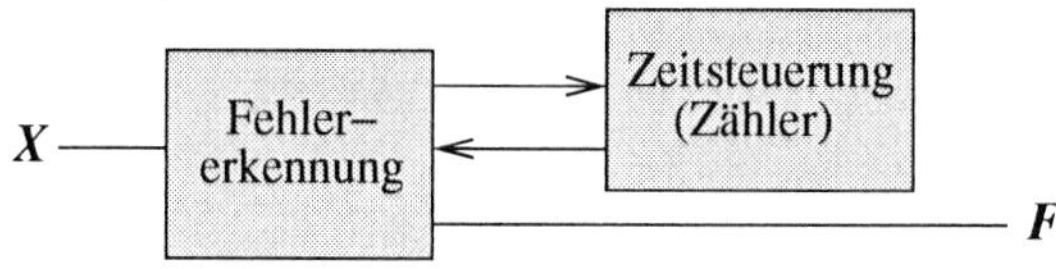

Stellen Sie die beiden Zustandsdiagramme dar und geben Sie insbesondere an, wie die beiden Schaltwerke zu verkoppeln sind. ◇

Aufgabe 2.39 *Entwurf eines Komparatorschaltwerks*

Zum Größenvergleich zweier vierstelliger Dualzahlen A (A_3, A_2, A_1, A_0) und B (B_3, B_2, B_1, B_0) wird ein Komparator benötigt. Die beiden Dualzahlen A und B werden bitseriell einlaufend über eine Leitung X empfangen, so dass zur Realisierung des Komparators eine speicherbehaftete Schaltung benötigt wird.

Der Ausgang X des Komparators soll gleich 1 sein, wenn $A \geq B$ ist, und der Ausgang Y soll gleich 1 sein, wenn $A \leq B$ gilt. Entwerfen Sie das Schaltwerk, das die seriell einlaufenden Bitstellen von A und B schritthaltend vergleicht und das Ergebnis nach dem Einlaufen der letzten Bitstelle A_0, B_0 (das niederwertigste Bit läuft zuletzt ein) eines Wortes jeweils einen Takt lang anzeigt.

a) Wieviele Eingangs- und Ausgangsvariable hat das Schaltwerk?

b) Beschreiben Sie das Verhalten des Komparators in einem Zustandsdiagramm. Was ist hierbei bzgl. der Zeit insbesondere zu beachten? Ist das entworfene Zustandsdiagramm zu vereinfachen?

c) Entwerfen Sie einen seriellen Komparator für die 4-stelligen Dualzahlen A und B, der aus zwei verkoppelten Schaltwerken besteht. Dabei soll ein Schaltwerk den reinen Größenvergleich übernehmen und das andere Schaltwerk, ein Zähler, soll die Zeitsteuerung übernehmen. Stellen Sie das Verhalten der beiden Schaltwerke durch Zustandsdiagramme dar. Geben Sie insbesondere an, wie die beiden Schaltwerke verkoppelt sind.

d) Entwerfen Sie das Komparatorschaltwerk nach c) unter Verwendung von JK-MS-FF. Geben Sie die minimierten Ansteuer- und die Ausgangsgleichungen an.

e) Berechnen Sie die Anzahl benötigter FF für einen Komparator zweier n-stelliger Dualzahlen für eine Lösung nach b) und nach c) und vergleichen Sie die beiden Lösungen bzgl. des Schaltungsaufwandes miteinander.

f) Wie ändert sich das Zustandsdiagramm nach Lösung b), wenn die niederwertigste Bitstelle zuerst einläuft? Wieviele zusätzliche Zustände werden benötigt? Zeichnen Sie das Zustandsdiagramm. ◇

Aufgabe 2.40 *Entwurf eines Steuerwerks*

Ein Förderband gemäß folgender Abbildung ist die an Treppen von Unterführungen an Bahnhöfen übliche Lösung um den Transport von Koffern und sonstigem Gepäck zu erleichtern. Ein solches Förderband soll durch ein mit zwei Lichtschranken (K_1) am unteren und (K_2) oberen Ende des Bandes getriggertes Schaltwerk gesteuert werden.

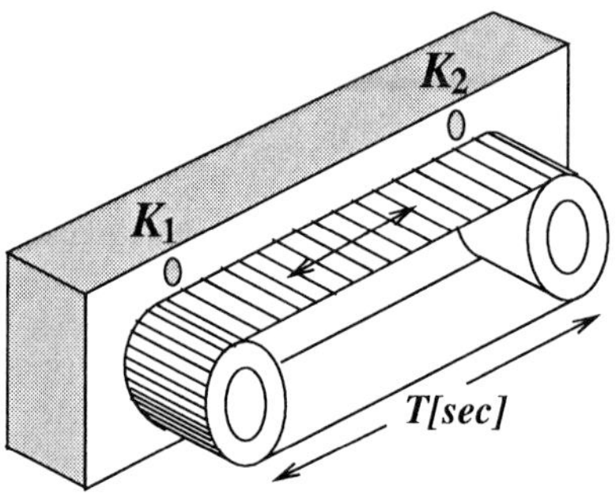

Das Band habe zwei Förderrichtungen, "aufwärts" und "abwärts". Sobald ein Gepäckstück auf das Band gelegt und dabei eine der Lichtschranken (K_1, K_2) abgedeckt wird, starte das Band (falls es nicht schon läuft) und laufe für eine bestimmte Dauer. Die Laufrichtung und die Laufdauer bestimmen sich aus folgender Tabelle (L=Lichtschranke unterbrochen). Die Zeit T entspreche dabei der reinen Förderdauer, d.h. der für die Förderung auf Treppenhöhe benötigten Zeit.

		bei Stillstand		bei Betrieb	
K1	K2	Laufdauer	Richtung	Laufdauer	Richtung
L	0	1,5T	aufwärts	T	aufwärts
0	L	1,5T	abwärts	T	abwärts
0	0	0	keine	T	wie bisher
L	L	0	keine	T	wie bisher

Dabei ist insbesondere zu beachten, dass die Laufrichtung des Bandes nicht ohne vorhergehenden Stillstand umgekehrt werden kann.

a) Wieviele und welche Eingangs- und Ausgangsvariablen werden zur Realisierung des entsprechenden Schaltwerks benötigt?

b) Entwerfen Sie ein Zustandsübergangsdiagramm, das die Funktionalität des gesuchten Schaltwerks beschreibt.
Sie können davon ausgehen, dass Sie dieses Automatenmodell durch

ein synchrones Schaltwerk realisieren, bei dem die Taktperiodendauer $0,5\,T$ ist. Ferner können Sie davon ausgehen, dass der Impuls der Lichtschranken mindestens für die Dauer von $0,5\,T$ anliegt.

c) Entwerfen Sie für das gleiche Problem ein zweigeteiltes Schaltwerk, wobei die beiden Teilschaltwerke über weitere Ein- und Ausgangsvariablen miteinander verkoppelt sind.
Schaltwerk 1 soll dabei die Bewegungsrichtung steuern und Schaltwerk 2 soll die Zeitsteuerung übernehmen. Die Taktperiodendauer soll für beide Schaltwerke $\tau = 0,1\,T$ sein. ◇

Aufgabe 2.41 *Schaltwerke für Bitstuffing*

Bei der seriellen Datenübertragung werden häufig bitorientiert übertragende Sicherungsprotokolle (z.B. HDLC) eingesetzt. Um Beginn und Ende der Bitfolge eines zu übertragenden Datenblocks eindeutig kennzeichnen zu können, wird ein als Flag bezeichnetes Bitmuster (0111 1110) verwendet.

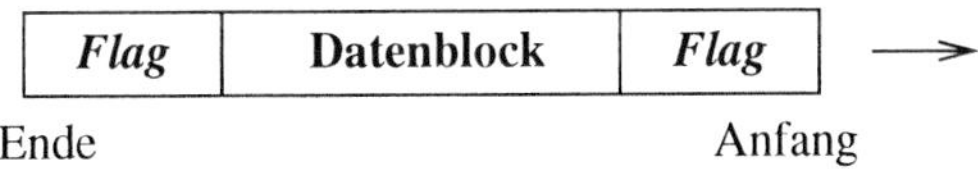

Dieses Bitmuster kann natürlich auch im Datenblock selbst auftreten. Damit das Bitmuster im Datenblock nicht als Flag (Blockende) verstanden wird, prüft der Sender die zu übertragende Bitfolge im Datenblock und fügt nach fünf aufeinanderfolgenden 1-Bits ein 0-Bit ein (Bitstuffing). Im Empfänger wird dann beim Auftreten von fünf aufeinanderfolgenden 1-Bits im Datenblock geprüft, ob das nachfolgende Bit ein 0-Bit ist. Falls ja, wird es ausgeblendet, so dass der ursprüngliche Datenstrom wiederhergestellt ist. Ist das sechste Bit ein 1-Bit, dann handelt es sich um ein Flag (Blockanfang oder Blockende).

Teil I: Schaltwerk zur Erzeugung einer gestopften Bitfolge

Zu entwerfen ist ein Schaltwerk, das eine zu übertragende Bitfolge entsprechend modifiziert. Eingangssignal der Schaltung sei die Originalbitfolge (Signal Y), Ausgangssignal sei die zur Übertragung fertige gestopfte Bitfolge X.

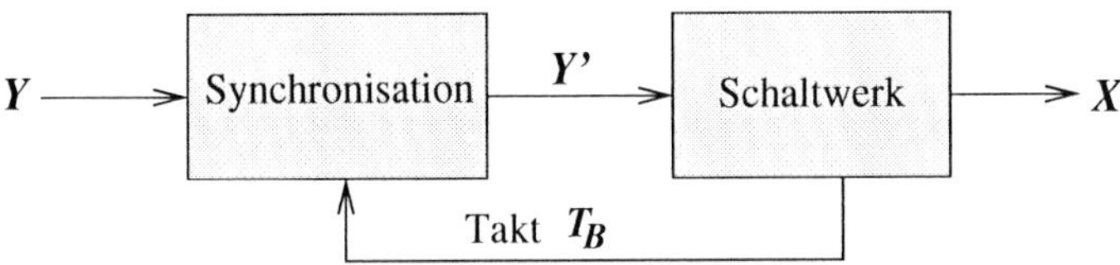

Neben dem gestopften Signal X muss das Schaltwerk dabei auch den Takt T_E zur Synchronisation der Eingangsbitfolge liefern.

Entwickeln Sie das Zustandsdiagramm und entwerfen Sie ein optimiertes Schaltwerk mit JK-MS-FF. Geben Sie insbesondere an, wie das Taktsignal T_E generiert wird.

Teil II: Empfangsseitige Schaltung

Entwerfen Sie ein Schaltwerk, das eine empfangene gestopfte Bitfolge rekonstruiert. Eingangssignal der Schaltung sei die gestopfte Bitfolge (Signal X), Ausgangssignal sei die Originalbitfolge Y.

Neben der Originalbitfolge Y muss das Schaltwerk ein Signal L generieren, welches durch $L=1$ anzeigt, dass in der entsprechenden Stelle in der Bitfolge Y eine Lücke besteht, gleichzeitig soll dabei $Y=0$ sein.

a) Entwickeln Sie das Zustandsdiagramm dieses Schaltwerks.

b) Welche Erweiterung ist erforderlich, damit das Schaltwerk zusätzlich Flags erkennen kann? Ein Flag sei eindeutig durch sechs aufeinanderfolgende 1-Bits gekennzeichnet und soll durch das Setzen eines Flagsignals $F=1$ signalisiert werden. Geben Sie die Erweiterungen in einem neuen Zustandsdiagramm an. ◇

Aufgabe 2.42 *Erzeugung einer Steuersequenz*

Gesucht ist ein Steuerwerk, welches in Abhängigkeit des Eingangssignals E das Ausgangssignal A entsprechend dem dargestellten Signal-Zeit-Diagramm liefert:

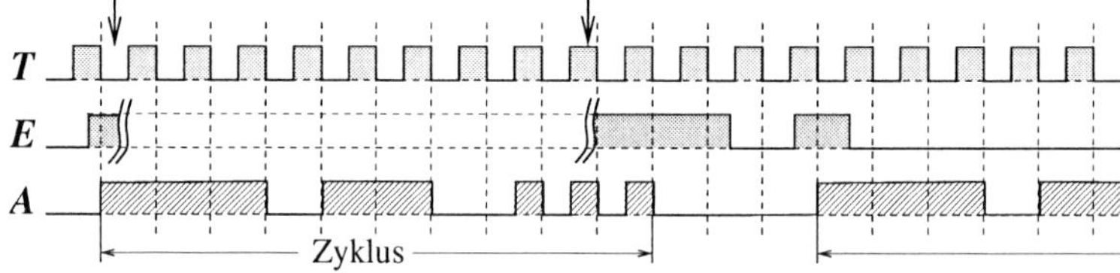

Das Eingangssignal E stelle ein externes, asynchrones Startsignal dar, mit dem ein im Signal-Zeit-Diagramm gekennzeichneter Zyklus gestartet wird. Man kann sich beispielsweise vorstellen, dass das Eingangssignal E durch Drücken einer Taste erzeugt wird, und dabei *mindestens* eine

Taktperiodendauer lang anliegt. Insbesondere kann das Eingangssignal E innerhalb eines Zyklus an den durch die beiden Pfeile gekennzeichneten Stellen beliebig sein (undefiniert, 0 oder 1).

Zeichnen Sie in ein Signal-Zeit-Diagramm die Schaltwerkszustände ein und entwerfen Sie das Zustandsdiagramm des gesuchten Schaltwerks. Überlegen Sie sich eine geeignete Zustandscodierung zur Realisierung mit FF, so dass zur Darstellung des Ausgangssignals möglichst wenig zusätzliche Gatterbausteine benötigt werden. ◇

Aufgabe 2.43 *Entwurf einer Steuerung für einen Codewandler*

Das dargestellte Schieberegisterschaltung aus D-MS-FF stellt einen sequentiellen Codewandler zur Umwandlung des 4-stelligen Gray-Codes (Signale G_i) in den Dual-Code (Signale D_i) für die Ziffern 0 bis 9 dar.

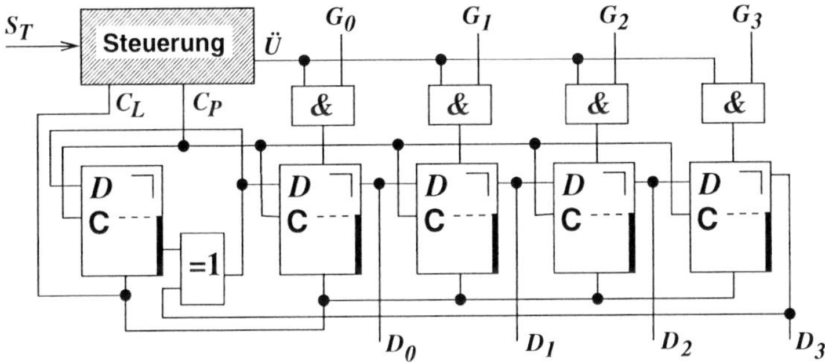

Die Umwandlung erfolgt schrittweise entsprechend den Gleichungen

$$D_n = G_n, \qquad D_i = (D_{i+1} \not\equiv G_i) \qquad i = (n-1), \ldots, 0$$

mit $n = 3$ und $i = 2, 1, 0$. Die Umwandlung beginnt demnach mit der höchsten Stelle n, alle folgenden Stellen i werden aus dem Antivalenzvergleich der i-ten Stelle des Gray-Codes mit der $(i+1)$-ten (d.h. bereits vorhandenen) Stelle des Dual-Codes gewonnen. Am Ende eines Zyklus enthält das Schieberegister den gesuchten Dual-Code. Für die Funktion der Schaltung werden folgende Steuersignale benötigt:

- S_T externes, asynchrones Startsignal, startet einen Zyklus (S_T liegt mindestens für die Dauer einer Taktperiode an)
- $\ddot{U}$ Übernahme-Signal, mit dem die Gray-Code-Information parallel in das Schieberegister übernommen wird (die Übernahme soll unmittelbar nach dem Startsignal erfolgen)
- C_P Taktsignal zur schrittweisen Codewandlung
- C_L Clear-Signal zur Grundstellung von Schieberegister und D-MS-FF

a) Skizzieren Sie den Verlauf der Steuersignale S_T, $\ddot{U}$, C_P und C_L anhand des Taktes T für einen Zyklus in einem Signal-Zeit-Diagramm.

b) Entwerfen Sie das Zustandsdiagramm eines Steuerwerks zur Erzeugung der Signale $\ddot{U}$, C_P und C_L in Abhängigkeit von S_T. ◇

Aufgabe 2.44 *Entwurf eines Steuerschaltwerks*

Eine Sortieranlage gemäß Abbildung soll Pakete nach ihrer Größe sortieren. Das Fließband laufe kontinuierlich von links nach rechts. Eine Lichtschranke vor der Sortieranlage soll zur Erkennung der drei Größen *klein*, *mittel* und *groß* ankommender Pakete eingesetzt werden. Beim Vorbeilaufen der entsprechenden Pakete (klein oder mittel) soll automatisch der entsprechende Auswurfmechanismus betätigt werden.

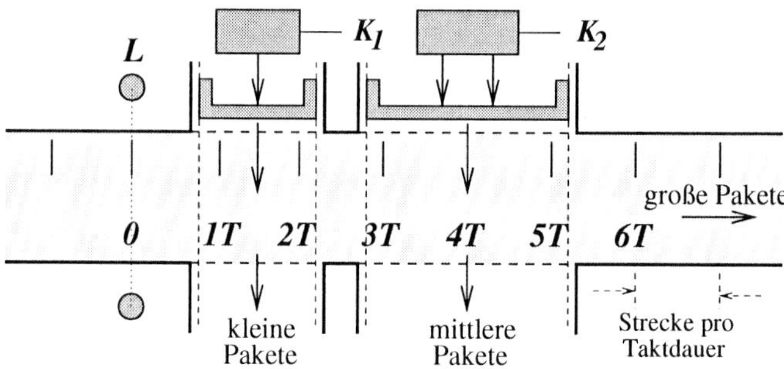

Der Abstand zwischen zwei Paketen betrage *mindestens* eine Taktlänge. *Kleine Pakete* überdecken die Lichtschranke genau eine Taktlänge. *Mittlere Pakete* überdecken die Lichtschranke zwei Taktlängen und *große Pakete* drei Taktlängen.

Ein Auswurfmechanismus wird durch ein 1-Signal am Eingang K_1 bzw. K_2 ausgelöst. Obwohl diese Ausgangssignale K_1 bzw. K_2 der zu entwerfenden Steuerung für die gesamte Taktdauer anliegen können, werde der Auswurfschieber nur einmal zu Beginn des Taktes kurz bewegt und schiebe dadurch das davorliegende Paket seitlich vom Band.

Zeichnen Sie das Zustandsdiagramm zur Beschreibung des entsprechenden Steuerschaltwerks und vereinfachen Sie dieses falls möglich. ◇

Aufgabe 2.45 *Entwurf eines Steuerschaltwerks*

In der folgenden Abbildung ist ein primitives Rechenwerk dargestellt, mit dessen Hilfe der Verlauf einer Temperaturmessung kontrolliert und ausgewertet werden soll. Die in einem externen Prozess gemessenen Temperaturwerte liegen dazu ständig aktualisiert auf dem Datenbus an.

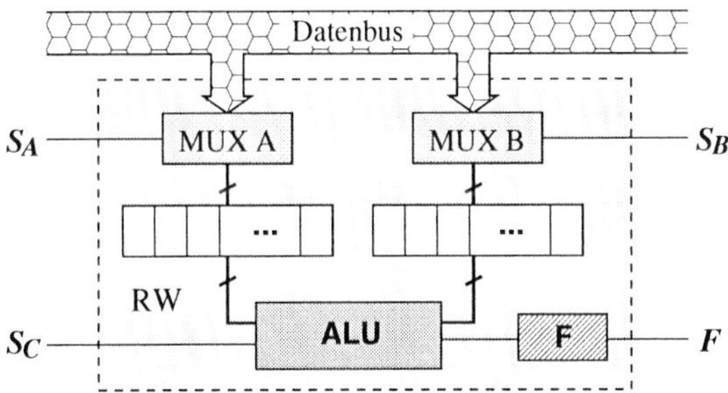

Durch Aktivierung der Multiplexer über die Steuerleitungen S_A bzw. S_B werde der auf dem Datenbus aktuell anliegende Temperaturwert in das entsprechende Register A bzw. B des Rechenwerkes geladen. Bei einer Aktivierung der ALU durch die Steuerleitung S_C werde die Rechenoperation $< A > - < B >$ ausgeführt. Ist das Ergebnis dieser Operation negativ, so werde das zwei Bit breite Ergebnisflag F auf 01 gesetzt. Ist es positiv, so werde F gleich 10. Wenn das Ergebnis gleich Null ist, wird F zu 00. Die Ausgabe F gleich 11 sei wie das Ergebnis 00 anzusehen und habe deshalb keine weitere Bedeutung.

Zu entwickeln ist ein synchrones Schaltwerk, das den Ablauf der Datenübernahme in das Rechenwerk und die Ausführung der Rechenoperation auf den Inhalten der Register A und B steuert und aufgrund der Auswertung des Flagregisters Informationen über den Temperaturverlauf ausgibt. Dazu soll ein zwei Bit breites Ausgangsignal $T = (T_1, T_0)$ folgende Anzeige liefern:

$T = 01$: die Temperatur ist derzeit fallend
$T = 10$: die Temperatur ist derzeit ansteigend
$T = 11$: die Temperatur ist gleichbleibend
$T = 00$: derzeit ist keine Aussage über den Temperaturverlauf möglich.

a) Wieviele und welche Eingangs- und Ausgangsvariablen werden zur Realisierung des entsprechenden Schaltwerks benötigt?

b) Entwerfen Sie das Zustandsdiagramm einer Lösung, bei der immer erst beide Register neu geladen und dann ausgewertet werden.

c) Entwerfen Sie das Zustandsdiagramm einer Lösung, bei der sofort nach der Aktualisierung eines Registers ausgewertet und ausgegeben wird. ◇

Aufgabe 2.46 *Entwurf eines Steuerwerks*

Zur Steuerung eines Getränkeautomaten soll ein Schaltwerk entworfen werden. Der Automat soll nur eine Art von Getränkedosen anbieten, als Eingabe werden nur 10- und 20-Cent Münzen akzeptiert. Das Getränk koste 50 Cent und die Ausgabe von Wechselgeld soll möglich sein. Mit der Ausgabe eines Getränkes sei ein Verkaufsvorgang abgeschlossen.

a) Wieviele Eingangs- und Ausgangsvariable hat das zu entwerfende Schaltwerk, wenn man annimmt, dass eine eingeworfene 10-Cent Münze einer 0 und eine 20-Cent Münze einer 1 entspricht sowie eine 0 keine Ausgabe und eine 1 eine Ausgabe signalisiert?
Dabei kann davon ausgegangen werden, dass jeder Einwurf in Form eines Taktsignals einen Zustandswechsel initialisiert, so dass dies beim Entwurf des Zustandsdiagramms nicht weiter berücksichtigt werden muss.

b) Stellen Sie das vollständige Zustandsdiagramm der Steuerung des Getränkeautomaten dar, wobei die Reihenfolge des Geldeinwurfs in jedem Zustand erkennbar bleiben soll.

c) Minimieren Sie das entworfene Zustandsdiagramm. ◇

Aufgabe 2.47 *Entwurf eines Steuerwerks*

Es soll die Steuerung eines Getränkeautomaten mit einem Schaltwerk entworfen werden. Der Automat soll zwei Arten von Getränken in Dosen anbieten, die erste Art koste 1 EURO und die zweite Art koste 1,5 EURO.

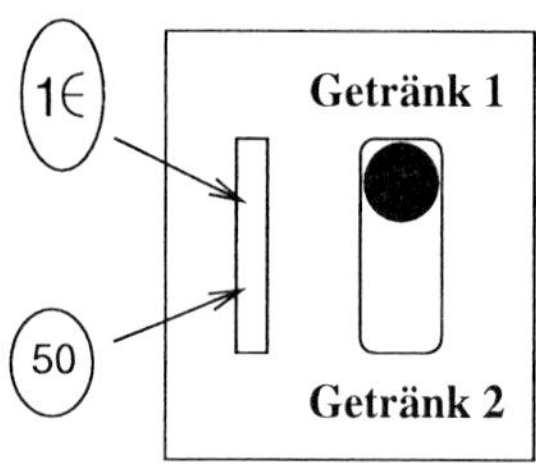

Zur Steuerung der Warenausgabe existiere ein Wahlschalter mit den zwei Stellungen *Getränk 1* und *Getränk 2*. Dessen Stellung kann jederzeit verändert werden, die Veränderung wird jedoch nur zu den Zeitpunkten der durch Münzeinwurf ausgelösten Zustandsübergänge registriert.

Es kann davon ausgegangen werden, dass jeder Einwurf in Form eines Taktsignals einen Zustandswechsel initialisiert, so dass dies beim Entwurf des Zustandsdiagramms nicht weiter berücksichtigt werden muss.

Befindet sich ausreichend Geld für die aktuelle Schalterposition im Automaten, dann soll das entsprechende Produkt (höchstens eine Dose pro Münzeinwurf) ausgeworfen werden.

Teil I: Ausgabe von Wechselgeld

In Teil I der Aufgabe nehmen wir an, dass ein Verkaufsvorgang mit dem Produktauswurf abgeschlossen ist. Als Eingabe werden nur 50-Cent und 1-EURO Münzen akzeptiert. Befindet sich ein überschüssiger Geldbetrag im Automaten, so wird dieser (automatisch passend) zurückgezahlt.

a) Wieviele und welche Eingangs- und Ausgangsvariable hat das zu entwerfende Schaltwerk, wenn man annimmt, dass eine eingeworfene 50-Cent Münze einer 0 und eine 1-EURO Münze einer 1 entspricht?

b) Konstruieren Sie ein Zustandsdiagramm der Steuerung des Getränkeautomaten, in dem alle möglichen Pfade vorhanden sind, die zu einem abgeschlossenen Verkaufsvorgang führen. Dabei soll in jedem Pfad die Reihenfolge der eingeworfenen Münzen erkennbar sein.

c) Vereinfachen Sie den Automaten gemäß der ersten Minimierungsregel und stellen Sie das minimierte Zustandsdiagramm dar. Interpretieren Sie die Bedeutung der übriggebliebenen Zustände.

Teil II: Speicherung von zu viel gezahlten Geld

In Teil II der Aufgabe nehmen wir an, dass eventuell zu viel gezahltes Geld im Automat gespeichert bleibt und zum Erwerb weiterer Produkte eingesetzt werden kann (es gibt also *keine* Wechselgeldfunktion wie in Teil I). Als Eingabe werden nur 50- und 75-Cent Münzen (auch wenn letztere in der Realität nicht im Umlauf sind) akzeptiert.

a) Wieviele und welche Eingangs- und Ausgangsvariable hat das zu entwerfende Schaltwerk, wenn man annimmt, dass eine eingeworfene 20-Cent Münze einer 0 und eine 30-Cent Münze einer 1 entspricht?

b) Erstellen Sie das Zustandsdiagramm direkt in möglichst minimaler Form, wobei Ihnen die Interpretation der einzelnen Zustände aus Teil I behilflich sein wird. ◇

Aufgabe 2.48 *Entwurf eines Steuerschaltwerks*

Zur bedarfsgerechten Steuerung der Grünphase einer Ampel A an der Einmündung einer Neben- in eine Hauptstrasse befindet sich in der Fahrbahn der Nebenstraße vor der Ampel A ein Kontakt K.

Das Überfahren des Kontaktes K erzeugt ein Signal $K = 1$. Als dessen Folge sollen die Ampeln A und B, bei Stellung "rot" von A und "grün" von B, nacheinander in die durch die nachfolgende Tabelle festgelegte Phasen geschaltet werden:

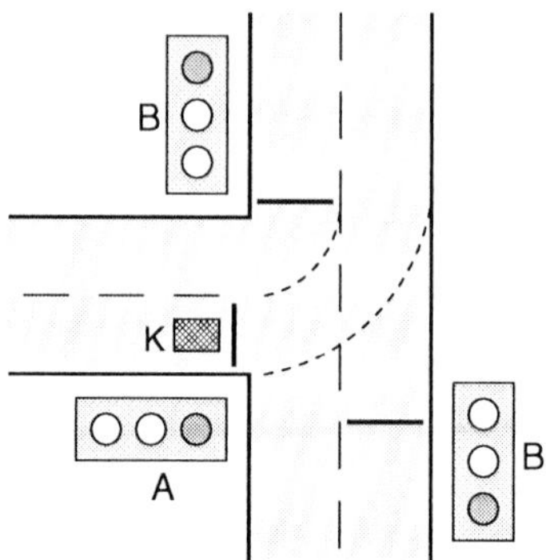

		Ampel **A**	Ampel **B**	Dauer der Phase
Ausgangs-zustand	0	rot	grün	bis zur Auslösung von K, min. $4T$
	1	rot	gelb	T
	2	rot/gelb	rot	T
	3	grün	rot	$4T$
	4	gelb	rot	T
	5	rot	rot/gelb	T
Ausgangs-zustand	0	rot	grün	bis zur Auslösung von K, min. $4T$

Die Grünphase der Ampel A soll wie in der Tabelle festegelegt stets vier Zeitelemente ($4T$) lang andauern, die Grünphase der Ampel B soll bis zur nächsten Auslösung von K, jedoch mindestens vier Zeitelemente ($4T$) lang andauern, falls an der Nebenstraße schon wieder ein Fahrzeug wartet und den Kontakt K ausgelöst hat.

a) Wieviele und welche Eingangs- und Ausgangsvariablen werden zur Realisierung des entsprechenden Schaltwerks benötigt?

b) Entwerfen Sie ein Zustandsdiagramm, das die Funktionalität der gesuchten Ampelsteuerung beschreibt.
Sie können der Einfachheit halber davon ausgehen, dass Sie dieses Automatenmodell durch ein synchrones Schaltwerk realisieren, bei dem die Taktperiodendauer T ist. Außerdem können Sie davon ausgehen, dass das Signal K solange gleich 1 ist, solange sich dort ein Fahrzeug befindet.

c) Entwerfen Sie für das gleiche Problem ein zweigeteiltes Schaltwerk, wobei die beiden Teilschaltwerke über weitere Ein- und Ausgangsvariablen miteinander verkoppelt sind.

Schaltwerk 1 soll dabei die Farbenfolge steuern und Schaltwerk 2 soll die Zeitsteuerung übernehmen. Die Taktperiodendauer soll weiterhin für beide Schaltwerke T sein. ◇

Aufgabe 2.49 *Entwurf eines Steuerschaltwerks*

Zur Steuerung der Ampelanlage einer Straßenkreuzung ist ein Schaltwerk zu entwerfen. Das Schaltwerk soll unter Einhaltung bestimmter Zeitbedingungen die Steuersignale für die zyklische Signalfolge "rot–rot/gelb–grün–gelb–rot" der Ampeln der beiden Verkehrsrichtungen liefern.

Um die Ampelanlage an die jeweilige Verkehrslage anpassen zu können, ist zusätzlich eine Umschaltmöglichkeit (Eingangssignal X) auf zwei unterschiedliche Zeitzyklen vorzusehen.

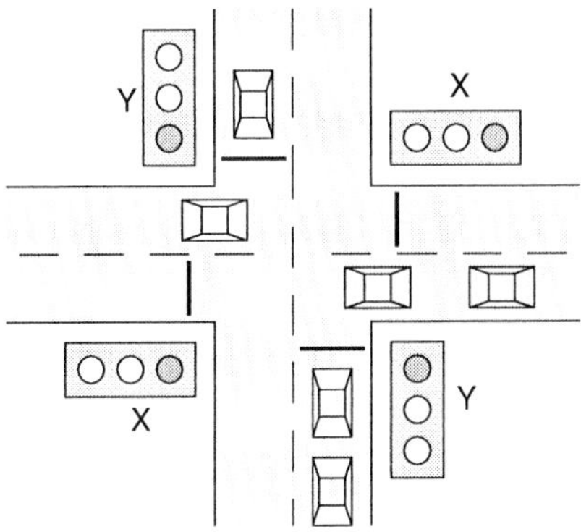

Die genauen Ampelphasen sollen der folgenden Tabelle entnommen werden (T entspricht dabei einem Zeitelement):

Zyklus 1 ($X=0$)			
X-Richtung		**Y**-Richtung	
$1\,T$	rot/gelb	$1\,T$	rot/gelb
$4\,T$	grün	$6\,T$	grün
$1\,T$	gelb	$1\,T$	gelb
$10\,T$	rot	$8\,T$	rot

Zyklus 2 ($X=1$)			
X-Richtung		**Y**-Richtung	
$1\,T$	rot/gelb	$1\,T$	rot/gelb
$7\,T$	grün	$3\,T$	grün
$1\,T$	gelb	$1\,T$	gelb
$7\,T$	rot	$11\,T$	rot

Aus Sicherheitsgründen sollen zwei zusätzliche Bedingungen eingehalten werden:

1. Beim Übergang von "rot" nach "rot/gelb" bzw. von "gelb" nach "rot" sollen jeweils beide Fahrtrichtungen ein Zeitelement T lang "rot" erhalten.
2. Die Umschaltung von einem Zyklus in einen anderen soll nur am Ende einer Phase akzeptiert werden, d.h. wenn beispielsweise im Zyklus 2 die 7-elementige Grünphase begonnen wurde, muss diese noch zu Ende geführt werden.

a) Wieviele und welche Eingangs- und Ausgangsvariablen werden zur Realisierung des entsprechenden Schaltwerks benötigt?

b) Zeichnen Sie ein Signal-Zeit-Diagramm für einen Zyklus.

c) Entwerfen Sie ein Zustandsdiagramm, das die Funktionalität der gesuchten Ampelsteuerung beschreibt.

Sie können sowohl beim Signal-Zeit-Diagramm als auch beim Zustandsdiagramm der Einfachheit halber davon ausgehen, dass Sie diesen Automaten durch ein synchrones Schaltwerk realisieren, bei dem die Taktperiodendauer T ist. ◇

Aufgabe 2.50 *Entwurf eines Schaltwerks zur Balkenzählung*

Auf einem Förderband werden kurze Balken der Länge l_K und lange Balken der Länge l_L transportiert. Mit Hilfe zweier Lichtschranken sollen beide Arten registriert und getrennt gezählt werden. Dazu sind die beiden Lichtschranken mit den Ausgangssignalen L_1 und L_2 in einem Abstand l voneinander am Förderband angeordnet. Solange sich ein Balken im Bereich einer Lichtschranke befindet, führt das entsprechende Ausgangssignal L_1 bzw. L_2 oder beide eine 1. Für den Abstand zweier Balken auf dem Förderband gilt $a > 0$.

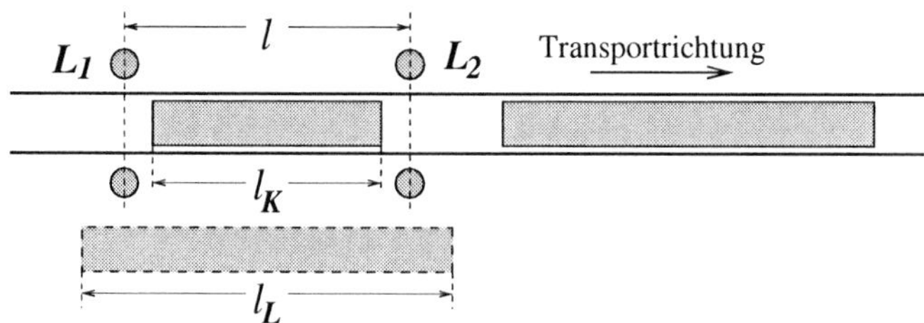

Für diese Balkenzählung ist ein Schaltwerk zur Erzeugung der Zählimpulse $y_1 = 1$ (kurze Balken) und $y_2 = 1$ (lange Balken) aufgrund der Lichtschrankensignale L_1 und L_2 zu entwickeln.

Um eine eindeutige Unterscheidung zu ermöglichen, unterliegt der Abstand l der beiden Lichtschranken voneinander den Bedingungen

$$l_K < l < l_L \quad \text{und} \quad l_K > (l/2)$$

a) Überlegen Sie sich zunächst welche Stellungen der Balken in Bezug auf die beiden Lichtschranken möglich sind, und durch welche Transitionen das System in die entsprechenden Zustände gelangt.

b) Entwerfen Sie das Zustandsdiagramm eines Schaltwerks, durch dessen Transitionen eine eindeutige Identifikation der beiden Arten, kurze und lange Balken möglich ist. Aufgrund der Untersuchung in a) erkannte unzulässige Transitionen können dabei im Zustandsdiagramm einfach weggelassen werden. ◇

Aufgabe 2.51 *Schaltwerk mit zusätzlicher Rückkopplung*

Gegeben ist das folgende aus drei JK-MS-FF bestehende synchrone Schaltwerk. E_1 und E_2 seien zwei Eingangsvariable, mit denen das Schaltwerk in seinem Verhalten von außen steuerbar ist. Alle FF befinden sich beim Einschalten im definierten Anfangszustand $Q_A = Q_B = Q_C = 0$.

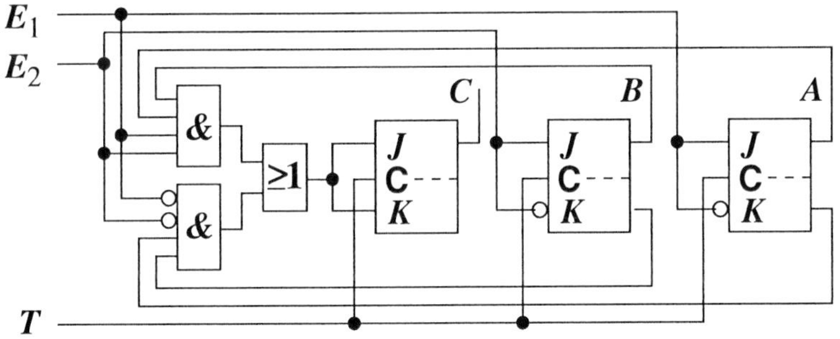

Teil I: Schaltwerksanalyse

Analysieren Sie das Schaltwerk und stellen Sie dabei das Verhalten in einer vollständigen Zustandstabelle mit Zustand und Folgezustand dar. Nehmen Sie dabei folgende Wertigkeiten für die FF an:

$$FF-A \triangleq 2^0 \qquad FF-B \triangleq 2^1 \qquad FF-C \triangleq 2^2$$

Teil II: Schaltwerkssynthese

Das oben analysierte Schaltwerk soll nun entsprechend der folgenden Abbildung derart ergänzt werden, dass es die im nachfolgenden Signal-Zeit-Diagramm dargestellte Funktion erfüllt.

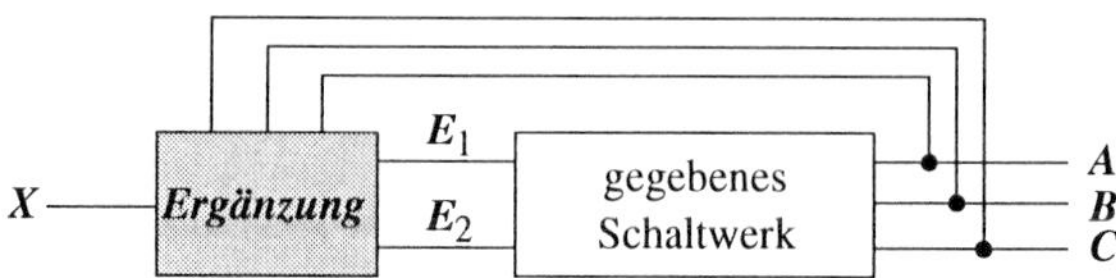

Das Schaltwerk soll in Abhängigkeit des Eingangssignals X die Steuersignale A, B und C erzeugen.

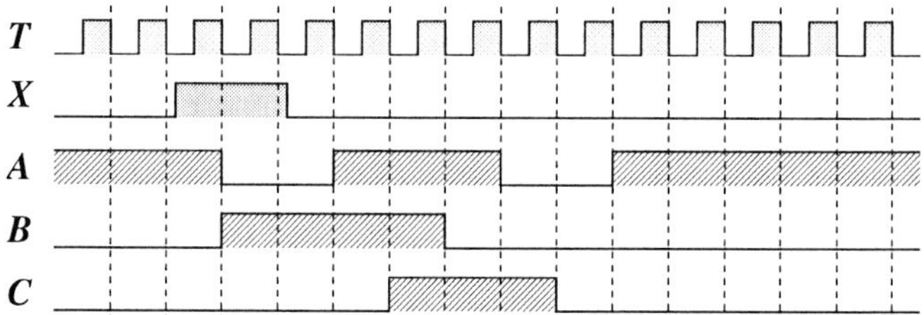

Nach dem einmaligen Setzen des Eingangssignals X soll ein Zyklus mit den im Signal-Zeit-Diagramm dargestellten zeitlich aufeinanderfolgenden Ausgangssignalen A, B, C durchlaufen werden. Sie können davon ausgehen, dass sich die FF nach dem Einschalten in folgendem Ausgangszustand befinden: $A=1$, $B=0$, $C=0$.

Zeichnen Sie zunächst das Zustandsdiagramm dieses Schaltwerks mit dem Eingangssignal X. Ermitteln Sie mit Hilfe einer geeigneten Zustandstabelle die schaltalgebraischen Funktionsgleichungen für die Signale E_1 und E_2 als Funktion von X, A, B, C.

Hinweis: Beachten Sie, dass das Schaltwerk erst nach dem Rücksetzen des Eingangssignals X den Zustand 2 verlässt. ◇

Aufgabe 2.52 *Uhren-Schaltwerk*

Es soll eine digitale Uhr mit einer 7-Segment LED-Anzeige zur Darstellung von Stunden und Minuten mit Hilfe von Schaltwerken entworfen werden.

Die Minutenzählung soll durch ein zweigeteiltes Schaltwerk erfolgen, wobei das eine Schaltwerk die Einerstelle und das andere die Zehnerstelle realisiert. Dazu müssen zwei Modulo-Zähler, Modulo-10 und Modulo-

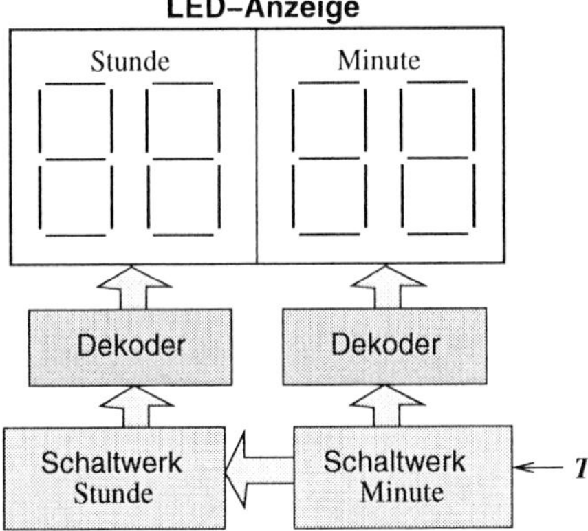

6 über ihre Ein- und Ausgangsvariablen miteinander entsprechend verkoppelt werden. Die Stundenzählung soll durch ein einzelnes Schaltwerk realisiert werden. Ferner müssen die Minuten- als auch die Stundenzählung miteinander verschaltet werden. Sie können beim Entwurf dieser Schaltwerke der Einfachheit halber davon ausgehen, dass die Taktperiodendauer T exakt einer Minute entspricht.

Berücksichtigen Sie, dass der vor den 7-Segment Elementen einzusetzende Decoder BCD-codierte Eingangssignale erwartet.

a) Beschreiben Sie kurz verbal die vier benötigten Modulo-Zähler mit deren zur späteren Verschaltung notwendigen Ein- und Ausgangssignalen.

b) Verschalten Sie die unter a) spezifizierten Elemente zu der geforderten Uhr. Verwenden Sie dabei für die Darstellung der Modulo-Zähler ausschließlich Blocksymbole. ◇

2 Flip-Flops, Schaltwerke und Automaten

Lösung zu Aufgabe 2.1

a) Vergleich von SR-FF und SR-MS-FF

Schaltung: Ein Master-Slave-FF besteht aus zwei hintereinandergeschalteten taktgesteuerten SR-FFs und eventuell weiteren Schaltgattern zur Eingangsvorbereitung. FF1 wird Master-FF oder Vorspeicher genannt und FF2 heisst Slave-FF oder Hauptspeicher. Der Takteingang von FF2 ist gegenüber dem vom FF1 invertiert.

Verhalten: Bei einem einfachen SR-FF wird eine neue Eingangsinformation an S und R mit dem Anliegen unmittelbar übernommen und liegt sofort am Ausgang Q an. Bei einem positiv (negativ) taktzustandsgesteuerten SR-MS-FF wird die Eingangsinformation an S bzw. R während der 1(0)-Phase des Taktes in den Master (FF1) übernommen, und direkt nach der 1/0 (0/1)-Flanke wird die Information an den Slave (FF2) übergeben und erscheint damit am Ausgang des SR-MS-FF.

b) Signal-Zeit-Diagramm von SR-FF und SR-MS-FF.

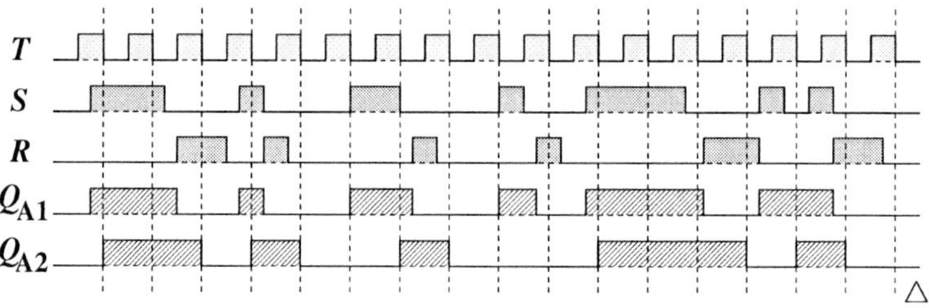

Lösung zu Aufgabe 2.2

Die Eingangsbeschaltung der SR-FFs ergibt sich jeweils aus der Funktionstabelle. Die Eingangssignale der Eingangsbeschaltung seien S' und R', die Ausgangssignale seien S und R.

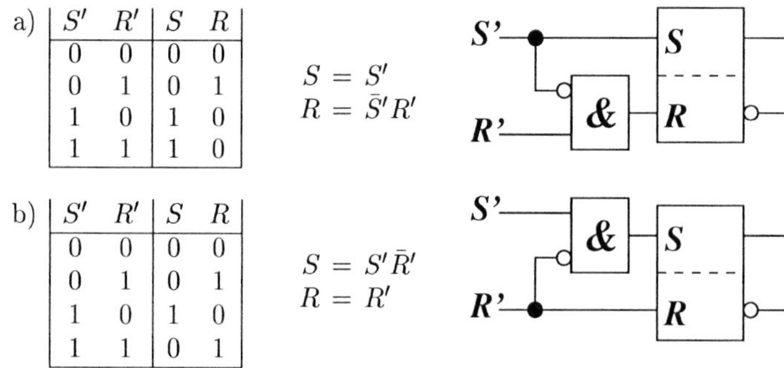

a)

S'	R'	S	R
0	0	0	0
0	1	0	1
1	0	1	0
1	1	1	0

$$S = S'$$
$$R = \bar{S}'R'$$

b)

S'	R'	S	R
0	0	0	0
0	1	0	1
1	0	1	0
1	1	0	1

$$S = S'\bar{R}'$$
$$R = R'$$

c) 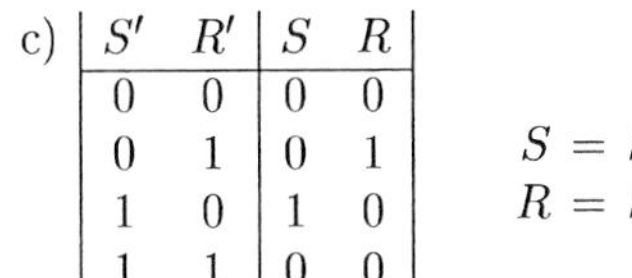

S'	R'	S	R
0	0	0	0
0	1	0	1
1	0	1	0
1	1	0	0

$$S = S'\bar{R}'$$
$$R = \bar{S}'R'$$

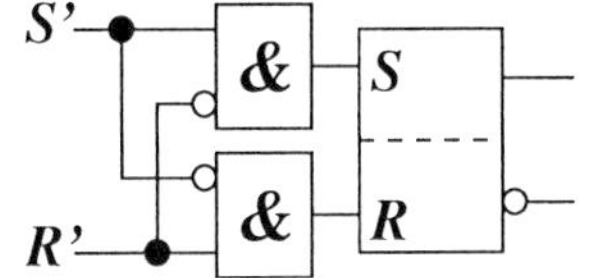

Die UND-Gatter der Eingangsbeschaltung sind wirkungslos, solange die beiden Eingänge unterschiedliche Belegungen aufweisen oder beide 0 sind. Nur wenn beide Eingänge 1 sind, liegt am Ausgang der UND-Gatter eine 0 an, wodurch jeweils ein FF-Eingang in Schaltung a) und b) oder beide FF-Eingänge in Schaltung c) auf 0 gesetzt werden. △

Lösung zu Aufgabe 2.3

Das Verhalten der Schaltung kann man unmittelbar aus der Funktionstabelle des JK-MS-FFs ableiten. Wegen $J = K = E$ sind nur noch die Zeilen 0 und 1 sowie 6 und 7 von Bedeutung.
Für $E=0, Q^n=0$ folgt $Q^{n+1}=0$, für $E=0, Q^n=1$ folgt $Q^{n+1}=1$,
für $E=1, Q^n=0$ folgt $Q^{n+1}=1$ und für $E=1, Q^n=1$ folgt $Q^{n+1}=0$.
Für $E=0$ bleibt der bestehende Zustand erhalten ($Q^{n+1}=Q^n$), und für $E=1$ kippt das FF hin und her, es toggelt ($Q^{n+1}=\bar{Q}^n$).

	J	K	Q^n	Q^{n+1}
0	0	0	0	0
1	0	0	1	1
2	0	1	0	0
3	0	1	1	0
4	1	0	0	1
5	1	0	1	1
6	1	1	0	1
7	1	1	1	0

	E	Q^n	Q^{n+1}
0	0	0	0
1	0	1	1
6	1	0	1
7	1	1	0

verkürzt

	E	Q^{n+1}
0, 1	0	Q^n
6, 7	1	$\bar{Q}^n$

Aus der Funktionsgleichung des JK-MS-FFs $Q^{n+1} = J\bar{Q}^n + \bar{K}Q^n$ folgt mit $J=K=E$:
$$Q^{n+1} = E\bar{Q}^n + \bar{E}Q^n$$
Ebenso folgt diese Gleichung auch aus der hergeleiteten Funktionstabelle des T-MS-FFs. △

Lösung zu Aufgabe 2.4

a) Schaltbilder der beiden Varianten (siehe nächste Seite oben)

b) Das aus einem JK-MS-FF aufgebaute D-MS-FF (Variante A) kann wegen der internen UND-Verknüpfung des S-Eingangs mit dem negierten $\bar{Q}$-Ausgang zu einem J-Eingang nur diejenige Eingangsinformation

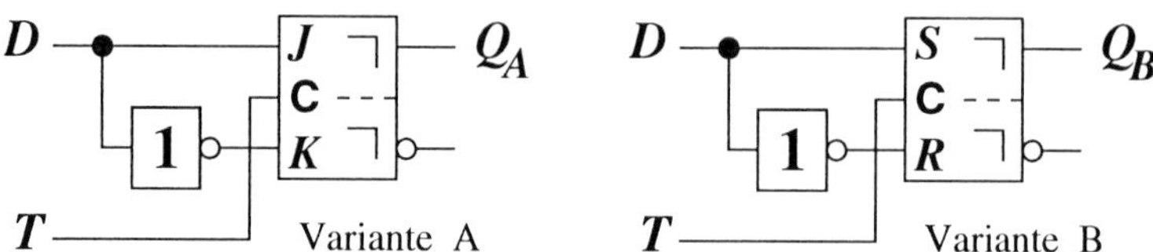

übernehmen, die aufgrund der bestehenden Ausgangsinformation durchgeschaltet ist. Es kann stets nur die dem momentanen Zustand entgegengesetzte Information übernehmen. Diese interne Verknüpfung besteht bei einem aus einem SR-MS-FF aufgebauten D-MS-FF nicht. Daraus folgen die Unterschiede im Schaltverhalten:
Ändern sich die Eingangssignale während der 1-Phase des Taktes ($T=1$), so kann bei der Variante A immer der zum Eingangszustand komplementäre Ausgangszustand in den Master übernommen und mit der Taktflanke ausgegeben werden. Bei Variante B mit dem SR-MS-FF hingegen wird diejenige Eingangsinformation gespeichert, die während der 1-Phase des Taktes *zuletzt* angelegen hat.

c) Das Signal-Zeit-Diagramm verdeutlicht die Unterschiede im Schaltverhalten.

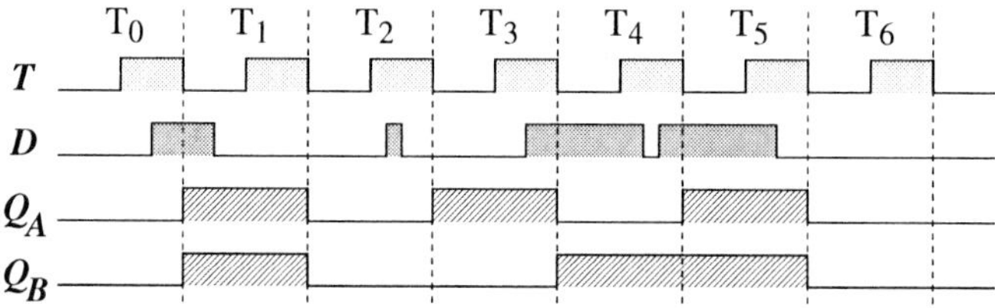

Bei der Variante A beispielsweise hat im Takt T_2 das kurzzeitige Setzen des D-Eingangs die Folge, dass der Ausgang des Master-FFs 1 wird. Das anschließende Rücksetzen des D-Eingangs kann aufgrund der Rückkopplung des Slave-Ausgangs nichts mehr bewirken. △

Lösung zu Aufgabe 2.5

a) Das Zustandsdiagramm des D-MS-FF folgt sofort aus der Funktionsgleichung $Q^{n+1} = D^n$, d.h. der Zustand folgt stets dem Eingang D.

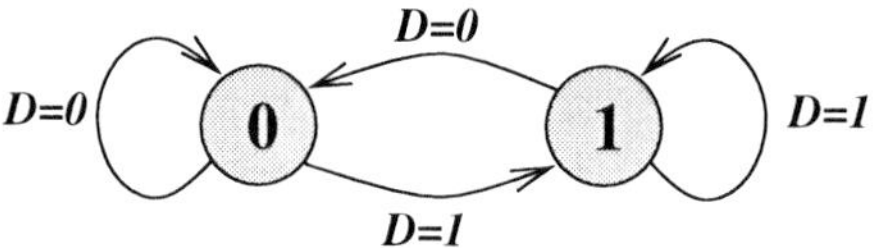

b) Die Vorschriftentabellen ergeben sich aus den entsprechenden Funktionstabellen. Für das D-MS-FF ist die Vorschriftentabelle trivial, denn der Folgezustand ist unabhängig von bestehenden Zustand und damit nur abhängig vom Eingang D. Es gilt: Soll der Folgezustand $Q^{n+1}=0$ sein, so muss $D=0$ sein. Soll der Folgezustand $Q^{n+1}=1$ sein, so muss $D=1$ sein. Die Vorschriftentabelle ist gleich der Umkehrung der verkürzten Funktionstabelle.

Beim T-MS-FF ist der Folgezustand abhängig vom Eingang E und vom bestehenden Zustand Q^n, es gibt aber nur ein Eingangssignal. Die Vorschriftentabelle folgt aus der Umkehrung der Funktionstabelle.

	Q^{n+1}	D
0	0	0
1	1	1

	Q^n	Q^{n+1}	E
0	0	0	0
1	1	1	0
2	0	1	1
3	1	0	1

c) Eine Schaltung gemäß der Funktionsgleichung $Q(t+\tau) = E(t) \not\equiv Q(t)$ kann niemals ein Antivalenzgatter darstellen, da diese Funktion eine Speicherfähigkeit beinhaltet.

Ein Antivalenzgatter besitzt zwei unabhängige Eingangssignale, die Schaltung gemäß $Q(t+\tau) = E(t) \not\equiv Q(t)$ besitzt nur ein Eingangssignal.

Bei einem Antivalenzgatter ist das Ausgangssignal bei konstanten Eingangssignalen ebenfalls konstant und insbesondere nicht von früheren Zeitpunkten abhängig.

Die Speicherfähigkeit der Funktion $Q(t+\tau) = E(t) \not\equiv Q(t)$ bewirkt, dass hier für $E(t) = 1$ wegen $(1 \not\equiv A) = \bar{A}$ eine ständige Inversion des Ausgangssignals erfolgt. Damit beschreibt diese Schaltfunktion infolge der Rückkopplung sogar eine schwingungsfähige Schaltung. △

Lösung zu Aufgabe 2.6

Das Entprellen eines Schalters kann mit Hilfe eines SR-FFs mit negierten Eingängen erfolgen. In der folgenden Schaltung verhalten sich unbeschaltete Eingänge von Gattern so, als würden sie mit einer 1 angesteuert.

Funktion der Schaltung: Im Ruhezustand des Schalters (Kontakt 1) liegt am $\bar{R}$-Eingang des FFs das Signal 0 an, das FF ist zurückgesetzt. Wird der Schalter betätigt, so werden beide Eingänge kurzzeitig mit einer 1 angesteuert. Der alte Zustand an den Ausgängen des FFs bleibt erhalten. Sobald aber der Kontakt 2 geschlossen ist, liegt das 0-Signal am $\bar{S}$-Eingang an und das FF kippt auf $Q=1$. Auch ein Prellen des Schalters, d.h. mehrmaliges Öffnen und Schließen des Kontaktes 2, verändert

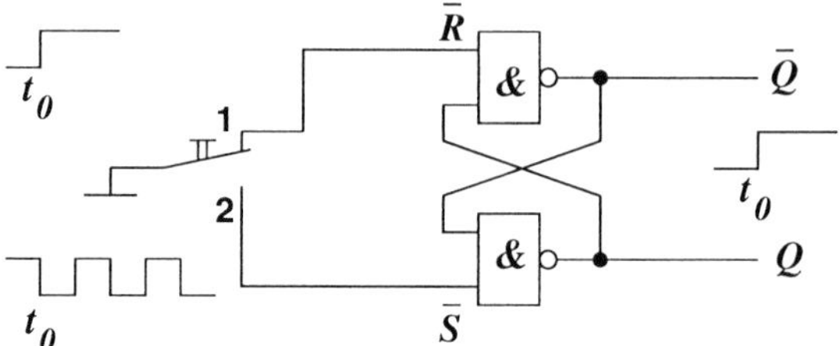

den Zustand des FFs nicht mehr. △

Lösung zu Aufgabe 2.7

a) Für einen Moore-Automaten gilt $Y^n = F_A(Z^n)$, für einen Mealy-Automaten hingegen gilt $Y^n = F_A(X^n, Z^n)$. Im vorliegenden Fall sind die Ausgangssignale identisch mit den Zustandsvariablen Q_0, Q_1, es gilt also $Y^n = Z^n$ und damit handelt es sich um einen Moore-Automaten.

b) reduzierte Übergangstabelle für $K=1$

Q^n	J	Q^{n+1}
0	0	0
0	1	1

Q^n	J	Q^{n+1}
1	0	0
1	1	0

c) Zustandstabelle für $J_0 = X + Q_1$, $J_1 = \bar{X} + Q_0$

Z^n	X	Q_1^n	Q_0^n	J_1	J_0	Q_1^{n+1}	Q_0^{n+1}	Z^{n+1}
0	0	0	0	1	0	1	0	2
1	0	0	1	1	0	1	0	2
2	0	1	0	1	1	0	1	1
3	0	1	1	1	1	0	0	0
0	1	0	0	0	1	0	1	1
1	1	0	1	1	1	1	0	2
2	1	1	0	0	1	0	1	1
3	1	1	1	1	1	0	0	0

d) Zustandsdiagramm

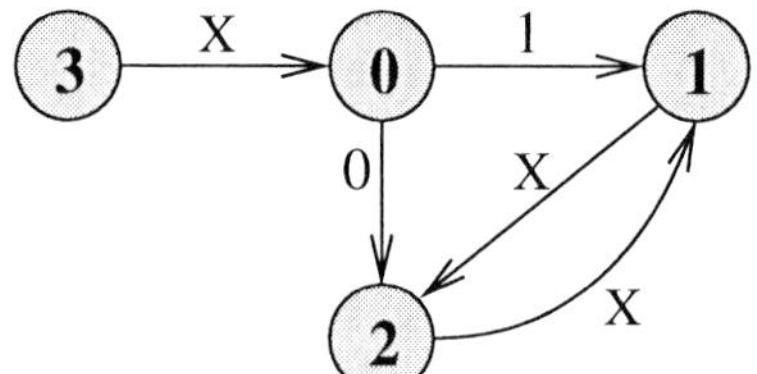

Die Darstellung des Zustandsdiagramms ergibt sich unmittelbar aus der Zustandstabelle.

e) Ergänzung des Schaltwerks

X	Q^n	J, K	Q^{n+1}
0	0	1	1
0	1	1	0
1	0	0	0
1	1	1	0

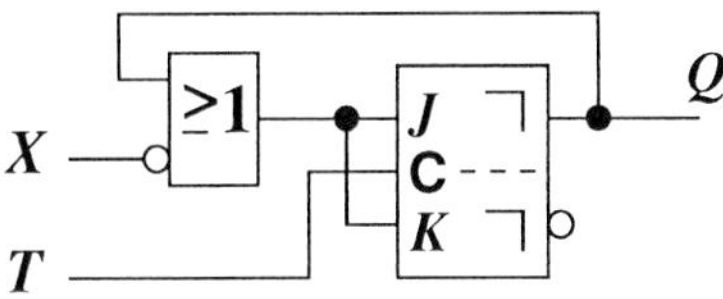

Aus der Zustandstabelle folgt:

$$J, K = \bar{X}\bar{Q}^n + \bar{X}Q^n + XQ^n = \bar{X}(\bar{Q}^n + Q^n) + (\bar{X} + X)Q^n = \bar{X} + Q^n \triangle$$

Lösung zu Aufgabe 2.8

a) Für einen Moore-Automaten gilt $Y^n = F_A(Z^n)$, für einen Mealy-Automaten hingegen gilt $Y^n = F_A(X^n, Z^n)$. Im vorliegenden Fall sind die Ausgangssignale identisch mit den Zustandsvariablen Q_0, Q_1, es gilt also $Y^n = Z^n$ und damit handelt es sich um einen Moore-Automaten.

b) reduzierte Übergangstabelle für $K = 0$ und $K = 1$

$K = 0$

Q^n	J	Q^{n+1}
0	0	0
0	1	1
1	0	1
1	1	1

$K = 1$

Q^n	J	Q^{n+1}
0	0	0
0	1	1
1	0	0
1	1	0

c) Aufstellen der Zustandstabelle

$$J_0 = X + Q_0Q_1 \qquad K_0 = 1 \qquad J_1 = Q_0 \qquad K_1 = X$$

Z^n	X	Q_1^n	Q_0^n	J_1	K_1	J_0	Q_1^{n+1}	Q_0^{n+1}	Z^{n+1}
0	0	0	0	0	0	0	0	0	0
1	0	0	1	1	0	0	1	0	2
2	0	1	0	0	0	0	1	0	2
3	0	1	1	1	0	1	1	0	2
0	1	0	0	0	1	1	0	1	1
1	1	0	1	1	1	1	1	0	2
2	1	1	0	0	1	1	0	1	1
3	1	1	1	1	1	1	0	0	0

d) Zustandsdiagramm

Das Zustandsdiagramms ergibt sich direkt aus der Zustandstabelle

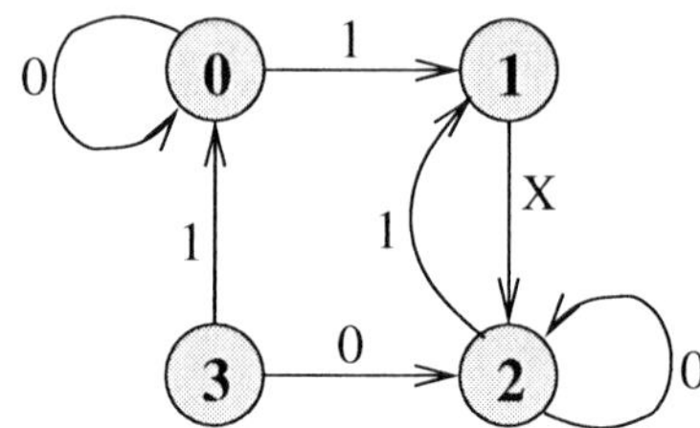

e) Durchlaufene Zustandsfolge

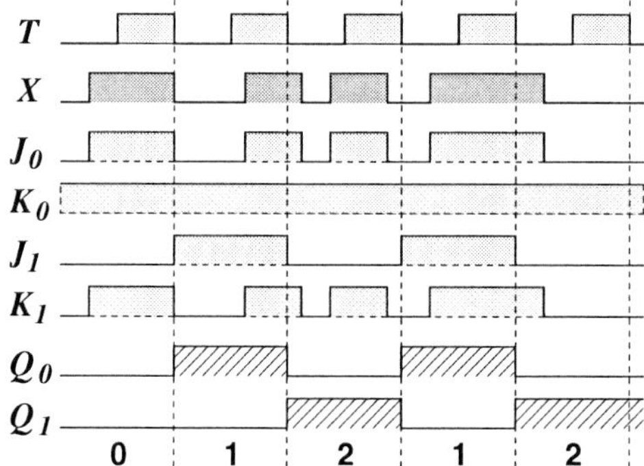

In diesem Zustandsdiagramm erfolgte die Ermittlung der Zustandsfolge schrittweise anhand der exakten zeitlichen Verläufe der Eingangssignale J_0, K_0, J_1, K_1 der beiden FF. Dabei werden für einen bestehenden Zustand während der 1-Phase des Taktes die Zustände der Master-FF zum Zeitpunkt der aktiven Taktflanke ermittelt, und damit der Ausgangszustand der FF nach der aktiven Taktflanke, der Folgezustand, bestimmt. Danach können für diesen Folgezustand wiederum die Zustände der Master-FF und der nächste Folgezustand ermittelt werden. Eine solche Vorgehensweise ist immer dann erforderlich, wenn sich die Eingangssignale asynchron innerhalb einer Taktdauer verändern, wie dies beim ersten Auftreten des Zustandes 1 und 2 der Fall ist. Um sicherzustellen, dass ein bestimmter Folgezustand tatsächlich erreicht, dürfen sich Eingangssignale während der aktiven Phase (hier positiv flankengetriggerte FF $\rightarrow$ 1-Phase des Taktes) nicht ändern (siehe Unterpunkt f).

f) Verlauf des Eingangssignal X bei vorgegebenem Folgezustand

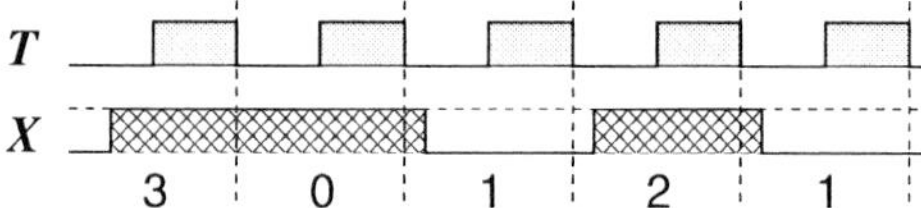

Aus dem Zustandsdiagramm erkennen wir welchen Wert das Eingangssignal X aufweisen muss, um einen bestimmten Folgezustand zu erreichen. Da wir uns zu Beginn im Zustand 3 befinden und der Folgezustand 0 sein soll, muss $X=1$ sein. Um von Zustand 0 aus nach Zustand 1 zu kommen, muss wiederum $X=1$ sein, usw. Dabei legen wir X wie oben gesagt während der ganzen aktiven Phase auf den entsprechenden Wert. △

Lösung zu Aufgabe 2.9

a) Da die Ausgangssignale identisch sind mit den Zustandsvariablen Q_0, Q_1, Q_2 ($Y^n = Z^n$), handelt es sich um einen Moore-Automaten.

b) Funktionsgleichungen der FF-Eingänge

$$J_0 = \bar{Q}_1 + \bar{Q}_2 \qquad J_1 = Q_0\bar{Q}_2 \qquad J_2 = Q_0Q_1$$
$$K_0 = 1 \qquad K_1 = Q_0 + Q_2 \qquad K_2 = Q_0 + Q_1$$

c) Aufstellen der Zustandstabelle

Z^n	Q_2^n	Q_1^n	Q_0^n	J_2	K_2	J_1	K_1	J_0	K_0	Q_2^{n+1}	Q_1^{n+1}	Q_0^{n+1}	Z^{n+1}
0	0	0	0	0	0	0	0	1	1	0	0	1	1
1	0	0	1	0	1	1	1	1	1	0	1	0	2
2	0	1	0	0	1	0	0	1	1	0	1	1	3
3	0	1	1	1	1	1	1	1	1	1	0	0	4
4	1	0	0	0	0	0	1	1	1	1	0	1	5
5	1	0	1	0	1	0	1	1	1	0	0	0	0
6	1	1	0	0	1	0	1	0	1	0	0	0	0
7	1	1	1	1	1	0	1	0	1	0	0	0	0

d) Zustandsdiagramm
Das Zustandsdiagramm ergibt sich direkt aus der Zustandstabelle

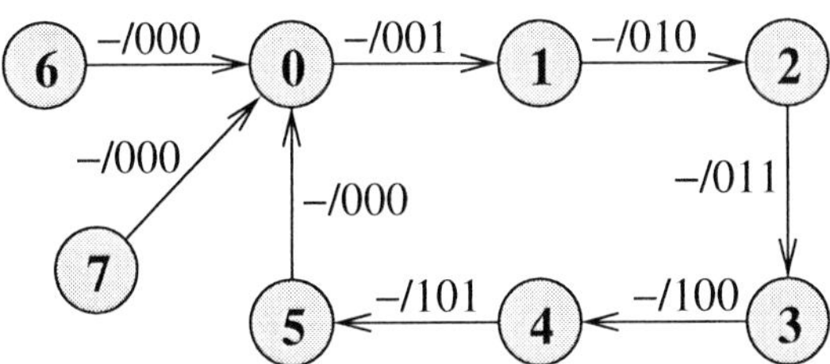

e) Erreichbarkeit
Vom Zustand 0 aus kann nur der Zustand 1 erreicht werden. Alle anderen Zustände 2,3,4,5,6 und 7 nicht.

f) Funktion des Schaltwerks
Da die Zustandsfolge $0 \to 1 \to 2 \to 3 \to 4 \to 5 \to 0$ zyklisch durchlaufen wird, handelt es sich bei dem analysierten Schaltwerk um einen Modulo-6-Zähler. △

Lösung zu Aufgabe 2.10

a) Da die Ausgangssignale identisch sind mit den Zustandsvariablen Q_0, Q_1, Q_2 ($Y^n = Z^n$), handelt es sich um einen Moore-Automaten.

b) Funktionsgleichungen der FF-Eingänge
Da es sich hier um ein asynchrones Schaltwerk handelt, müssen wir die Gleichungen der Takteingänge der FF mit spezifizieren.

$$J_0 = \overline{\bar{Q}_0 Q_1} = Q_0 + \bar{Q}_1 \qquad J_1 = J_0 = \overline{\bar{Q}_0 Q_1}$$
$$K_0 = 1 \qquad K_1 = K_0 = 1$$
$$C_0 = T \qquad C_1 = Q_0 \overline{\bar{Q}_0 Q_1} + T\bar{Q}_0 Q_1 = Q_0 J_0 + T\bar{J}_0$$

c) zeitliches Übergangsverhalten eines FFs für $K=1$

J=1	$C(t)$	0	1	0	1	0	1	0	1
	$Q(t)$	0	0	1	1	0	0	1	1
J=0	$C(t)$	0	1	0	1	0	1	0	1
	$Q(t)$	0	0	0	0	0	0	0	0

d) zeitliches Verhalten des Schaltwerks

	0	1	2	3	4	5	6
$T(t)$	0	1	0	1	0	1	0
$J_0(t)$	1						
$C_0(t)$	0	1					
$Q_0(t)$	0	0					
$J_1(t)$	1						
$C_1(t)$	0						
$Q_1(t)$	0						
$z(t)$	0						

Da die FF-Eingänge von den FF-Ausgängen der FF abhängen, können wir diese Tabelle nur iterativ bestimmen. Wir müssen für den bestehenden Zustand zunächst jeweils die J_i und K_i bestimmen. Da es sich um ein asynchrones Schaltwerk handelt, muss daneben auch noch der Verlauf des Taktsignals ermittelt werden, denn wir müssen wissen ob eine aktive Taktflanke vorliegt oder nicht.

Da hier der Takt von FF0 direkt durch T gebildet wird, ist dessen Verlauf vollständig bekannt und wir können mit J_0, K_0, Q_0^n den Folgezustand Q_0^{n+1} bestimmen. Beim Übergang von der nullten in die erste Spalte beispielsweise wechselt der Takt von 0 nach 1, dabei handelt es sich nicht um eine aktive Flanke und damit kann Q_0 seinen Wert nicht verändern. Der Takt von FF1 hingegen hängt von T, Q_0 und insbesondere vom Ausgang Q_1 des FFs selbst ab.

$$\begin{aligned}
C_1 &= Q_0\overline{\bar{Q}_0 Q_1} + T\bar{Q}_0 Q_1 = Q_0(Q_0 + \bar{Q}_1) + T\bar{Q}_0 Q_1 \\
&= Q_0 + Q_0\bar{Q}_1 + T\bar{Q}_0 Q_1 = Q_0(1 + \bar{Q}_1) + T\bar{Q}_0 Q_1 = Q_0 + T\bar{Q}_0 Q_1 \\
&= Q_0(\,TQ_1 + \overline{TQ_1}\,) + \bar{Q}_0 TQ_1 = Q_0(TQ_1) + Q_0\overline{TQ_1} + \bar{Q}_0(TQ_1) \\
&= Q_0(TQ_1 + \overline{TQ_1}) + TQ_1(Q_0 + \bar{Q}_0) = Q_0 + TQ_1
\end{aligned}$$

Dies führt dazu, dass wir die Bestimmung der einzelnen Werte einer Spalte in noch kleinere Schritte, die wir im Folgenden für jede Spalte beschreiben, zerlegen müssen.

Bestimmung von Spalte 1

1. Takt C_0 wechselt von 0 nach 1 $\rightarrow C_0 = T = 1$
2. Da C_0 von 0 nach 1 wechselt, liegt bei FF0 keine aktive Flanke vor und damit ist keine Änderung von Q_0 möglich $\rightarrow Q_0 = 0$
3. $C_1 = Q_0 + TQ_1$, Q_0 bleibt 0, T wechselt von 0 nach 1, da Q_1 bis dahin 0 ist (Spalte 0), bleibt C_1 auch 0 $\rightarrow C_1 = 0$
4. Da C_1 zunächst 0 bleibt, liegt bei FF1 keine aktive Flanke vor und damit ist keine Änderung von Q_1 möglich $\rightarrow Q_1 = 0$
5. $J_0 = J_1 = Q_0 + \bar{Q}_1$, da $Q_1 = 0$ folgt unabhängig von Q_0 $J_0 = J_1 = 1$

	0	1	2	3	4	5	6
$T(t)$	0	1	0	1	0	1	0
$J_0(t)$	1	1					
$C_0(t)$	0	1					
$Q_0(t)$	0	0					
$J_1(t)$	1	1					
$C_1(t)$	0	0					
$Q_1(t)$	0	0					
$z(t)$	0	0					

Bestimmung von Spalte 2

1. Takt C_0 wechselt von 1 nach 0 $\rightarrow C_0 = T = 0$
2. Da C_0 von 1 nach 0 wechselt, liegt bei FF0 eine aktive Flanke vor, mit $J_0^n = 1, K_0^n = 1$ wird Q_0 von 0 nach 1 wechseln $\rightarrow Q_0 = 1$
3. $C_1 = Q_0 + TQ_1$, Q_0 wechselt von 0 nach 1, damit wechselt C_1 unabhängig von T und Q_1 von bisher 0 nach 1, $\rightarrow C_1 = 1$

4. Da C_1 von 0 nach 1 wechselt, liegt bei FF1 keine aktive Flanke vor und damit ist keine Änderung von Q_1 möglich $\to Q_1=0$
5. $J_0=J_1=Q_0+\bar{Q}_1$, da $Q_0=1$ folgt unabhängig von Q_1 $J_0=J_1=1$

	0	1	2	3	4	5	6
$T(t)$	0	1	0	1	0	1	0
$J_0(t)$	1	1	1				
$C_0(t)$	0	1	0				
$Q_0(t)$	0	0	1				
$J_1(t)$	1	1	1				
$C_1(t)$	0	0	1				
$Q_1(t)$	0	0	0				
$z(t)$	0	0	1				

Bestimmung von Spalte 3

1. Takt C_0 wechselt von 0 nach 1 $\to C_0=T=1$
2. Da C_0 von 0 nach 1 wechselt, liegt bei FF0 keine aktive Flanke vor und damit ist keine Änderung von Q_0 möglich $\to Q_0=1$
3. $C_1 = Q_0 + TQ_1$, Q_0 bleibt 1, damit bleibt C_1 unabhängig von T und Q_1 auch 1 $\to C_1=1$
4. Da C_1 auf 1 bleibt, liegt bei FF1 keine aktive Flanke vor und damit ist keine Änderung von Q_1 möglich $\to Q_1=0$
5. $J_0=J_1=Q_0+\bar{Q}_1$, da $Q_0=1$ folgt unabhängig von Q_1 $J_0=J_1=1$

Bestimmung von Spalte 4

1. Takt C_0 wechselt von 1 nach 0 $\to C_0=T=0$
2. Da C_0 von 1 nach 0 wechselt, liegt bei FF0 eine aktive Flanke vor, mit $J_0^n=1, K_0^n=1$ wird Q_0 von 1 nach 0 wechseln $\to Q_0=0$
3. $C_1=Q_0+TQ_1$, Q_0 wechselt von 1 nach 0, T wechselt ebenfalls von 1 nach 0 und damit wechselt auch C_1 von 1 nach 0, $\to C_1=0$
4. Da C_1 von 1 nach 0 wechselt, liegt bei FF1 eine aktive Flanke vor, mit $J_1^n=1, K_1^n=1$ wird Q_1 von 0 nach 1 wechseln $\to Q_1=1$
5. $J_0=J_1=Q_0+\bar{Q}_1$, da $Q_0=0$, $Q_1=1$ folgt $J_0=J_1=0$

Bestimmung von Spalte 5

1. Takt C_0 wechselt von 0 nach 1 $\to C_0=T=1$
2. Da C_0 von 0 nach 1 wechselt, liegt bei FF0 keine aktive Flanke vor und damit ist keine Änderung von Q_0 möglich $\to Q_0=0$
3. $C_1=Q_0+TQ_1$, Q_0 bleibt 0, T wechselt von 0 nach 1, da Q_1 bis dahin 1 ist (Spalte 4), wechselt C_1 von 0 nach 1 $\to C_1=1$

4. Da C_1 von 0 nach 1 wechselt, liegt bei FF1 keine aktive Flanke vor und damit ist keine Änderung von Q_1 möglich $\rightarrow Q_1=1$
5. $J_0=J_1=Q_0+\bar{Q}_1$, da $Q_0=0$, $Q_1=1$ folgt $J_0=J_1=0$

Bestimmung von Spalte 6

1. Takt C_0 wechselt von 1 nach 0 $\rightarrow C_0=T=0$
2. Da C_0 von 1 nach 0 wechselt, liegt bei FF0 eine aktive Flanke vor, mit $J_0^n=0, K_0^n=1$ wird Q_0 nach 0 wechseln bzw. auf 0 bleiben $\rightarrow Q_0=0$
3. $C_1=Q_0+TQ_1$, Q_0 bleibt 0, T wechselt von 1 nach 0, da Q_1 bis dahin 1 ist (Spalte 5), wechselt C_1 von 1 nach 0 $\rightarrow C_1=0$
4. Da C_1 von 1 nach 0 wechselt, liegt bei FF1 eine aktive Flanke vor, mit $J_1^n=0, K_1^n=1$ wird Q_1 von 1 nach 0 wechseln $\rightarrow Q_1=0$
5. $J_0=J_1=Q_0+\bar{Q}_1$, da $Q_1=0$ folgt unabhängig von Q_0 $J_0=J_1=1$

Damit stimmt die neu bestimmte Spalte 6 mit der vorgegebenen überein. Wir erhalten schließlich die folgende vollständige Tabelle:

	0	1	2	3	4	5	6
$T(t)$	0	1	0	1	0	1	0
$J_0(t)$	1	1	1	1	0	0	1
$C_0(t)$	0	1	0	1	0	1	0
$Q_0(t)$	0	0	1	1	0	0	0
$J_1(t)$	1	1	1	1	0	0	1
$C_1(t)$	0	0	1	1	0	1	0
$Q_1(t)$	0	0	0	0	1	1	0
$z(t)$	0	0	1	1	2	2	0

Der zeitliche Ablauf kann wie folgt im Signal-Zeit-Diagramm dargestellt werden:

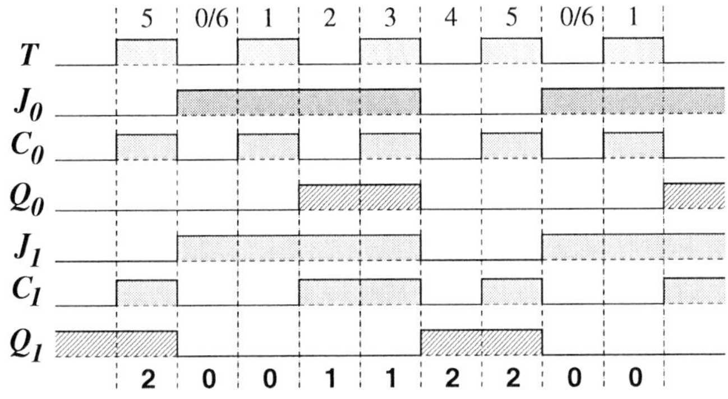

△

Lösung zu Aufgabe 2.11

a) Zustandstabelle

Aus dem Schaltbild folgen die Ansteuergleichungen der FF, sowie die Taktsteuerung:

$$J_A = K_A = 1 \quad T_A = T$$
$$J_B = K_B = X \quad T_B = A$$

Die Zustandstabelle besitzt 8 Einträge, da jeder der vier Zustände aufgrund des Eingangssignals als bestehender Zustand zweimal aufgelistet wird.

	z^n			e^n			z^{n+1}		
	B	A	X	T_B	J_B	K_B	B	A	
0	0	0	0	0/1	0	0	0	1	1
0	0	0	1	0/1	1	1	0	1	1
1	0	1	0	1/0	0	0	0	0	0
1	0	1	1	1/0	1	1	1	0	2
2	1	0	0	0/1	0	0	1	1	3
2	1	0	1	0/1	1	1	1	1	3
3	1	1	0	1/0	0	0	1	0	2
3	1	1	1	1/0	1	1	0	0	0

Den Folgezustand von FF A können wir jeweils sofort angeben, FF A nimmt mit jedem Takt den komplementären Zustand an ($Q^{n+1} = \bar{Q}^n$). Mit dem Zustandswechsel von FF A können wir die Taktflanken von FF B bestimmen und mit J_B, K_B den Folgezustand festlegen. $T_B = 0/1$ ($T_B = 1/0$) bedeutet, dass (aufgrund des Zustandswechsels von FF A) am Takteingang T_B eine positive (negative) Taktflanke anliegt.

b) Zustandsdiagramm

Aufgrund der Zustandstabelle ergibt sich das folgende Zustandsdiagramm. Als Ausgangssignal wird der aktuelle Zustand angegeben, da kein spezielles Ausgangssignal definiert wurde.

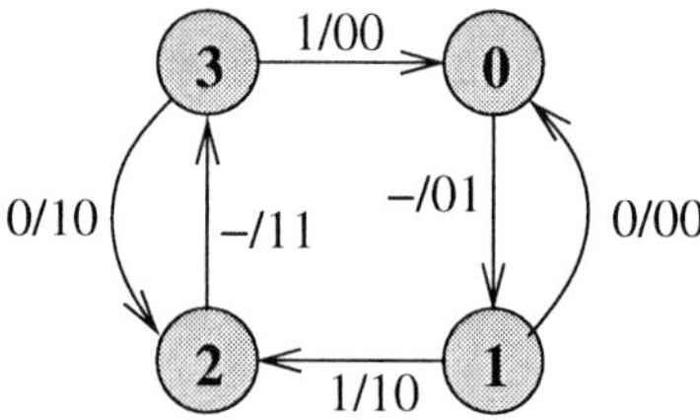

c) Signal-Zeit-Diagramm

Das Signal-Zeit-Diagramm kann schrittweise ermittelt werden, indem man innerhalb der sensitiven FF-Phase, d.h. während der 1-Phase des Taktes den akzeptierten Ansteuerwert bestimmt und damit für die zeitlich darauf folgende Taktperiode jeweils den Zustand der FF in das Diagramm einträgt. Da bei FF A beide Eingänge auf 1 liegen, wechselt dies mit jeder aktiven Taktflanke. FF B kann nur wechseln wenn der Ausgang von FF A eine 1/0-Flanke aufweist.

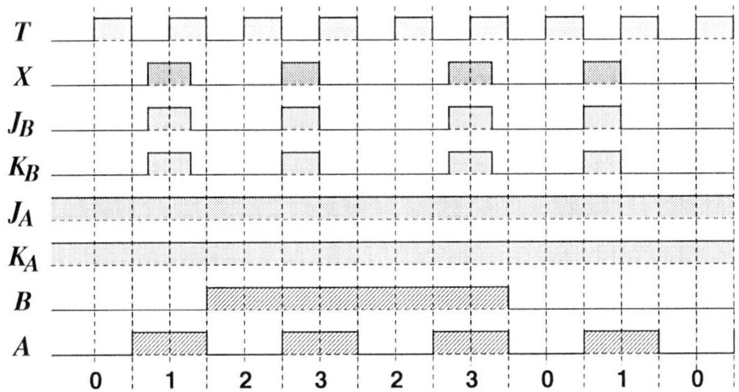

Das Schaltwerk durchläuft also die Zustandsfolge

$$0 \longrightarrow 1 \longrightarrow 2 \longrightarrow 3 \longrightarrow 2 \longrightarrow 3 \longrightarrow 0 \longrightarrow 1 \longrightarrow 0$$ △

Lösung zu Aufgabe 2.12

a) Zustandstabelle

Aus dem Schaltbild folgen die Ansteuergleichungen der FF:

$$J_A = (X \not\equiv B) \qquad K_A = 1$$
$$J_B = \bar{X}A \qquad K_B = X + A$$

Bei zwei FF und einem Eingangssignal besitzt die Zustandstabelle $2^3 = 8$ Einträge.

	z^n			e^n				z^{n+1}		
	B	A	X	J_B	K_B	J_A	K_A	B	A	
0	0	0	0	0	0	0	1	0	0	0
0	0	0	1	0	1	1	1	0	1	1
1	0	1	0	1	1	0	1	1	0	2
1	0	1	1	0	1	1	1	0	0	0
2	1	0	0	0	0	1	1	1	1	3
2	1	0	1	0	1	0	1	0	0	0
3	1	1	0	1	1	1	1	0	0	0
3	1	1	1	0	1	0	1	0	0	0

b) Zustandsdiagramm

Aufgrund der Zustandstabelle ergibt sich das folgende Zustandsdiagramm mit dem aktuellen Zustand als Ausgangssignal.

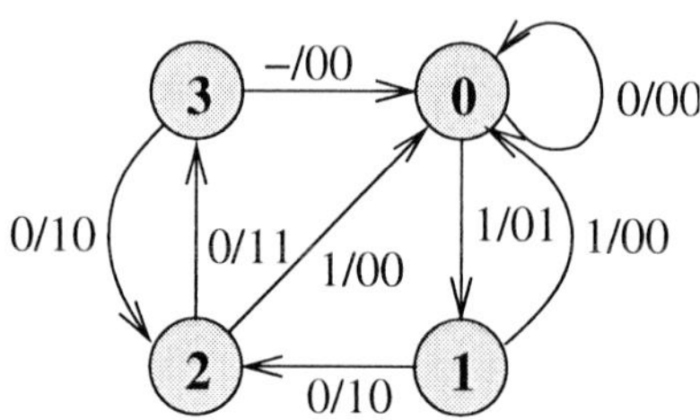

c) Signal-Zeit-Diagramm

Das Signal-Zeit-Diagramm kann schrittweise ermittelt werden, indem man während der 1-Phase des Taktes den akzeptierten Ansteuerwert bestimmt und den Folgezustand in das Diagramm einträgt. Da es sich um ein synchrones Schaltwerk handelt, ist mit jeder 1/0-Flanke des Taktes ein Wechsel beider FF möglich.

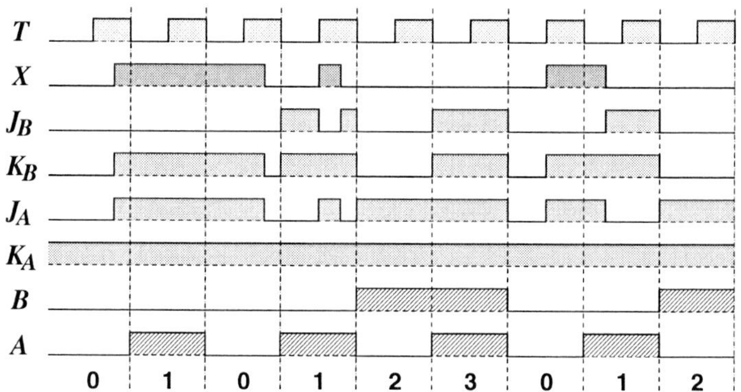

Das Schaltwerk durchläuft also die Zustandsfolge

$$0 \longrightarrow 1 \longrightarrow 0 \longrightarrow 1 \longrightarrow 2 \longrightarrow 3 \longrightarrow 0 \longrightarrow 1 \longrightarrow 2 \qquad \triangle$$

Lösung zu Aufgabe 2.13

a) Zustandstabelle

Aus dem Schaltbild folgen die Ansteuergleichungen der FF:

$$J_A = K_A = 1 \qquad J_B = XA \quad K_B = \bar{X}A$$

	z^n			e^n		z^{n+1}		
	B	A	X	J_B	K_B	B	A	
0	0	0	0	0	0	0	1	1
0	0	0	1	0	0	0	1	1
1	0	1	0	0	1	0	0	0
1	0	1	1	1	0	1	0	2
2	1	0	0	0	0	1	1	3
2	1	0	1	0	0	1	1	3
3	1	1	0	0	1	0	0	0
3	1	1	1	1	0	1	0	2

Bei zwei FF und einem Eingangssignal besitzt die Zustandstabelle $2^3 = 8$ Einträge. Den Folgezustand von FF A können wir jeweils sofort angeben, FF A nimmt mit jedem Takt den komplementären Zustand an.

b) Zustandsdiagramm
Aufgrund der Zustandstabelle ergibt sich das folgende Zustandsdiagramm mit dem aktuellen Zustand als Ausgangssignal.

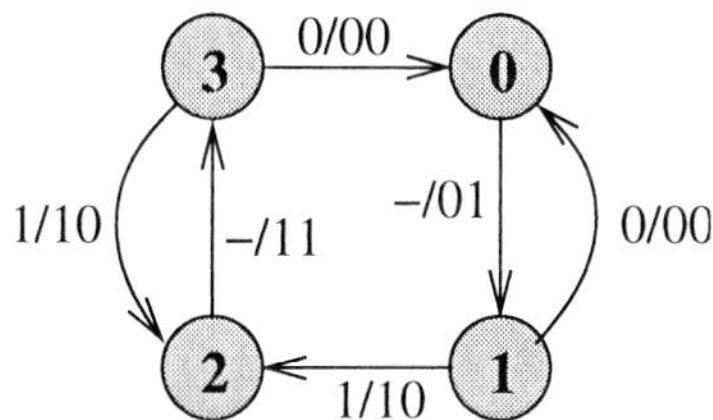

c) Signal-Zeit-Diagramm

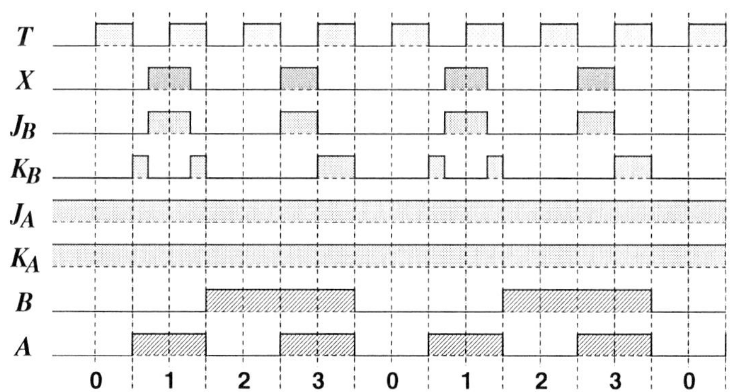

Das Signal-Zeit-Diagramm kann schrittweise ermittelt werden, indem man während der 1-Phase des Taktes den akzeptierten Ansteuerwert bestimmt und den Folgezustand in das Diagramm einträgt. Da es sich um ein synchrones Schaltwerk handelt, ist mit jeder 1/0-Flanke des Taktes ein Wechsel beider FF möglich.

Das Schaltwerk durchläuft also die Zustandsfolge

$$0 \longrightarrow 1 \longrightarrow 2 \longrightarrow 3 \longrightarrow 0 \longrightarrow 1 \longrightarrow 2 \longrightarrow 3 \longrightarrow 0 \qquad \triangle$$

Lösung zu Aufgabe 2.14

Bei einer gegebenen Frequenz von 33,33 MHz ergibt sich eine Periodendauer von $30\,ns$. Wir beginnen mit der Analyse von Schaltwerk 1, da dieses aufgrund dessen, dass die Eingangssignale sowie das Taktsignal von FF A nur vom Eingangssignal X und vom Takt T abhängen, leichter zu analysieren ist. Das Ausgangssignal von FF A kann unabhängig von FF B durchgehend ermittelt werden. Die Ansteuergleichungen der FF in Schaltwerk 1 lauten:

$$\begin{array}{lll} J_A = X & K_A = 1 & T_A = T \\ J_B = (X \not\equiv \bar{A}) & K_B = 1 & T_B = \bar{A} \end{array}$$

Mit dem Ausgang von FF A ist auch das Taktsignal von FF B vollständig bekannt, J_B kann über die Gleichung $J_B = (X \not\equiv \bar{A})$ bestimmt werden. Zu beachten sind dann noch die Schaltverzögerungen der FF und des Antivalenz-Gatters. Wir erhalten das folgende Signal-Zeit-Diagramm:

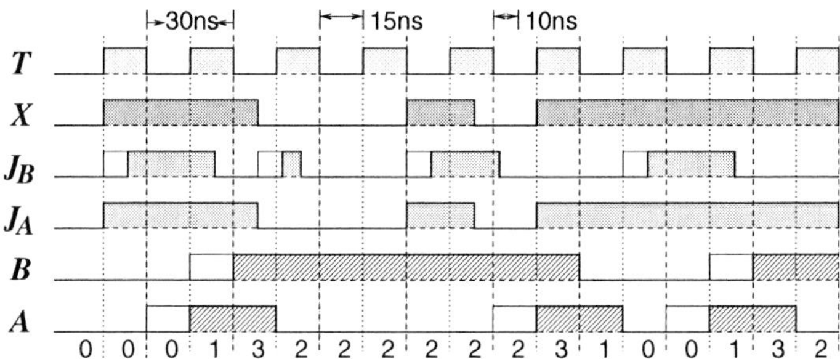

Die Ansteuergleichungen der FF in Schaltwerk 2 lauten:

$$\begin{array}{lll} J_A = (X \not\equiv \bar{B}) & K_A = 1 & T_A = T \\ J_B = X & K_B = 1 & T_B = \bar{A} \end{array}$$

Bei der Analyse von Schaltwerk 2 besteht das Problem, dass einerseits der Eingang J_A vom Ausgang von FF B und umgekehrt der Takt von FF B vom Ausgang von FF A abhängt. Die beiden Ausgangssignale können daher nur iterativ ermittelt werden. Das Eingangssignal J_B kann sofort durchgehend festgelegt werden. Da zu Beginn beide FF-Ausgänge 0 sind, kann damit bis zur nächsten möglichen aktiven Taktflanke J_A festgelegt werden. Mit $T_A = T$ kann dann der Ausgang von FF A bis zur nächsten aktiven Taktflanke bestimmt werden. Mit dem Ausgang von FF A kennen wir für diesen Zeitraum den Takt von FF B und können damit den Ausgang von FF B bis zur nächsten möglichen aktiven Taktflanke festlegen usw. Zu beachten haben wir insbesondere noch die internen Verzögerungen. Wir erhalten das folgende Signal-Zeit-Diagramm:

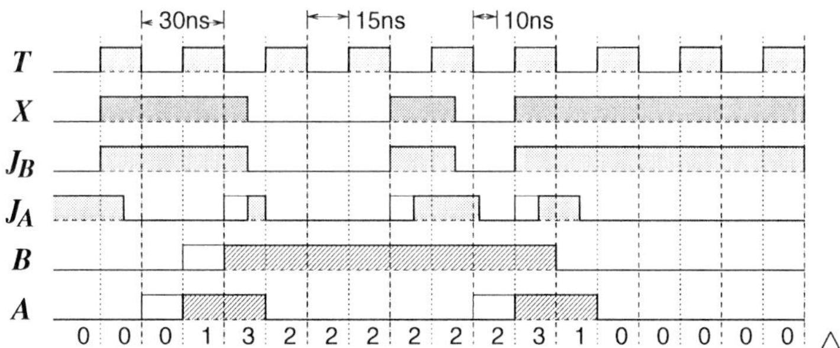

△

Lösung zu Aufgabe 2.15

a) Zustandsdiagramm

Zur Ermittlung des Zustandsdiagramms stellen wir zuerst die Zustandstabelle auf. Da es sich um ein synchrones Schaltwerk handelt, können die Werte der Zustandstabelle direkt anhand der gegebenen Funktionsgleichungen in beliebiger Reihenfolge zeilen- oder spaltenweise ermittelt werden.

	z^n			x^n	e^n						z^{n+1}			
	C	B	A	X	J_C	K_C	J_B	K_B	J_A	K_A	C	B	A	
0	0	0	0	0	0	0	1	0	0	0	0	1	0	2
0	0	0	0	1	0	0	0	1	1	1	0	0	1	1
1	0	0	1	0	0	0	1	1	0	0	0	1	1	3
1	0	0	1	1	0	0	1	1	1	1	0	1	0	2
2	0	1	0	0	0	1	1	0	1	0	0	1	1	3
2	0	1	0	1	1	0	0	1	0	1	1	0	0	4
3	0	1	1	0	1	1	1	1	1	0	1	0	1	5
3	0	1	1	1	1	1	1	1	0	1	1	0	0	4
4	1	0	0	0	0	0	0	1	1	1	1	0	1	5
4	1	0	0	1	0	0	1	0	0	0	1	1	0	6
5	1	0	1	0	0	0	1	1	1	1	1	1	0	6
5	1	0	1	1	0	0	1	1	0	0	1	1	1	7
6	1	1	0	0	0	1	0	1	0	1	0	0	0	0
6	1	1	0	1	1	0	1	0	1	0	1	1	1	7
7	1	1	1	0	1	1	1	1	0	1	0	0	0	0
7	1	1	1	1	1	1	1	1	1	0	0	0	1	1

$$J_C = B(X+A) \quad J_B = A+(X\equiv C) \quad J_A = X(B\equiv C) + \bar{X}(B\not\equiv C)$$
$$K_C = B(\bar{X}+A) \quad K_B = A+(X\not\equiv C) \quad K_A = (X\not\equiv C)$$

Aufgrund der Zustandstabelle können wir das Verhalten des Schaltwerks auch direkt im Zustandsdiagramm darstellen. Als Ausgangssignal verwenden wir den Zustand.

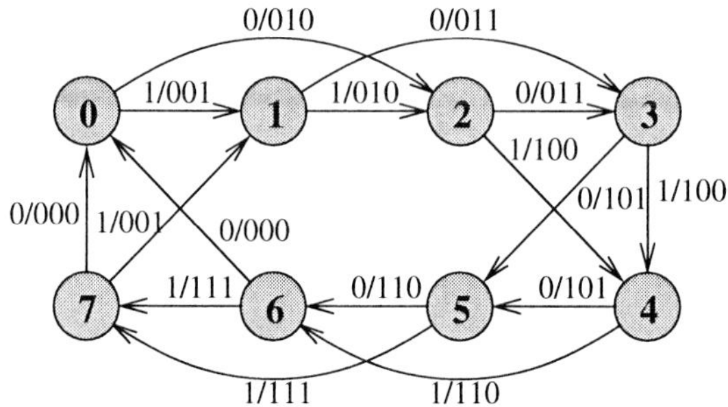

b) Signal-Zeit-Diagramm

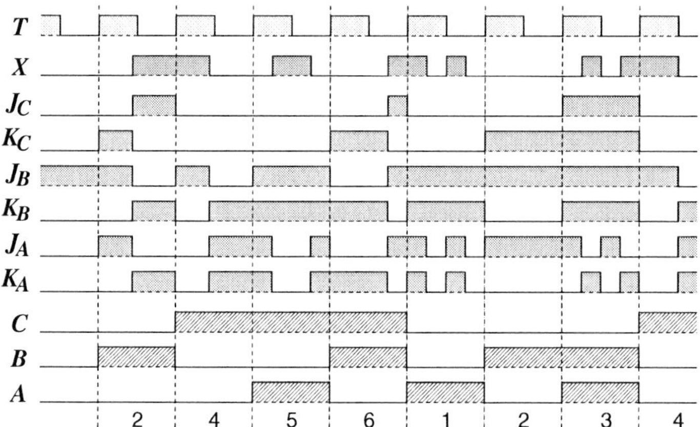

Das Signal-Zeit-Diagramm kann schrittweise ermittelt werden, indem man während der 1-Phase des Taktes den akzeptierten Ansteuerwert bestimmt und den Folgezustand in das Diagramm einträgt. Da es sich um ein synchrones Schaltwerk handelt, ist mit jeder 0/1-Flanke des Taktes ein Wechsel aller FF möglich. Aufgrund der schnellen Wechsel des Eingangssignals X während der Taktdauern ist besonders zu beachten, dass die JK-FF immer nur den zum Ausgang komplementären Zustand aufnehmen können. △

Lösung zu Aufgabe 2.16

Bei einem Schaltwerk aus vier FF sind 16 Zustände möglich, die in dualer Form in die 16 Zeilen eingetragen werden. Da es sich hier um ein asynchrones Schaltwerk handelt, bei dem die Taktsignale von den Ausgängen anderer FF abhängig sind, können deren Werte bzw. die entscheidenden Taktflanken nur schrittweise nach Feststellung der entsprechenden Folgezustandsvariablenwerte ermittelt werden.

$$
\begin{array}{llll}
T_A = E & T_B = A & T_C = B & T_D = AC \\
J_A = 1 & J_B = \bar{C}+\bar{D} & J_C = 1 & J_D = B \\
K_A = 1 & K_B = 1 & K_C = 1 & K_D = \bar{B}
\end{array}
$$

Da J_A, K_A, K_B, J_C und K_C gleich 1 sind, können an die entsprechenden Stellen in der Tabelle sofort die Einsen eingetragen werden. Das Taktsignal des FFs A ergibt sich aus dem Eingang E, d.h. eine Zustandsänderung ist nur möglich wenn am Eingang E eine negative Taktflanke auftritt, so dass alle anderen Zustände oder Übergänge des Eingangssignals in der Tabelle nicht berücksichtigt werden müssen. Aufgrund der Vollständigkeit der Ansteuervariablen des FFs A kann der Wert des Folgezustandes des FFs A in allen Zeilen ermittelt werden. Mit $J_A = K_A = 1$ und der Voraussetzung, dass wir nur die Zeilen berücksichtigen, in denen ein aktives Taktsignal vorliegt, wird FF A in jeder Zeile seinen Zustand umkehren. Der Einfachheit halber können wir daher auch die Spalte der Eingangsvariablen des FFs A in der Tabelle komplett weglassen.

Aufgrund von A^n und A^{n+1} kann dann in jeder Zeile die Taktflanke von FF B ($T_B = A$) ermittelt werden. In der ersten Zeile (Zustand 0) wechselt A von 0 nach 1, damit liegt keine aktive Taktflanke vor. In der zweiten Zeile (Zustand 1) wechselt A von 1 nach 0, damit liegt eine aktive Taktflanke vor. In der dritten Zeile (Zustand 2) wechselt A wieder von 1 nach 0, es liegt eine aktive Taktflanke vor, usw. Parallel dazu kann in jeder Zeile über die Gleichung $J_B = \bar{C}+\bar{D}$ der Wert von J_B angegeben werden. Mit $K_B = 1$ sind die Eingangswerte von FF B ebenfalls vollständig und der Wert des Folgezustandes von FF B kann in allen Zeilen ermittelt werden. Ein Wechsel von FF B findet nur dann statt, wenn ein aktives Taktsignal vorliegt. In diesen Fällen ergibt sich der Folgezustand von FF B entsprechend der Funktionstabelle des JK-FFs, beispielsweise ergibt sich in der zweiten Zeile $B^{n+1} = 1$, in der vierten Zeile $B^{n+1} = 0$, usw.

Aufgrund von B^n und B^{n+1} kann dann in jeder Zeile die Taktflanke von FF C ($T_C = B$) ermittelt werden. In der zweiten Zeile (Zustand 1) wechselt B von 0 nach 1, damit liegt keine aktive Taktflanke vor. In der vierten Zeile (Zustand 3) wechselt B von 1 nach 0, damit liegt eine aktive Taktflanke vor, usw. Da J_C und K_C in allen Zeilen gleich 1 sind, ist damit unmittelbar auch der Folgezustand von FF C in allen Zeilen bestimmbar.

z^n	s^n				e^n									s^{n+1}				z^{n+1}
	D	C	B	A	J_D	K_D	T_D	J_C	K_C	T_C	J_B	K_B	T_B	D	C	B	A	
0	0	0	0	0	0	1	0/0	1	1	0/0	1	1	0/1	0	0	0	1	1
1	0	0	0	1	0	1	0/0	1	1	0/1	1	1	1/0	0	0	1	0	2
2	0	0	1	0	1	0	0/0	1	1	1/1	1	1	0/1	0	0	1	1	3
3	0	0	1	1	1	0	0/0	1	1	1/0	1	1	1/0	0	1	0	0	4
4	0	1	0	0	0	1	0/1	1	1	0/0	1	1	0/1	0	1	0	1	5
5	0	1	0	1	0	1	1/0	1	1	0/1	1	1	1/0	0	1	1	0	6
6	0	1	1	0	1	0	0/1	1	1	1/1	1	1	0/1	0	1	1	1	7
7	0	1	1	1	1	0	1/0	1	1	1/0	1	1	1/0	1	0	0	0	8
8	1	0	0	0	0	1	0/0	1	1	0/0	1	1	0/1	1	0	0	1	9
9	1	0	0	1	0	1	0/0	1	1	0/1	1	1	1/0	1	0	1	0	10
10	1	0	1	0	1	0	0/0	1	1	1/1	1	1	0/1	1	0	1	1	11
11	1	0	1	1	1	0	0/0	1	1	1/0	1	1	1/0	1	1	0	0	12
12	1	1	0	0	0	1	0/1	1	1	0/0	0	1	0/1	1	1	0	1	13
13	1	1	0	1	0	1	1/0	1	1	0/0	0	1	1/0	0	1	0	0	4
14	1	1	1	0	1	0	0/1	1	1	1/1	0	1	0/1	1	1	1	1	15
15	1	1	1	1	1	0	1/0	1	1	1/0	0	1	1/0	1	0	0	0	8

Etwas schwieriger ist die Bestimmung des Taktsignals von FF D mit $T_D = AC$. Wir müssen hierzu den Verlauf der Ausgänge von FF A und FF C in jeder Zeile verfolgen. Eine 1/0-Flanke entsteht, wenn entweder A^n und A^{n+1} gleich 1 sind und FF C wechselt von 1 nach 0, oder C^n und C^{n+1} gleich 1 sind und FF A wechselt von 1 nach 0, oder beide FF A und FF C wechseln von 1 nach 0. So entstehen beispielsweise in den ersten vier Zeilen gar keine Flanken. In der fünften Zeile entsteht eine

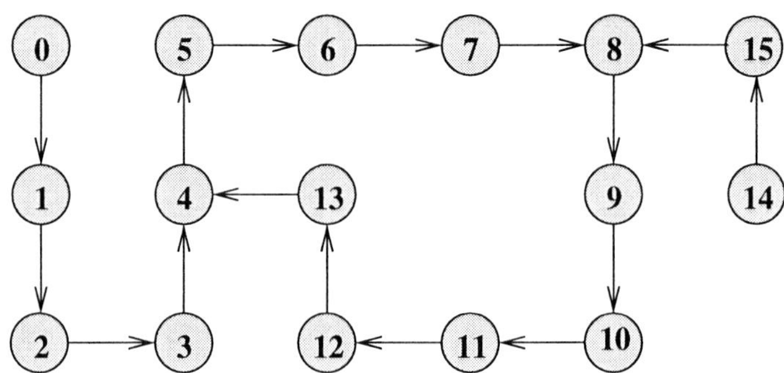

0/1-Flanke, da C^n und C^{n+1} gleich 1 sind und FF A von 0 nach 1 wechselt. In der sechsten Zeile entsteht die erste aktive 1/0-Flanke, da C^n und C^{n+1} gleich 1 sind und FF A von 1 nach 0 wechselt. Ist das Taktsignal auf diese Weise in allen Zeilen festgelegt, dann können anhand der Gleichungen $J_D = B$ und $K_D = \bar{B}$ die Ansteuerwerte von FF D bestimmt werden. Weiter können damit die Folgezustände von FF D bestimmt werden. Damit ergibt sich schließlich die dargestellte Zustandstabelle. Aufgrund der Zustandstabelle kann dann das dargestellte Zustandsdiagramm entwickelt werden. △

Lösung zu Aufgabe 2.17

a) Automatenmodelle

Die bekannten Automatenmodelle sind Moore- und Mealy-Automat.

Die Automatenmodelle unterscheiden sich in der Generierung des Ausgangsvektors $\underline{Y}$. Beim Moore-Automat ist der Ausgangsvektor $\underline{Y}$ ausschließlich eine Funktion des Zustandsvektors $\underline{Z}$, er ist unabhängig vom momentanen Eingangsvektor $\underline{X}$. Es gilt $\underline{Y} = F(\underline{Z})$. Damit ist beim Moore-Automat jedem Zustand eindeutig ein bestimmtes Ausgangssignal zuzuordnen.

Im Gegensatz zum Moore-Automat ist der Ausgangsvektors $\underline{Y}$ beim Mealy-Automat auch eine Funktion des Eingangsvektors $\underline{X}$. Es gilt $\underline{Y} = F(\underline{X}, \underline{Z})$. Damit sind beim Mealy-Automat in jedem Zustand verschiedene Ausgangssignale möglich.

b) Zustandsdiagramme

Bei Diagramm 1 liegt ein Mealy-Automat vor, da das Ausgangssignal in Zustand 6 von der jeweiligen Transition bzw. vom jeweiligen Vorgängerzustand abhängig ist. Damit existieren in Zustand 6 unterschiedliche Ausgangssignale und der Mealy-Automat lässt sich auch ohne Veränderung der Zustände nicht in einen Moore-Automaten umwandeln.

Bei Diagramm 2 existiert kein Zustand mit unterschiedlichen Ausgangssignalen. Diagramm 2 kann sowohl einen Moore- als auch einen Mealy-Automaten beschreiben.

c) Äquivalente Zustände

Nach der Automatenregel sind zwei Zustände äquivalent, wenn sie für alle Eingangssignale den gleichen Folgezustand und das gleiche Folgeausgangssignal aufweisen. Zur Überprüfung dieser Äquivalenz sind alle Zustände jeweils paarweise miteinander zu vergleichen. Vergleicht man beispielsweise im Diagramm 1 Zustand 1 mit Zustand 2, so kommt man zwar von Zustand 1 als auch von Zustand 2 aus mit 01/10 nach Zustand

6. Von Zustand 1 aus kommt man aber mit 00/01 nach Zustand 5, eine Transition, die in Zustand 2 undefiniert ist. Umgekehrt kommt man von Zustand 2 aus mit 10/01 nach Zustand 5, eine Transition, die in Zustand 1 undefiniert ist. Nach Vergleich aller Zustände in beiden Diagrammen stellt man fest, dass es keine äquivalenten Zustände gibt. △

Lösung zu Aufgabe 2.18

a) Moore- oder Mealy-Automat

Das dargestellte Zustandsdiagramm beschreibt einen Mealy-Automaten, da in Zustand 4 verschiedene Ausgangssignale, die abhängig vom Vorgängerzustand sind, existieren.

b) verhaltensäquivalenter Moore-Automat

Um einen äquivalenten Moore-Automaten zu konstruieren, muss der Zustand 4 in zwei von der Funktion her äquivalente Ersatzzustände aufgespalten werden, die jeweils das entsprechende Ausgangssignal aufweisen.

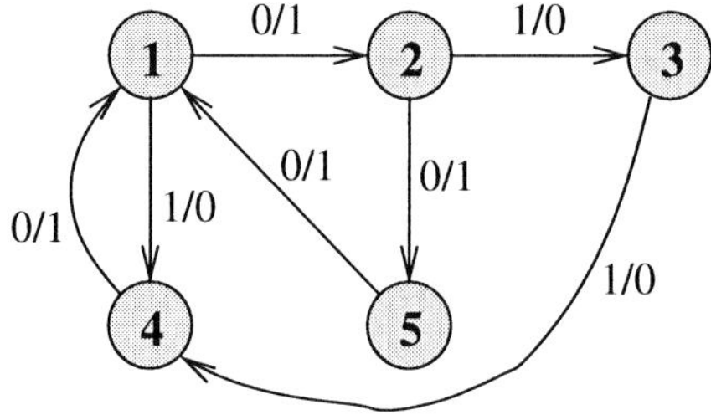

△

Lösung zu Aufgabe 2.19

a) Moore- oder Mealy-Automat

Aus dem Diagramm erkennt man, dass in Zustand 0 abhängig von der jeweiligen Transition alle Kombinationen von Ausgangssignalen 00, 01, 10 und 11 möglich sind. Damit handelt es sich um einen Mealy-Automaten.

b) Minimierung des Zustandsraumes

Durch Vergleich der Zustände erkennt man, dass die Zustände 9,10 und 11 äquivalent sind, da sie den gleichen Folgezustand 0 und die gleichen Folgeausgangssignale 10 aufweisen. Ebenso sind die Zustände 13,14 und 15 äquivalent sind, der Folgezustand ist der Zustand 0 und die Folgeausgangssignale sind 01. Formal dargestellt:

$$9 \xrightarrow{--/10} 0 \qquad 10 \xrightarrow{--/10} 0 \qquad 11 \xrightarrow{--/10} 0$$
$$13 \xrightarrow{--/01} 0 \qquad 14 \xrightarrow{--/01} 0 \qquad 15 \xrightarrow{--/01} 0$$

Fasst man die Zustände 9,10 und 11 im Zustand 9 sowie die Zustände 13,14 und 15 im Zustand 13 zusammen, so folgt das folgende Zustandsdiagramm:

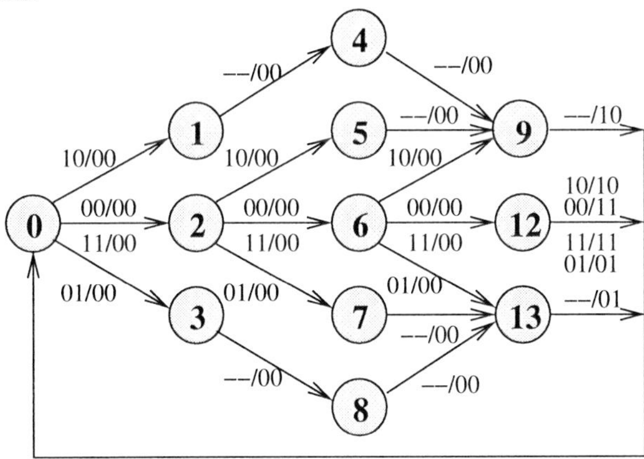

Eine weitere Untersuchung des Zustandsraumes zeigt, dass in diesem Diagramm die Zustände 4 und 5 sowie die Zustände 7 und 8 äquivalent sind. Die Zustände 4 und 5 haben den Folgezustand 9 bei einem Folgeausgangssignal 00, die Zustände 7 und 8 haben den Folgezustand 13 bei einem Folgeausgangssignal 00.

$$4 \xrightarrow{--/00} 9 \qquad 5 \xrightarrow{--/00} 9$$
$$7 \xrightarrow{--/00} 13 \qquad 8 \xrightarrow{--/00} 13$$

Die Zusammenlegung ergibt:

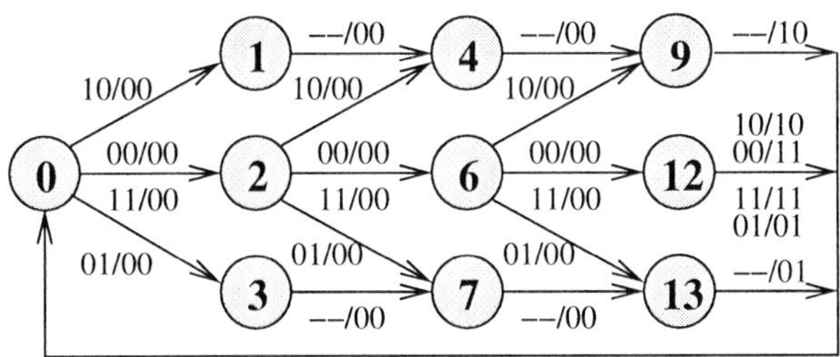

In diesem Zustandsdiagramm sind keine weiteren äquivalenten Zustände mehr erkennbar. Eine abstraktere, formalere und wesentlich schnellere Alternativlösung bietet die Automatentabelle.

Dazu wird das Automatenmodell in Tabellenform repräsentiert:

	z^{n+1}/y^{n+1}			
z^n	$X_1X_0=00$	$X_1X_0=01$	$X_1X_0=10$	$X_1X_0=11$
0	2/00	3/00	1/00	2/00
1	4/00	4/00	4/00	4/00
2	6/00	7/00	5/00	6/00
3	8/00	8/00	8/00	8/00
4	9/00	9/00	9/00	9/00
5	10/00	10/00	10/00	10/00
6	12/00	13/00	11/00	12/00
7	14/00	14/00	14/00	14/00
8	15/00	15/00	15/00	15/00
9	0/10	0/10	0/10	0/10
10	0/10	0/10	0/10	0/10
11	0/10	0/10	0/10	0/10
12	0/11	0/01	0/10	0/11
13	0/01	0/01	0/01	0/01
14	0/01	0/01	0/01	0/01
15	0/01	0/01	0/01	0/01

Identisch sind die Zeilen 9,10,11 sowie 13,14,15. Bei einer Zusammenlegung nach 9 bzw. 13 müssen die Zustände 10,11 bzw. 14,15 in den verbleibenden Zeilen durch 9 bzw. 13 ersetzt werden.

	z^{n+1}/y^{n+1}			
z^n	$X_1X_0=00$	$X_1X_0=01$	$X_1X_0=10$	$X_1X_0=11$
0	2/00	3/00	1/00	2/00
1	4/00	4/00	4/00	4/00
2	6/00	7/00	5/00	6/00
3	8/00	8/00	8/00	8/00
4	9/00	9/00	9/00	9/00
5	9/00	9/00	9/00	9/00
6	12/00	13/00	9/00	12/00
7	13/00	13/00	13/00	13/00
8	13/00	13/00	13/00	13/00
9	0/10	0/10	0/10	0/10
12	0/11	0/01	0/10	0/11
13	0/01	0/01	0/01	0/01

Identisch sind die Zeilen 4,5 sowie 7,8. Die Zusammenlegung resultiert schließlich in nachfolgender Tabelle. Weitere Zusammenfassungen sind nicht mehr möglich.

z^n	z^{n+1}/y^{n+1} $X_1X_0=00$	$X_1X_0=01$	$X_1X_0=10$	$X_1X_0=11$
0	2/00	3/00	1/00	2/00
1	4/00	4/00	4/00	4/00
2	6/00	7/00	4/00	6/00
3	7/00	7/00	7/00	7/00
4	9/00	9/00	9/00	9/00
6	12/00	13/00	9/00	12/00
7	13/00	13/00	13/00	13/00
9	0/10	0/10	0/10	0/10
12	0/11	0/01	0/10	0/11
13	0/01	0/01	0/01	0/01

△

Lösung zu Aufgabe 2.20

Minimierung eines Zustandsmodells

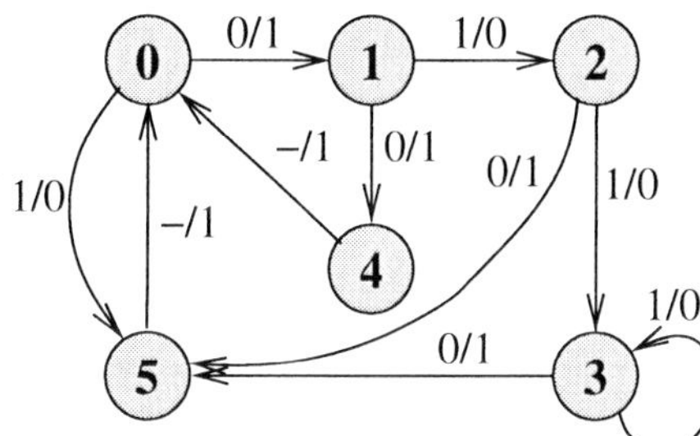

Zuerst stellen wir fest, dass die Zustände 4 und 5 äquivalent sind, da sie die gleichen Transitionen aufweisen.

$$4 \xrightarrow{0/1} 0 \qquad 5 \xrightarrow{0/1} 0$$
$$4 \xrightarrow{1/1} 0 \qquad 5 \xrightarrow{1/1} 0$$

Wir legen den Zustand 4 mit Zustand 5 zusammen. Dann müssen alle Transitionen, die vorher in Zustand 4 endeten, nun in Zustand 5 enden.

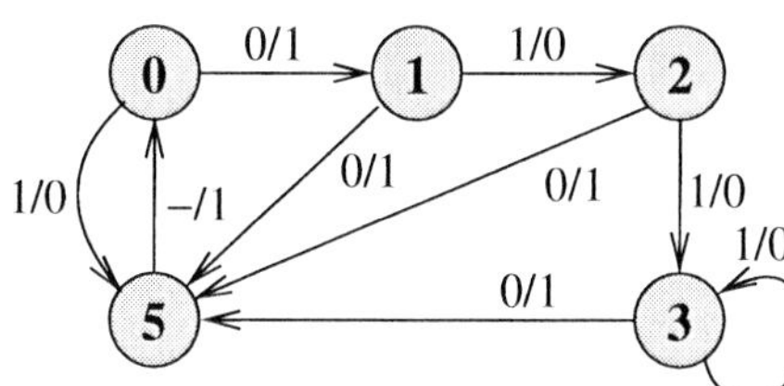

Man erkennt, dass auch die Zustände 2 und 3 äquivalent sind, da sie die gleichen Transitionen aufweisen.

$$2 \xrightarrow{0/1} 5 \qquad 3 \xrightarrow{0/1} 5$$
$$2 \xrightarrow{1/0} 3 \qquad 3 \xrightarrow{1/0} 3$$

Wir legen den Zustand 3 mit Zustand 2 zusammen. Dann müssen alle Transitionen, die vorher in Zustand 3 endeten, nun in Zustand 2 enden.

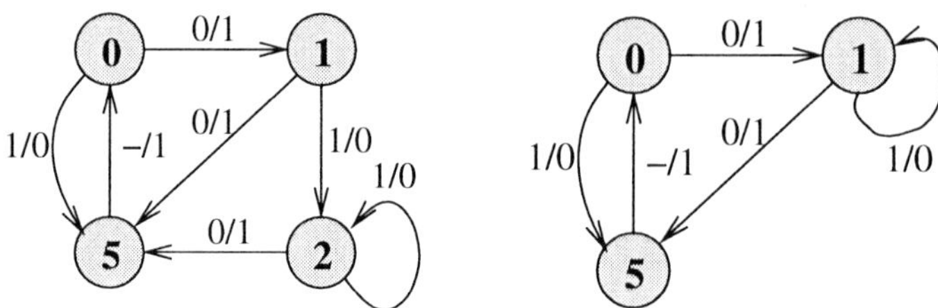

Man erkennt, dass in diesem schon erheblich reduzierten Modell nun auch noch die Zustände 1 und 2 äquivalent sind:

$$1 \xrightarrow{0/1} 5 \qquad 2 \xrightarrow{0/1} 5$$
$$1 \xrightarrow{1/0} 2 \qquad 2 \xrightarrow{1/0} 2$$

Wir legen den Zustand 2 mit Zustand 1 zusammen und erhalten schließlich ein Modell mit nur noch 3 Zuständen. △

Lösung zu Aufgabe 2.21

a) Moore- oder Mealy-Automat

Man erkennt sofort, dass in Zustand 3 abhängig von der jeweiligen Transition sowohl das Ausgangssignal 0 oder 1 möglich ist. Damit handelt es sich um einen Mealy-Automaten.

b) verhaltensäquivalenter Moore-Automat

Um einen äquivalenten Moore-Automaten zu konstruieren, muss der Zustand 3 in zwei von der Funktion her äquivalente Ersatzzustände aufgespalten werden, die jeweils das entsprechende Ausgangssignal aufweisen.

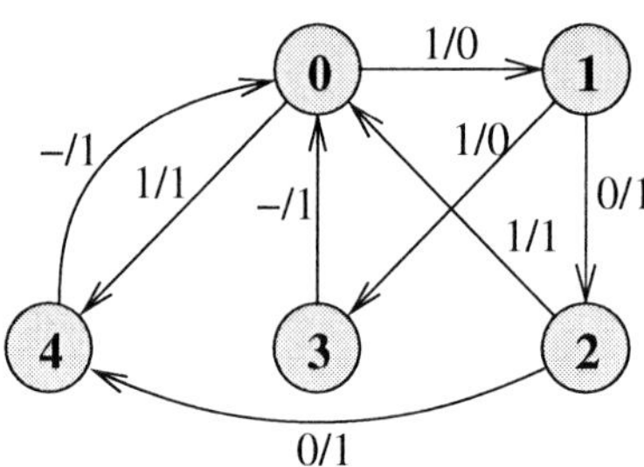

△

Lösung zu Aufgabe 2.22

a) Moore- oder Mealy-Automat

z^n	z^{n+1}/y^{n+1} $X_1X_0=00$	$X_1X_0=01$	$X_1X_0=10$	$X_1X_0=11$
1	2/0	1/0	1/0	1/0
2	3/0	1/0	1/0	1/0
3	3/1	1/0	1/0	1/0
4	2/0	1/0	1/1	1/0

Aus der Automatentabelle erkennen wir, dass beim Übergang von Zustand 4 nach Zustand 1 mit 10 das Ausgangssignal 1 ist, bei allen anderen Transitionen in den Zustand 1 ist es 0. Damit handelt es sich um einen Mealy-Automaten.

b) verhaltensäquivalenter Moore-Automat

Um einen äquivalenten Moore-Automaten zu konstruieren, muss der Zustand 1 in zwei von der Funktion her äquivalente Ersatzzustände aufgespalten werden, die jeweils das entsprechende Ausgangssignal aufweisen.

z^n	z^{n+1}/y^{n+1} $X_1X_0=00$	$X_1X_0=01$	$X_1X_0=10$	$X_1X_0=11$
1	2/0	1/0	1/0	1/0
1'	2/0	1/0	1/0	1/0
2	3/0	1/0	1/0	1/0
3	3/1	1/0	1/0	1/0
4	2/0	1/0	1'/1	1/0

△

Lösung zu Aufgabe 2.23

Für ein Schaltwerk mit 4 Zuständen werden 2 FF benötigt, wobei wir stets von einem synchronen Schaltwerk ausgehen, bei dem alle FF an den gleichen zentral verfügbaren Takt angeschlossen sind.

Zuerst wird die Zustandstabelle aufgestellt, in der für jeden Zustand z^n in Abhängigkeit der Eingangssignale x^n der jeweilige Folgezustand z^{n+1} festgelegt wird. In weiteren Spalten werden in Abhängigkeit von bestehendem Zustand z^n und Folgezustand z^{n+1} die Eingangsbelegungen der FF festgelegt.

Bei zwei Eingangsvariablen muss jeder Zustand viermal (für jede Eingangskombination E_1, E_0) notiert und der Folgezustand eingetragen werden. Beispielsweise folgt für den Zustand 0 und $E_1 = 0, E_0 = 0$ der Folgezustand 0. Damit soll der Ausgang beider FF unverändert bleiben.

Aus der Vorschriftentabelle des JK-FFs folgt damit $J_1 = J_0 = 0$ und $K_1 = K_0 = x$. Weiter folgt für den Zustand 0 und $E_1 = 0, E_0 = 1$ der Folgezustand 1. Damit soll Q_0 auf 1 gesetzt und Q_1 unverändert auf 0 bleiben. Aus der Vorschriftentabelle des JK-FFs folgt $J_0 = 1$ und $K_0 = x$ sowie $J_1 = 0$ und $K_1 = x$, usw.

Bei zwei Zustandsvariablen Q_1, Q_0 und zwei Eingangsvariablen E_1, E_0 enthält die Tabelle $2^{2+2} = 2^4 = 16$ Zeilen. Vervollständigt man diese 16 Zeilen entsprechend, so entsteht die folgende Zustandstabelle:

	s^n		x^n			s^{n+1}		e^n				y^{n+1}
	Q_1	Q_0	E_1	E_0		Q_1	Q_0	J_1	K_1	J_0	K_0	D_A
0	0	0	0	0	0	0	0	0	x	0	x	0
0	0	0	0	1	1	0	1	0	x	1	x	1
0	0	0	1	0	0	0	0	0	x	0	x	0
0	0	0	1	1	3	1	1	1	x	1	x	0
1	0	1	0	0	1	0	1	0	x	x	0	1
1	0	1	0	1	1	0	1	0	x	x	0	1
1	0	1	1	0	2	1	0	1	x	x	1	0
1	0	1	1	1	0	0	0	0	x	x	1	1
2	1	0	0	0	2	1	0	x	0	0	x	0
2	1	0	0	1	2	1	0	x	0	0	x	0
2	1	0	1	0	1	0	1	x	1	1	x	0
2	1	0	1	1	3	1	1	x	0	1	x	1
3	1	1	0	0	1	0	1	x	1	x	0	1
3	1	1	0	1	1	0	1	x	1	x	0	1
3	1	1	1	0	0	0	0	x	1	x	1	0
3	1	1	1	1	0	0	0	x	1	x	1	0

Aufgrund der e^n-Spalten dieser Zustandstabelle können nun die Gleichungen der FF bestimmt werden. Der Einfachheit halber erfolgt die Minimierung mit Hilfe von KV-Diagrammen.

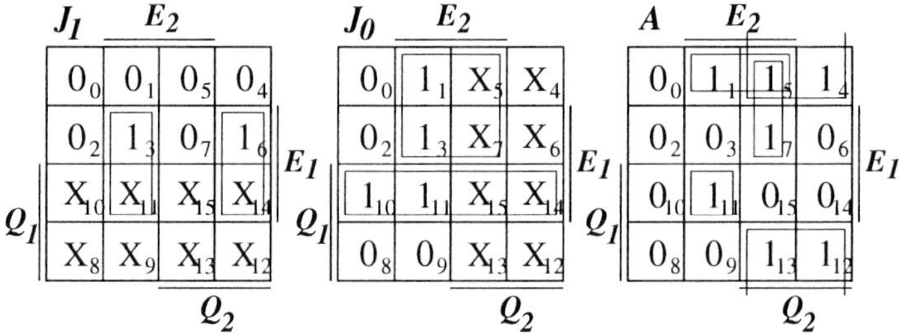

J_1 (E_2, E_1, Q_1, Q_2)

0_{0}	0_{1}	0_{5}	0_{4}
0_{2}	1_{3}	0_{7}	1_{6}
X_{10}	X_{11}	X_{15}	X_{14}
X_{8}	X_{9}	X_{13}	X_{12}

J_0 (E_2, E_1, Q_1, Q_2)

0_{0}	1_{1}	X_{5}	X_{4}
0_{2}	1_{3}	X_{7}	X_{6}
1_{10}	1_{11}	X_{15}	X_{14}
0_{8}	0_{9}	X_{13}	X_{12}

A (E_2, E_1, Q_1, Q_2)

0_{0}	1_{1}	1_{5}	1_{4}
0_{2}	0_{3}	1_{7}	0_{6}
0_{10}	1_{11}	0_{15}	0_{14}
0_{8}	0_{9}	1_{13}	1_{12}

$$J_1 = \bar{Q}_2 E_1 E_2 + Q_2 E_1 \bar{E}_2 = E_1 (E_2 \neq Q_2)$$
$$J_0 = Q_1 E_1 + \bar{Q}_1 E_2$$
$$D_A = Q_2 \bar{E}_1 + \bar{Q}_1 \bar{E}_1 E_2 + \bar{Q}_1 Q_2 E_2 + Q_1 \bar{Q}_2 E_1 E_2$$

K_1 (E_2, E_1, Q_1, Q_2)

X_0	X_1	X_5	X_4
X_2	X_3	X_7	X_6
1_{10}	0_{11}	1_{15}	1_{14}
0_8	0_9	1_{13}	1_{12}

K_0 (E_2, E_1, Q_1, Q_2)

X_0	X_1	0_5	0_4
X_2	X_3	1_7	1_6
X_{10}	X_{11}	1_{15}	1_{14}
X_8	X_9	0_{13}	0_{12}

$$K_1 = Q_2 + E_1\bar{E}_2$$
$$K_0 = E_1$$

△

Lösung zu Aufgabe 2.24

a) Zustandstabelle

Für ein Schaltwerk mit 7 Zuständen werden 3 FF benötigt. Dabei entsteht ein zur Minimierung nutzbarer redundanter Zustand.

	s^n					s^{n+1}			e^n						y^{n+1}
	Q_2	Q_1	Q_0	E		Q_2	Q_1	Q_0	J_2	K_2	J_1	K_1	J_0	K_0	D_A
0	0	0	0	0	1	0	0	1	0	x	0	x	1	x	0
0	0	0	0	1	2	0	1	0	0	x	1	x	0	x	0
1	0	0	1	0	3	0	1	1	0	x	1	x	x	0	0
1	0	0	1	1	4	1	0	0	1	x	0	x	x	1	0
2	0	1	0	0	5	1	0	1	1	x	x	1	1	x	0
2	0	1	0	1	6	1	1	0	1	x	x	0	0	x	0
3	0	1	1	0	0	0	0	0	0	x	x	1	x	1	1
3	0	1	1	1	0	0	0	0	0	x	x	1	x	1	0
4	1	0	0	0	0	0	0	0	x	1	0	x	0	x	0
4	1	0	0	1	0	0	0	0	x	1	0	x	0	x	0
5	1	0	1	0	0	0	0	0	x	1	0	x	x	1	0
5	1	0	1	1	0	0	0	0	x	1	0	x	x	1	0
6	1	1	0	0	0	0	0	0	x	1	x	1	0	x	0
6	1	1	0	1	0	0	0	0	x	1	x	1	0	x	1
–	1	1	1	1	–	–	–	–	–	–	–	–	–	–	–

b) minimale Ansteuergleichungen

J_2 (Y, Q_0, Q_2, Q_1)

0_0	0_1	1_5	1_4
0_2	1_3	0_7	0_6
X_{10}	X_{11}	$-_{15}$	$-_{14}$
X_8	X_9	X_{13}	X_{12}

J_1 (Y, Q_0, Q_2, Q_1)

0_0	1_1	X_5	X_4
1_2	0_3	X_7	X_6
0_{10}	0_{11}	$-_{15}$	$-_{14}$
0_8	0_9	X_{13}	X_{12}

J_0 (Y, Q_0, Q_2, Q_1)

1_0	0_1	0_5	1_4
X_2	X_3	X_7	X_6
X_{10}	X_{11}	$-_{15}$	$-_{14}$
0_8	0_9	0_{13}	0_{12}

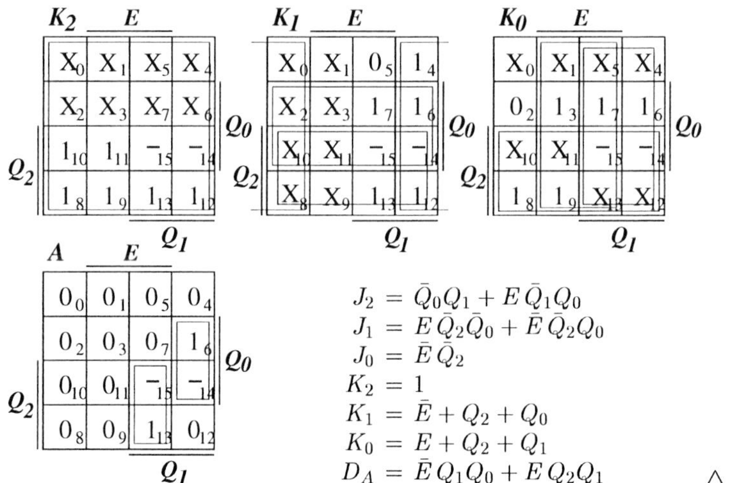

$$
\begin{aligned}
J_2 &= \bar{Q}_0 Q_1 + E\,\bar{Q}_1 Q_0 \\
J_1 &= E\,\bar{Q}_2 \bar{Q}_0 + \bar{E}\,\bar{Q}_2 Q_0 \\
J_0 &= \bar{E}\,\bar{Q}_2 \\
K_2 &= 1 \\
K_1 &= \bar{E} + Q_2 + Q_0 \\
K_0 &= E + Q_2 + Q_1 \\
D_A &= \bar{E}\,Q_1 Q_0 + E\,Q_2 Q_1
\end{aligned}
$$

△

Lösung zu Aufgabe 2.25

a) Zustandstabelle

Für ein Schaltwerk mit 8 Zuständen werden 3 FF benötigt. Da ein Ausgangssignal nicht weiter definiert ist, nehmen wir an, dass das Ausgangssignal der jeweiligen Zustandscodierung entspricht.

	s^n					s^{n+1}			e^n					
	Q_2	Q_1	Q_0	E		Q_2	Q_1	Q_0	J_2	K_2	J_1	K_1	J_0	K_0
0	0	0	0	0	1	0	0	1	0	x	0	x	1	x
0	0	0	0	1	2	0	1	0	0	x	1	x	0	x
1	0	0	1	0	2	0	1	0	0	x	1	x	x	1
1	0	0	1	1	3	0	1	1	0	x	1	x	x	0
2	0	1	0	0	3	0	1	1	0	x	x	0	1	x
2	0	1	0	1	4	1	0	0	1	x	x	1	0	x
3	0	1	1	0	4	1	0	0	1	x	x	1	x	1
3	0	1	1	1	5	1	0	1	1	x	x	1	x	0
4	1	0	0	0	5	1	0	1	x	0	0	x	1	x
4	1	0	0	1	6	1	1	0	x	0	1	x	0	x
5	1	0	1	0	6	1	1	0	x	0	1	x	x	1
5	1	0	1	1	7	1	1	1	x	0	1	x	x	0
6	1	1	0	0	7	1	1	1	x	0	x	0	1	x
6	1	1	0	1	0	0	0	0	x	1	x	1	0	x
7	1	1	1	0	0	0	0	0	x	1	x	1	x	1
7	1	1	1	1	1	0	0	1	x	1	x	1	x	0

b) Minimierte Ansteuergleichungen

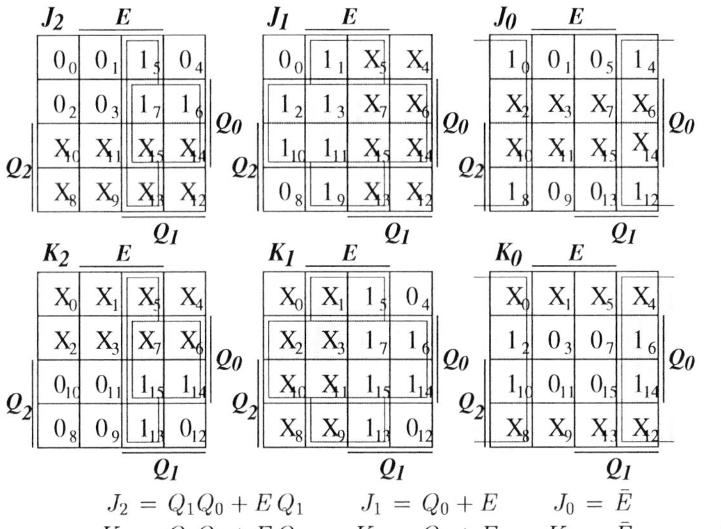

$$J_2 = Q_1 Q_0 + E\,Q_1 \qquad J_1 = Q_0 + E \qquad J_0 = \bar{E}$$
$$K_2 = Q_1 Q_0 + E\,Q_1 \qquad K_1 = Q_0 + E \qquad K_0 = \bar{E}$$

△

Lösung zu Aufgabe 2.26

a) Zustandsdiagramm

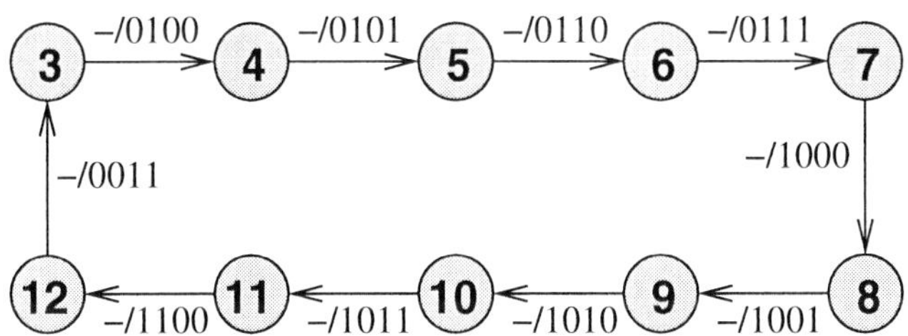

Der Zähler soll in dualer Zustandskodierung im Exzess-3-Code Modulo-10 zählen. Bei einem Modulo-10-Zähler besteht das Zustandsdiagramm aus 10 aufeinanderfolgenden Zuständen. Aus der Codetabelle erkennt man, dass die Zahl 0 im Exzess-3-Code in dualer Codierung dem Zustand 3 entspricht, die Zahl 1 dem Zustand 4, usw. Das Schaltwerk durchläuft also zyklisch die Zustände 3 bis 12, so dass das Ausgangssignal direkt der Zustandscodierung entspricht. Ferner besitzt ein reiner Zähler kein Eingangssignal.

b) Zustandstabelle

Für ein Schaltwerk mit 10 Zuständen werden 4 FF benötigt. Bei einer Zählung im Exzess-3-Code werden die 6 Zustände 0,1,2 und 13,14,15 niemals erreicht, diese sind redundant und können zur Vereinfachung genutzt werden.

	s^n					s^{n+1}				e^n			
	Q_A	Q_B	Q_C	Q_D		Q_A	Q_B	Q_C	Q_D	E_A	E_B	E_C	E_D
0	0	0	0	0	–	–	–	–	–	–	–	–	–
1	0	0	0	1	–	–	–	–	–	–	–	–	–
2	0	0	1	0	–	–	–	–	–	–	–	–	–
3	0	0	1	1	4	0	1	0	0	0	1	0	0
4	0	1	0	0	5	0	1	0	1	0	1	0	1
5	0	1	0	1	6	0	1	1	0	0	1	1	0
6	0	1	1	0	7	0	1	1	1	0	1	1	1
7	0	1	1	1	8	1	0	0	0	1	0	0	0
8	1	0	0	0	9	1	0	0	1	1	0	0	1
9	1	0	0	1	10	1	0	1	0	1	0	1	0
10	1	0	1	0	11	1	0	1	1	1	0	1	1
11	1	0	1	1	12	1	1	0	0	1	1	0	0
12	1	1	0	0	3	0	0	1	1	0	0	1	1
13	1	1	0	1	–	–	–	–	–	–	–	–	–
14	1	1	1	0	–	–	–	–	–	–	–	–	–
15	1	1	1	1	–	–	–	–	–	–	–	–	–

c) Minimierte Ansteuergleichungen

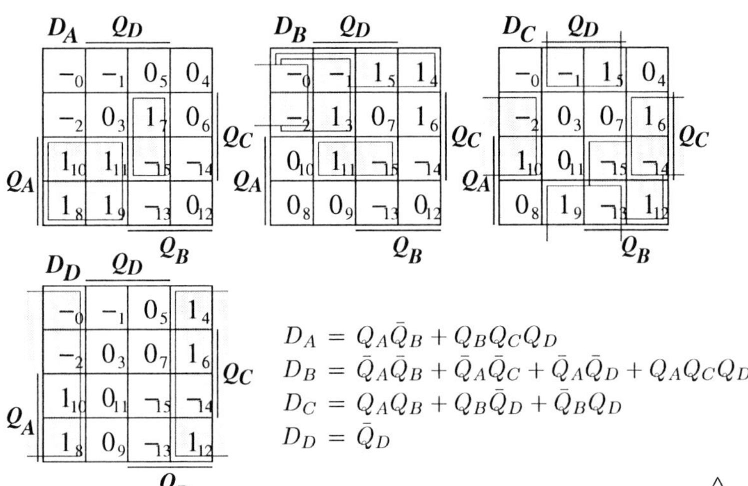

$$D_A = Q_A\bar{Q}_B + Q_BQ_CQ_D$$
$$D_B = \bar{Q}_A\bar{Q}_B + \bar{Q}_A\bar{Q}_C + \bar{Q}_A\bar{Q}_D + Q_AQ_CQ_D$$
$$D_C = Q_AQ_B + Q_B\bar{Q}_D + \bar{Q}_BQ_D$$
$$D_D = \bar{Q}_D$$

△

Lösung zu Aufgabe 2.27

a) Zustandsdiagramm

Bei einem Modulo-7-Zähler besteht das Zustandsdiagramm aus 7 aufeinanderfolgenden Zuständen. Der Zähler besitzt kein Eingangssignal.

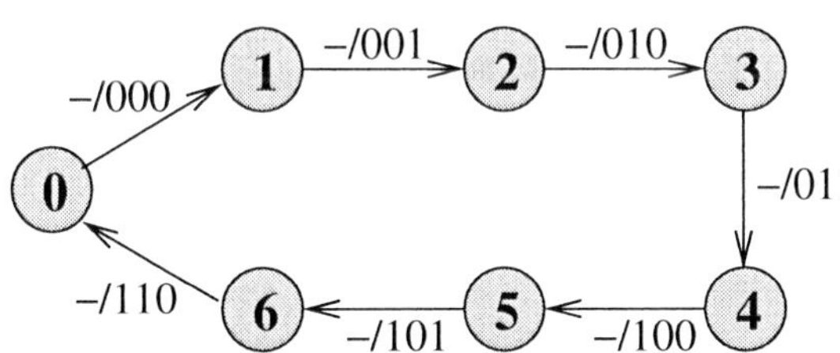

b) Zustandstabelle

	z^n				z^{n+1}			e^n					
	Q_A	Q_B	Q_C		Q_A	Q_B	Q_C	J_A	K_A	J_B	K_B	J_C	K_C
0	0	0	0	1	0	0	1	0	x	0	x	1	x
1	0	0	1	2	0	1	0	0	x	1	x	x	1
2	0	1	0	3	0	1	1	0	x	x	0	1	x
3	0	1	1	4	1	0	0	1	x	x	1	x	1
4	1	0	0	5	1	0	1	x	0	0	x	1	x
5	1	0	1	6	1	1	0	x	0	1	x	x	1
6	1	1	0	0	0	0	0	x	1	x	1	0	x

c) Minimierte Ansteuergleichungen

J_A (Q_C: Spalten 2–3; Q_B: Zeile 2; Q_A: Spalten 3–4)

0_0	0_1	X_5	X_4
0_2	1_3	$-_7$	X_6

J_B

0_0	1_1	1_5	0_4
X_2	X_3	$-_7$	X_6

J_C

1_0	X_1	X_5	1_4
1_2	X_3	$-_7$	0_6

K_A

X_0	X_1	0_5	0_4
X_2	X_3	$-_7$	1_6

K_B

X_0	X_1	X_5	X_4
0_2	1_3	$-_7$	1_6

K_C

X_0	1_1	1_5	X_4
X_2	1_3	$-_7$	X_6

$J_A = Q_B Q_C$ $\qquad$ $J_B = Q_C$ $\qquad$ $J_C = \bar{Q}_B + \bar{Q}_A$

$K_A = Q_B$ $\qquad$ $K_B = Q_A + Q_C$ $\qquad$ $K_C = 1$

△

Lösung zu Aufgabe 2.28

a) Zustandsdiagramm

Bei einem Modulo-11-Zähler besteht das Zustandsdiagramm aus 11 aufeinanderfolgenden Zuständen. Der Zähler besitzt kein Eingangssignal.

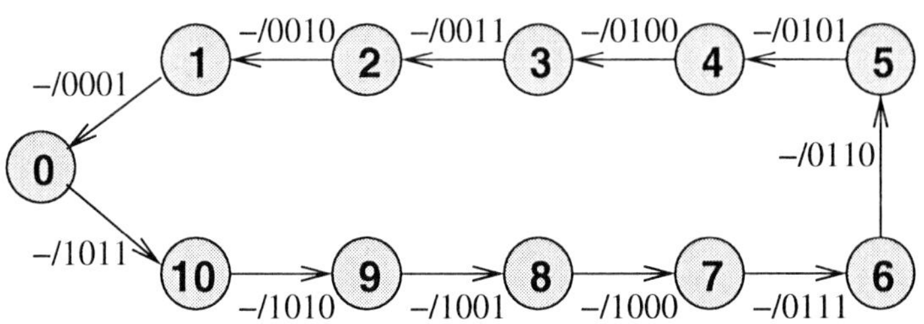

b) Zustandstabelle

Für ein Schaltwerk mit 11 Zuständen werden 4 FF benötigt. Die 5 redundanten Zustände können zur Vereinfachung genutzt werden.

	s^n					s^{n+1}				e^n							
	Q_3	Q_2	Q_1	Q_0		Q_3	Q_2	Q_1	Q_0	J_3	K_3	J_2	K_2	J_1	K_1	J_0	K_0
0	0	0	0	0	10	1	0	1	0	1	x	0	x	1	x	0	x
1	0	0	0	1	0	0	0	0	0	0	x	0	x	0	x	x	1
2	0	0	1	0	1	0	0	0	1	0	x	0	x	x	1	1	x
3	0	0	1	1	2	0	0	1	0	0	x	0	x	x	0	x	1
4	0	1	0	0	3	0	0	1	1	0	x	x	1	1	x	1	x
5	0	1	0	1	4	0	1	0	0	0	x	x	0	0	x	x	1
6	0	1	1	0	5	0	1	0	1	0	x	x	0	x	1	1	x
7	0	1	1	1	6	0	1	1	0	0	x	x	0	x	0	x	1
8	1	0	0	0	7	0	1	1	1	x	1	1	x	1	x	1	x
9	1	0	0	1	8	1	0	0	0	x	0	0	x	0	x	x	1
10	1	0	1	0	9	1	0	0	1	x	0	0	x	x	1	1	x

c) Minimierte Ansteuergleichungen

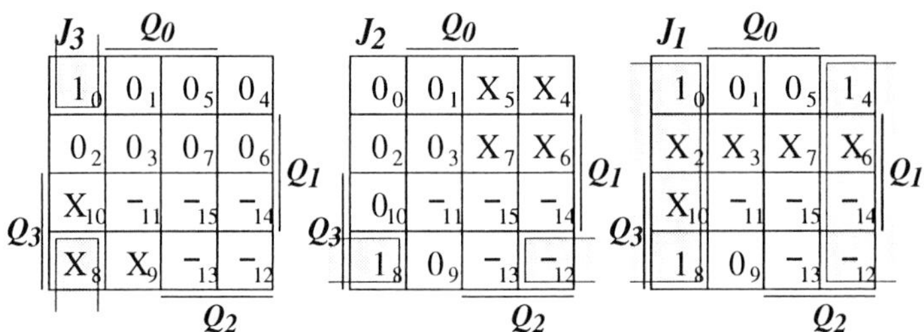

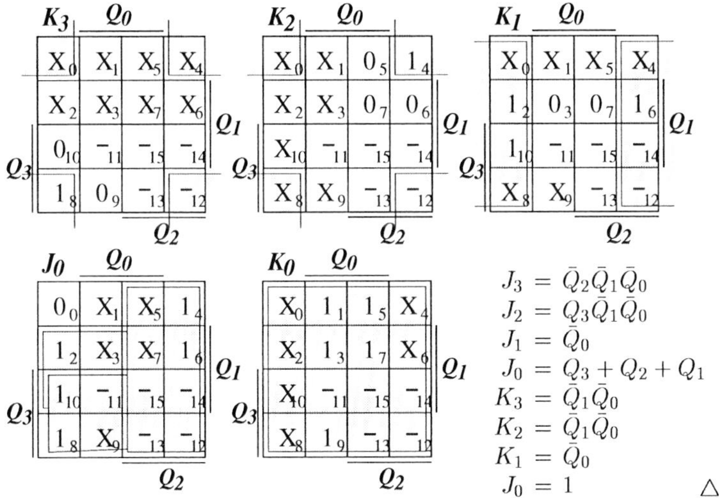

$$J_3 = \bar{Q}_2\bar{Q}_1\bar{Q}_0$$
$$J_2 = Q_3\bar{Q}_1\bar{Q}_0$$
$$J_1 = \bar{Q}_0$$
$$J_0 = Q_3 + Q_2 + Q_1$$
$$K_3 = \bar{Q}_1\bar{Q}_0$$
$$K_2 = \bar{Q}_1\bar{Q}_0$$
$$K_1 = \bar{Q}_0$$
$$J_0 = 1$$

△

Lösung zu Aufgabe 2.29

a) Zustandsdiagramm

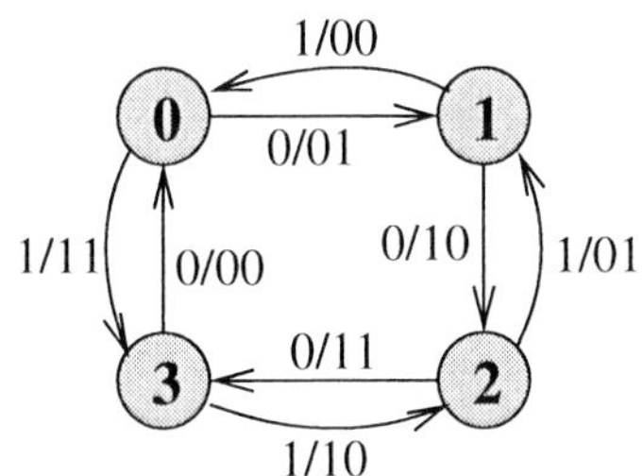

Das Zustandsdiagramm des Modulo-4-Vorwärts-/Rückwärtszählers besteht aus 4 aufeinanderfolgenden Zuständen, die in Abhängigkeit des Eingangssignals X in zwei Richtungen durchlaufen werden können.

b) Zustandstabelle

z^n				z^{n+1}			e^n			
	B	A	X		B	A	J_B	K_B	J_A	K_A
0	0	0	0	1	0	1	0	x	1	x
0	0	0	1	3	1	1	1	x	1	x
1	0	1	0	2	1	0	1	x	x	1
1	0	1	1	0	0	0	0	x	x	1
2	1	0	0	3	1	1	x	0	1	x
2	1	0	1	1	0	1	x	1	1	x
3	1	1	0	0	0	0	x	1	x	1
3	1	1	1	2	1	0	x	0	x	1

c) Minimierte Ansteuergleichungen

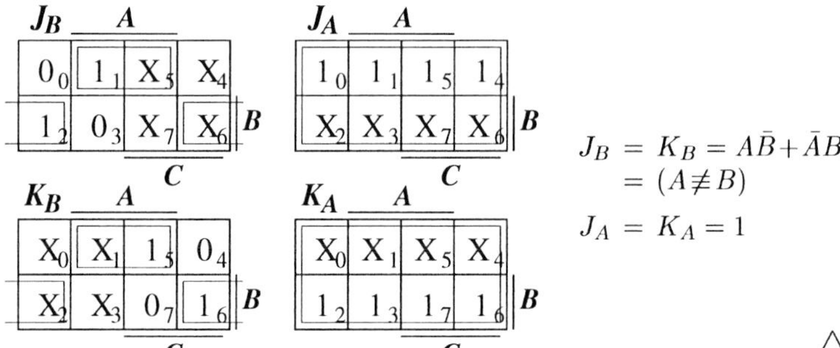

$$J_B = K_B = A\bar{B} + \bar{A}B = (A \not\equiv B)$$

$$J_A = K_A = 1$$

△

Lösung zu Aufgabe 2.30

a) Zustandsdiagramm

Der zu entwerfende Zähler besitzt zwei Eingangsvariablen E_1, E_2, mit denen das Zählverhalten gesteuert wird. Infolge der Modulo-8-Zählung muss er 8 unterscheidbare Zustände durchlaufen können.

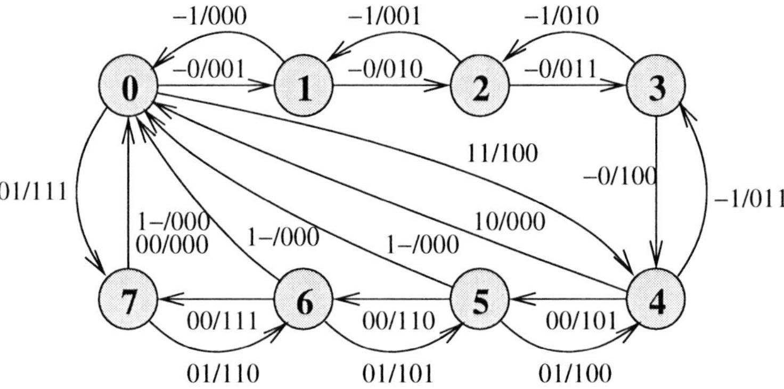

Bei $E_1 = 0$ bewegt sich der Zähler in den Zuständen von 0 bis 7, bei $E_1 = 1$ bewegt er sich in den Zuständen von 0 bis 4. Bei der Umschaltung von $E_1 = 0$ auf $E_1 = 1$ kann sich der Zähler jedoch gerade in einem der bei dieser Zählung unzulässigen Zustände 5, 6 oder 7 befinden. In diesen Fällen erfolgt ein unmittelbarer Übergang in den Zustand 0.

b) Zustandstabelle

Für ein Schaltwerk mit 8 Zuständen werden 3 FF benötigt.
Bei zwei Eingangs- und drei Zustandsvariablen besitzt die Zustandstabelle $2^{2+3} = 2^5 = 32$ Einträge (Zeilen).

	s^n			x^n			s^{n+1}			e^n					
	Q_2	Q_1	Q_0	E_1	E_0		Q_2	Q_1	Q_0	J_2	K_2	J_1	K_1	J_0	K_0
0	0	0	0	0	0	1	0	0	1	0	x	0	x	1	x
0	0	0	0	0	1	7	1	1	1	1	x	1	x	1	x
0	0	0	0	1	0	1	0	0	1	0	x	0	x	1	x
0	0	0	0	1	1	4	1	0	0	1	x	0	x	0	x
1	0	0	1	0	0	2	0	1	0	0	x	1	x	x	1
1	0	0	1	0	1	0	0	0	0	0	x	0	x	x	1
1	0	0	1	1	0	2	0	1	0	0	x	1	x	x	1
1	0	0	1	1	1	0	0	0	0	0	x	0	x	x	1
2	0	1	0	0	0	3	0	1	1	0	x	x	0	1	x
2	0	1	0	0	1	1	0	0	1	0	x	x	1	1	x
2	0	1	0	1	0	3	0	1	1	0	x	x	0	1	x
2	0	1	0	1	1	1	0	0	1	0	x	x	1	1	x
3	0	1	1	0	0	4	1	0	0	1	x	x	1	x	1
3	0	1	1	0	1	2	0	1	0	0	x	x	0	x	1
3	0	1	1	1	0	4	1	0	0	1	x	x	1	x	1
3	0	1	1	1	1	2	0	1	0	0	x	x	0	x	1
4	1	0	0	0	0	5	1	0	1	x	0	0	x	1	x
4	1	0	0	0	1	3	0	1	1	x	1	1	x	1	x
4	1	0	0	1	0	0	0	0	0	x	1	0	x	0	x
4	1	0	0	1	1	3	0	1	1	x	1	1	x	1	x
5	1	0	1	0	0	6	1	1	0	x	0	1	x	x	1
5	1	0	1	0	1	4	1	0	0	x	0	0	x	x	1
5	1	0	1	1	0	0	0	0	0	x	1	0	x	x	1
5	1	0	1	1	1	0	0	0	0	x	1	0	x	x	1
6	1	1	0	0	0	7	1	1	1	x	0	x	0	1	x
6	1	1	0	0	1	5	1	0	1	x	0	x	1	1	x
6	1	1	0	1	0	0	0	0	0	x	1	x	1	0	x
6	1	1	0	1	1	0	0	0	0	x	1	x	1	0	x
7	1	1	1	0	0	0	0	0	0	x	1	x	1	x	1
7	1	1	1	0	1	6	1	1	0	x	0	x	0	x	1
7	1	1	1	1	0	0	0	0	0	x	1	x	1	x	1
7	1	1	1	1	1	0	0	0	0	x	1	x	1	x	1

c) Minimierte Ansteuergleichungen

Aus den KV-Diagrammen auf der nächsten Seite folgen die Ansteuergleichungen:

$$
\begin{aligned}
J_2 &= Q_1Q_0\bar{E}_0 + \bar{Q}_1\bar{Q}_0E_0 & K_2 &= E_1 + Q_1Q_0\bar{E}_0 + \bar{Q}_1\bar{Q}_0E_0 \\
J_1 &= Q_2\bar{Q}_0E_0 + Q_0\bar{E}_1\bar{E}_0 + \bar{Q}_0\bar{E}_1E_0 & K_1 &= Q_2E_1 + Q_0\bar{E}_0 + \bar{Q}_0E_0 \\
J_0 &= \bar{E}_1 + \bar{Q}_2Q_1 + \bar{Q}_2\bar{E}_0 + Q_2\bar{Q}_1E_0 & K_0 &= 1
\end{aligned}
$$

Die Gleichung $K_0 = 1$ kann man direkt aus der Funktionstabelle ablesen.

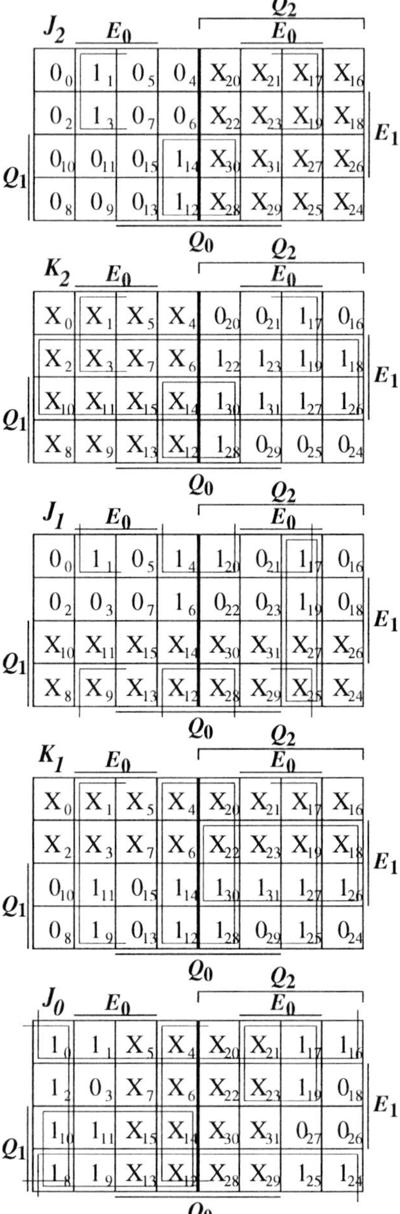
J_2 E_0 Q_2 E_0
0_0 1_1 0_5 0_4 X_{20} X_{21} X_{17} X_{16}
0_2 1_3 0_7 0_6 X_{22} X_{23} X_{19} X_{18} E_1
0_{10} 0_{11} 0_{15} 1_{14} X_{30} X_{31} X_{27} X_{26}
Q_1
0_8 0_9 0_{13} 1_{12} X_{28} X_{29} X_{25} X_{24}
Q_0
K_2 E_0 Q_2 E_0
X_0 X_1 X_5 X_4 0_{20} 0_{21} 1_{17} 0_{16}
X_2 X_3 X_7 X_6 1_{22} 1_{23} 1_{19} 1_{18} E_1
X_{10} X_{11} X_{15} X_{14} 1_{30} 1_{31} 1_{27} 1_{26}
Q_1
X_8 X_9 X_{13} X_{12} 1_{28} 0_{29} 0_{25} 0_{24}
Q_0
J_1 E_0 Q_2 E_0
0_0 1_1 0_5 1_4 1_{20} 0_{21} 1_{17} 0_{16}
0_2 0_3 0_7 1_6 0_{22} 0_{23} 1_{19} 0_{18} E_1
X_{10} X_{11} X_{15} X_{14} X_{30} X_{31} X_{27} X_{26}
Q_1
X_8 X_9 X_{13} X_{12} X_{28} X_{29} X_{25} X_{24}
Q_0
K_1 E_0 Q_2 E_0
X_0 X_1 X_5 X_4 X_{20} X_{21} X_{17} X_{16}
X_2 X_3 X_7 X_6 X_{22} X_{23} X_{19} X_{18} E_1
0_{10} 1_{11} 0_{15} 1_{14} 1_{30} 1_{31} 1_{27} 1_{26}
Q_1
0_8 1_9 0_{13} 1_{12} 1_{28} 0_{29} 1_{25} 0_{24}
Q_0
J_0 E_0 Q_2 E_0
1_0 1_1 X_5 X_4 X_{20} X_{21} 1_{17} 1_{16}
1_2 0_3 X_7 X_6 X_{22} X_{23} 1_{19} 0_{18} E_1
1_{10} 1_{11} X_{15} X_{14} X_{30} X_{31} 0_{27} 0_{26}
Q_1
1_8 1_9 X_{13} X_{12} X_{28} X_{29} 1_{25} 1_{24}
Q_0

△

Lösung zu Aufgabe 2.31

Aus den entsprechenden Hinweisen in der Aufgabenstellung folgern wir, dass der gegebene Zustandsraum minimierbar ist. Dazu stellen wir das Zustandsmodell in der Automatentabelle dar und wenden die erste Minimierungsregel an.

z^n	z^{n+1}/y^{n+1} $E=0$	$E=1$
0	9/11	4/01
1	4/10	0/01
2	0/10	1/01
3	2/00	0/11
4	0/00	5/11
5	8/00	0/11
6	0/00	5/11
7	6/10	0/01
8	0/10	7/01
9	0/10	1/01

$\Longrightarrow$

z^n	z^{n+1}/y^{n+1} $E=0$	$E=1$
0	2/11	4/01
1	4/10	0/01
2	0/10	1/01
3	2/00	0/11
4	0/00	5/11
5	8/00	0/11
7	4/10	0/01
8	0/10	7/01

$\Longrightarrow$

z^n	z^{n+1}/y^{n+1} $E=0$	$E=1$
0	2/11	4/01
1	4/10	0/01
2	0/10	1/01
3	2/00	0/11
4	0/00	5/11
5	8/00	0/11
8	0/10	1/01

Aus der Automatentabelle erkennt man, dass die Zustände 2 und 9 sowie die Zustände 4 und 6 äquivalent sind. Wir eliminieren die Zustände 6 und 9, was zur Folge hat, dass der Folgezustand 6 in der Tabelle durch 4 und der Folgezustand 9 durch 2 ersetzt werden muss.

In dieser neu aufgebauten Tabelle sind die Zustände 1 und 7 äquivalent. Wir eliminieren den Zustand 7. Danach sind wiederum die Zustände 2 und 8 äquivalent und wir eliminieren den Zustand 8. Weiter sind dann die Zustände 3 und 5 äquivalent und wir eliminieren den Zustand 5. In dieser Tabelle haben nun alle Zustände unterschiedliche Folgezustände, mit der ersten Minimierungsregel ist der Zustandsraum nicht weiter reduzierbar.

z^n	z^{n+1}/y^{n+1} $E=0$	$E=1$
0	2/11	4/01
1	4/10	0/01
2	0/10	1/01
3	2/00	0/11
4	0/00	5/11
5	2/00	0/11

$\Longrightarrow$

z^n	z^{n+1}/y^{n+1} $E=0$	$E=1$
0	2/11	4/01
1	4/10	0/01
2	0/10	1/01
3	2/00	0/11
4	0/00	3/11

In seltenen Fällen kann man mit der 2. Minimierungsregel noch weiter zusammenfassen, wenn die Bildung von Zustandsklassen mit äquivalentem Ausgangssignal möglich ist. Dies soll hier zumindest überprüft werden.

Gruppe	a		b				c			
Zustand	0		1		2		3		4	
x^n	0	1	0	1	0	1	0	1	0	1
y^{n+1}	11	01	10	01	10	01	00	11	00	11
Folgegruppe	b	c	c	a	a	b	b	a	a	c

Somit ergibt sich das folgende minimierte Zustandsdiagramm:

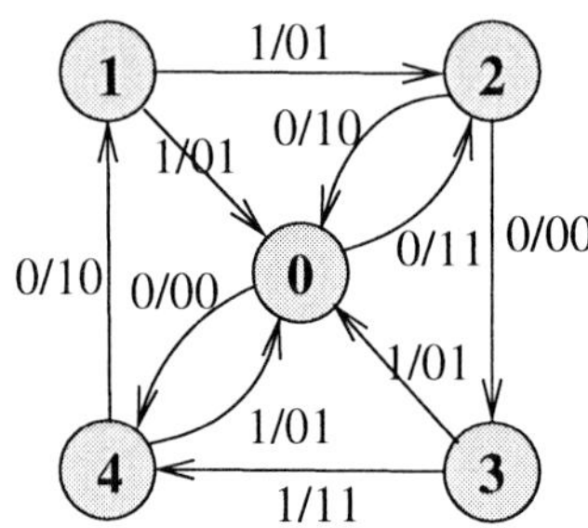

Es handelt sich um einen Mealy-Automaten, da in den Zuständen 0,2 und 4 verschiedene Ausgangssignale möglich sind. Um diese Ausgangssignale zeitsynchron mit der Transition in den entsprechenden Zustand und exakt bis zur nächsten Transition auszugeben, werden zwei Ergebnisregister benötigt. Diese verhindern, dass ein asynchrones Verändern der Eingangssignale direkt in den Ausgängen wirksam wird.

Laut Aufgabenstellung stehen drei D-MS-FF und zwei T-MS-FF zur Verfügung. Zwei D-MS-FF werden als Ergebnisregister verwendet. Bei fünf Zuständen reichen die drei verbleibenden FF zur Realisierung des Zustandsregisters aus. Dabei ergeben sich, abhängig davon wie man das D-MS-FF und die beiden T-MS-FF auf die drei Stellen verteilt, drei alternative Lösungen.

Lösung 1

$$\begin{aligned} T_2 &= Q_2 + \bar{Q}_1 Q_0 \bar{E} + \bar{Q}_1 \bar{Q}_0 E \\ T_1 &= Q_2 E + Q_1 E + Q_1 \bar{Q}_0 + \bar{Q}_2 \bar{Q}_0 \bar{E} \\ D_0 &= Q_2 E + Q_1 \bar{Q}_0 E \end{aligned}$$

Lösung 2

$$\begin{aligned} T_2 &= Q_2 + \bar{Q}_1 Q_0 \bar{E} + \bar{Q}_1 \bar{Q}_0 E \\ D_1 &= Q_2 E + Q_1 Q_0 \bar{E} + \bar{Q}_2 \bar{Q}_1 \bar{Q}_0 \bar{E} \\ T_0 &= Q_0 + Q_2 E + Q_1 E \end{aligned}$$

Lösung 3

$$\begin{aligned} D_2 &= \bar{Q}_1 Q_0 \bar{E} + \bar{Q}_2 \bar{Q}_1 \bar{Q}_0 E \\ T_1 &= Q_2 E + Q_1 E + Q_1 \bar{Q}_0 + \bar{Q}_2 \bar{Q}_0 \bar{E} \\ T_0 &= Q_0 + Q_2 E + Q_1 E \end{aligned}$$

	s^n			x^n		s^{n+1}			y^n		Lösung 1			Lösung 2			Lösung 3		
	Q_2	Q_1	Q_0	E		Q_2	Q_1	Q_0	Y_2	Y_1	T_2	T_1	D_0	T_2	D_1	T_0	D_2	T_1	T_0
0	0	0	0	0	2	0	1	0	1	1	0	1	0	0	1	0	0	1	0
0	0	0	0	1	4	1	0	0	0	1	1	0	0	1	0	0	1	0	0
1	0	0	1	0	4	1	0	0	1	0	1	0	0	1	0	1	1	0	1
1	0	0	1	1	0	0	0	0	0	1	0	0	0	0	0	1	0	0	1
2	0	1	0	0	0	0	0	0	1	0	0	1	0	0	0	0	0	1	0
2	0	1	0	1	1	0	0	1	0	1	0	1	1	0	0	1	0	1	1
3	0	1	1	0	2	0	1	0	0	0	0	0	0	0	1	1	0	0	1
3	0	1	1	1	0	0	0	0	1	1	0	1	0	0	0	1	0	1	1
4	1	0	0	0	0	0	0	0	0	0	1	0	0	1	0	0	0	0	0
4	1	0	0	1	3	0	1	1	1	1	1	1	1	1	1	1	0	1	1

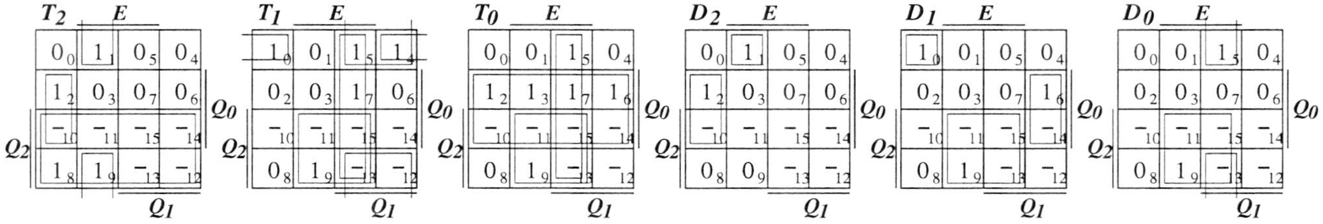

T_2 (E, Q_0, Q_2, Q_1)

0_0	1_1	0_5	0_4
1_2	0_3	0_7	0_6
$-_{10}$	$-_{11}$	$-_{15}$	$-_{14}$
1_8	1_9	$-_{13}$	$-_{12}$

T_1 (E, Q_0, Q_2, Q_1)

1_0	0_1	1_5	1_4
0_2	0_3	1_7	0_6
$-_{10}$	$-_{11}$	$-_{15}$	$-_{14}$
0_8	1_9	$-_{13}$	$-_{12}$

T_0 (E, Q_0, Q_2, Q_1)

0_0	0_1	1_5	0_4
1_2	1_3	1_7	1_6
$-_{10}$	$-_{11}$	$-_{15}$	$-_{14}$
0_8	1_9	$-_{13}$	$-_{12}$

D_2 (E, Q_0, Q_2, Q_1)

0_0	1_1	0_5	0_4
1_2	0_3	0_7	0_6
$-_{10}$	$-_{11}$	$-_{15}$	$-_{14}$
0_8	0_9	$-_{13}$	$-_{12}$

D_1 (E, Q_0, Q_2, Q_1)

1_0	0_1	0_5	0_4
0_2	0_3	0_7	1_6
$-_{10}$	$-_{11}$	$-_{15}$	$-_{14}$
0_8	1_9	$-_{13}$	$-_{12}$

D_0 (E, Q_0, Q_2, Q_1)

0_0	0_1	1_5	0_4
0_2	0_3	0_7	0_6
$-_{10}$	$-_{11}$	$-_{15}$	$-_{14}$
0_8	1_9	$-_{13}$	$-_{12}$

$\triangleright$

Lösung zu Aufgabe 2.32

a) Signal-Zeit-Diagramm

Der Frequenzteiler soll ein symmetrisches Tastverhältnis aufweisen. Bei $E = 0$ muss Y also 2 Taktperioden lang 0 und 2 Taktperioden lang 1 sein, bei $E=1$ muss Y 4 Taktperioden lang 0 und 4 Taktperioden lang 1 sein.

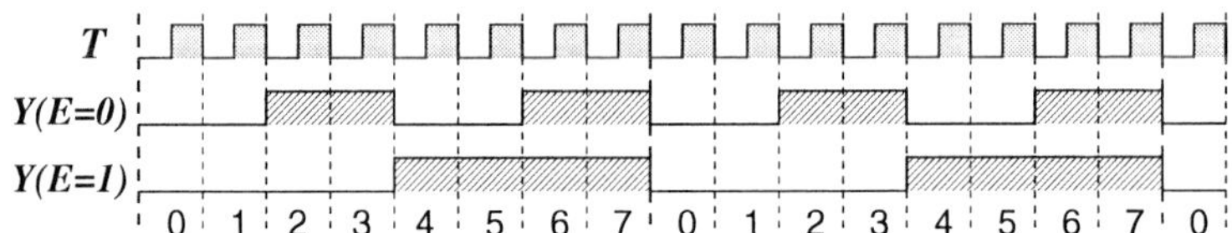

b) Zustandsdiagramm

Wie aus dem Signal-Zeit-Diagramm hervorgeht, besteht das Zustandsdiagramm aus einem Zyklus mit 8 Zuständen, wobei bei $E=0$ immer nur die ersten vier Zustände durchlaufen werden. Befindet sich das Schaltwerk bei einer Umschaltung von $E=0$ auf $E=1$ in einem der Zustände 4,5,6 oder 7, so wird in den Zustand 0 zurückgegangen.

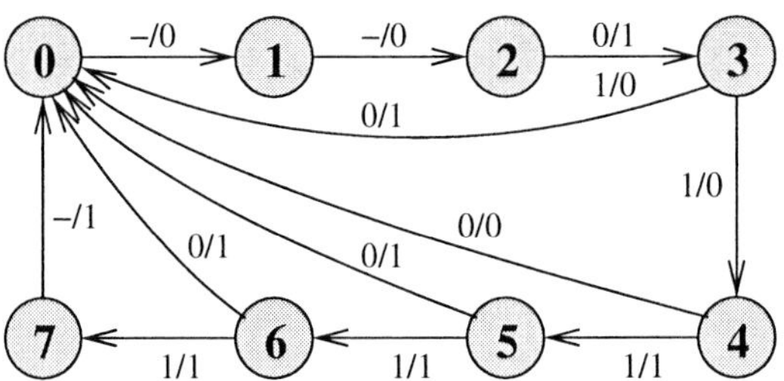

c) Zustandstabelle des Frequenzteilers

Für ein Schaltwerk mit 8 Zuständen werden 3 FF benötigt. Bei einer Eingangs- und drei Zustandsvariablen besitzt die auf der nächsten Seite dargestellte Zustandstabelle $2^{1+3} = 2^4 = 16$ Einträge (Zeilen).

Offensichtlich ist auch eine etwas andere Lösung dieses Frequenzteilers machbar. Wie aus der Zustandstabelle hervorgeht, wird die Frequenzteilung 1:4 durch das Ausgangssignal von FF 1, und die Teilung 1:8 wird durch das Ausgangssignal von FF 2 realisiert. Verwendet man X nicht als Eingangssignal des Schaltwerks, sondern als UND-Verknüpfung von Q_1 mit $\bar{E}$, so ergibt dies auch die Teilung 1:4, und die UND-Verknüpfung von Q_2 mit E ergibt die Teilung 1:8. Eine solche Lösung hat den

	s^n			x^n		s^{n+1}			e^n						y^{n+1}
	Q_2	Q_1	Q_0	E		Q_2	Q_1	Q_0	J_2	K_2	J_1	K_1	J_0	K_0	D_Y
0	0	0	0	0	1	0	0	1	0	x	0	x	1	x	0
0	0	0	0	1	1	0	0	1	0	x	0	x	1	x	0
1	0	0	1	0	2	0	1	0	0	x	1	x	x	1	0
1	0	0	1	1	2	0	1	0	0	x	1	x	x	1	0
2	0	1	0	0	3	0	1	1	0	x	x	0	1	x	0
2	0	1	0	1	3	0	1	1	0	x	x	0	1	x	0
3	0	1	1	0	0	0	0	0	0	x	x	1	x	1	1
3	0	1	1	1	4	1	0	0	1	x	x	1	x	1	0
4	1	0	0	0	0	0	0	0	x	1	0	x	0	x	0
4	1	0	0	1	5	1	0	1	x	0	0	x	1	x	1
5	0	0	1	0	0	0	0	0	0	x	0	x	x	1	0
5	0	0	1	1	6	1	1	0	1	x	1	x	x	1	1
6	0	1	0	0	0	0	0	0	0	x	x	1	0	x	1
6	0	1	0	1	7	1	1	1	1	x	x	0	1	x	1
7	0	1	1	0	0	0	0	0	0	x	x	1	x	1	1
7	0	1	1	1	0	0	0	0	0	x	x	1	x	1	1

Nachteil, dass das Ausgangssignal Y asynchron unmittelbar mit dem Eingangssignal E das Teilerverhältnis wechselt.

d) Realisierung des Frequenzteilers durch JK-MS-FF

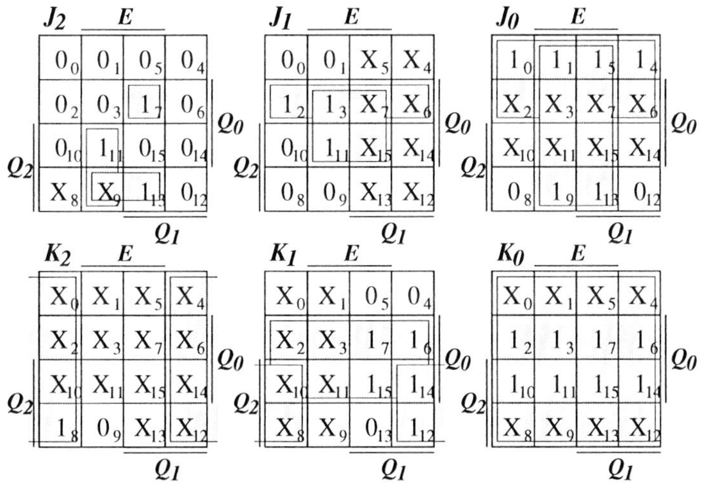

J_2

0_{0}	0_{1}	0_{5}	0_{4}
0_{2}	0_{3}	1_{7}	0_{6}
0_{10}	1_{11}	0_{15}	0_{14}
X_{8}	X_{9}	1_{13}	0_{12}

J_1

0_{0}	0_{1}	X_{5}	X_{4}
1_{2}	1_{3}	X_{7}	X_{6}
0_{10}	1_{11}	X_{15}	X_{14}
0_{8}	0_{9}	X_{13}	X_{12}

J_0

1_{0}	1_{1}	1_{5}	1_{4}
X_{2}	X_{3}	X_{7}	X_{6}
X_{10}	X_{11}	X_{15}	X_{14}
0_{8}	1_{9}	1_{13}	0_{12}

K_2

X_{0}	X_{1}	X_{5}	X_{4}
X_{2}	X_{3}	X_{7}	X_{6}
X_{10}	X_{11}	X_{15}	X_{14}
1_{8}	0_{9}	X_{13}	X_{12}

K_1

X_{0}	X_{1}	0_{5}	0_{4}
X_{2}	X_{3}	1_{7}	1_{6}
X_{10}	X_{11}	1_{15}	1_{14}
X_{8}	X_{9}	0_{13}	1_{12}

K_0

X_{0}	X_{1}	X_{5}	X_{4}
1_{2}	1_{3}	1_{7}	1_{6}
1_{10}	1_{11}	1_{15}	1_{14}
X_{8}	X_{9}	X_{13}	X_{12}

$$J_2 = \bar{Q}_2 Q_1 Q_0 E + Q_2 \bar{Q}_1 E + Q_2 \bar{Q}_0 E \qquad K_2 = \bar{E}$$

$$J_1 = \bar{Q}_2 Q_0 + Q_0 E \qquad K_1 = Q_0 + \bar{Q}_2 E$$

$$J_0 = \bar{Q}_2 + E \qquad K_0 = 1$$

△

Lösung zu Aufgabe 2.33

a) Eingangs- und Ausgangsvariablen

Das Schaltwerk besitzt eine Eingangsvariable X, die Leitung, über welche die bitseriell übertragenen Codeworte empfangen werden. Es besitzt zwei Ausgangsvariable y_1 und y_0, über welche die dekodierte Information parallel ausgegeben wird und eine weiter Ausgangsvariable F zur Anzeige eines Fehlers.

b) Zustandsdiagramm

Das Zustandsdiagramm stellt einen binären Entscheidungsbaum dar, dessen Verzweigungen sich durch die Bitstellenentscheidungen ergeben. Jede einlaufende Bitstelle erzeugt eine weitere Verzweigung, so dass bei 4 Bit insgesamt $1+2+4+8=15$ Zustände notwendig sind.

Da die Codeworte bitseriell einlaufen, muss das Schaltwerk nach dem Einlaufen der vierten Bitstelle stets in den Ausgangszustand 0, in dem jeweils die erste Bitstelle empfangen wird, zurückkehren, um die Synchronität sicherzustellen.

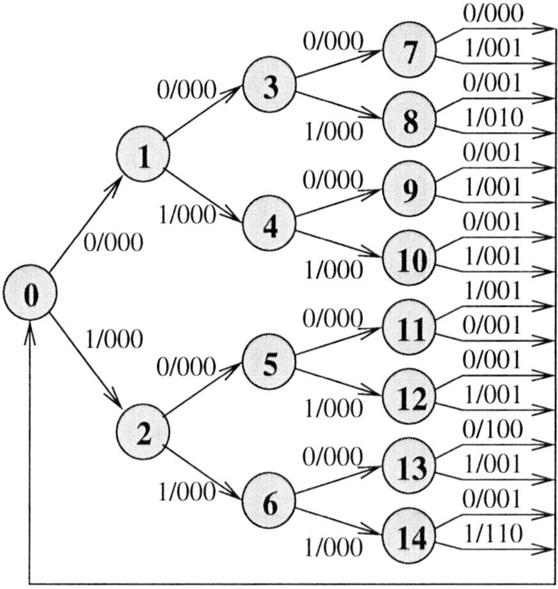

Dieser Zustandsraum kann möglicherweise mit Hilfe der Minimierungsregeln vereinfacht werden. Dazu stellen wir das Zustandsmodell in der Automatentabelle dar und wenden die erste Minimierungsregel an.

z^n	z^{n+1}/y^{n+1} $X=0$	$X=1$
0	1/000	2/000
1	3/000	4/000
2	5/000	6/000
3	7/000	8/000
4	9/000	10/000
5	11/000	12/000
6	13/000	14/000
7	0/000	0/001
8	0/001	0/010
9	0/001	0/001
10	0/001	0/001
11	0/001	0/001
12	0/001	0/001
13	0/100	0/001
14	0/001	0/110

$\Longrightarrow$

z^n	z^{n+1}/y^{n+1} $X=0$	$X=1$
0	1/000	2/000
1	3/000	4/000
2	5/000	6/000
3	7/000	8/000
4	9/000	9/000
5	9/000	9/000
6	13/000	14/000
7	0/000	0/001
8	0/001	0/010
9	0/001	0/001
13	0/100	0/001
14	0/001	0/110

Aus der Automatentabelle erkennt man, dass die Zustände 9,10,11 und 12 äquivalent sind. Wir eliminieren die Zustände 10,11 und 12, wobei diese Zustände als Folgezustände in der danebenstehenden Automatentabelle durch den Zustand 9 ersetzt werden.

z^n	z^{n+1}/y^{n+1} $X=0$	$X=1$
0	1/000	2/000
1	3/000	4/000
2	4/000	6/000
3	7/000	8/000
4	9/000	9/000
6	13/000	14/000
7	0/000	0/001
8	0/001	0/010
9	0/001	0/001
13	0/100	0/001
14	0/001	0/110

In der neu aufgebauten Tabelle sind die Zustände 4 und 5 äquivalent. Wir legen den Zustand 5 mit dem Zustand 4 zusammen und erhalten die nebenstehende Automatentabelle.

In dieser Tabelle sind keine äquivalenten Zustände mehr identifizierbar.

c) Realisierung des Schaltwerks durch JK-MS-FF

Bei 10 Zuständen benötigen wir 4 FF. Bei einer Eingangsvariablen und 4 Zustands-FF enthält die Zustandstabelle $2^5=32$ Einträge, von denen wir aber nur 20 explizit angeben müssen. Wir wählen die Zustandskodierung so, dass in der Spalte für den bestehenden Zustand die Dualzahlen 0 bis 10 stehen.

	s^n				x^n		s^{n+1}				e^n								y^{n+1}		
	Q_3	Q_2	Q_1	Q_0	X		Q_3	Q_2	Q_1	Q_0	J_3	K_3	J_2	K_2	J_1	K_1	J_0	K_0	D_{y1}	D_{y0}	D_F
0	0	0	0	0	0	1	0	0	0	1	0	x	0	x	0	x	1	x	0	0	0
0	0	0	0	0	1	2	0	0	1	0	0	x	0	x	1	x	0	x	0	0	0
1	0	0	0	1	0	3	0	0	1	1	0	x	0	x	1	x	x	0	0	0	0
1	0	0	0	1	1	4	0	1	0	0	0	x	1	x	0	x	x	1	0	0	0
2	0	0	1	0	0	4	0	1	0	0	0	x	1	x	x	1	0	x	0	0	0
2	0	0	1	0	1	6	0	1	0	1	0	x	1	x	x	1	1	x	0	0	0
3	0	0	1	1	0	7	0	1	1	0	0	x	1	x	x	0	x	1	0	0	0
3	0	0	1	1	1	8	0	1	1	1	0	x	1	x	x	0	x	0	0	0	0
4	0	1	0	0	0	9	1	0	0	0	1	x	x	1	0	x	0	x	0	0	0
4	0	1	0	0	1	9	1	0	0	0	1	x	x	1	0	x	0	x	0	0	0
6	0	1	0	1	0	13	1	0	0	1	1	x	x	1	0	x	x	0	0	0	0
6	0	1	0	1	1	14	1	0	1	0	1	x	x	1	1	x	x	1	0	0	0
7	0	1	1	0	0	0	0	0	0	0	0	x	x	1	x	1	0	x	0	0	0
7	0	1	1	0	1	0	0	0	0	0	0	x	x	1	x	1	0	x	0	0	1
8	0	1	1	1	0	0	0	0	0	0	0	x	x	1	x	1	x	1	0	0	1
8	0	1	1	1	1	0	0	0	0	0	0	x	x	1	x	1	x	1	0	1	0
9	1	0	0	0	0	0	0	0	0	0	x	1	0	x	0	x	0	x	0	0	1
9	1	0	0	0	1	0	0	0	0	0	x	1	0	x	0	x	0	x	0	0	1
13	1	0	0	1	0	0	0	0	0	0	x	1	0	x	0	x	x	1	1	0	0
13	1	0	0	1	1	0	0	0	0	0	x	1	0	x	0	x	x	1	0	0	1
14	1	0	1	0	0	0	0	0	0	0	x	1	0	x	x	1	0	x	0	0	1
14	1	0	1	0	1	0	0	0	0	0	x	1	0	x	x	1	0	x	1	1	0

Laut Aufgabenstellung genügt die Angabe der Zustandstabelle mit den Vorbereitungseingängen der FF. Der Grund liegt im reinen Arbeitsaufwand der Bearbeitung von 11 5-er KV-Diagrammen, dies führt zu keinen zusätzlichen Lerneffekten mehr. Der Vollständigkeit halber geben wir hier die Ansteuergleichungen noch an:

$$\begin{aligned}
J_3 &= Q_2\bar{Q}_1 & K_3 &= 1\\
J_2 &= Q_1\bar{Q}_0 & K_2 &= 1\\
J_1 &= Q_2Q_0X + \bar{Q}_3\bar{Q}_2\bar{Q}_0X + \bar{Q}_3\bar{Q}_2Q_0\bar{X} & K_1 &= Q_2 + \bar{Q}_0\\
J_0 &= \bar{Q}_3\bar{Q}_2Q_1X + \bar{Q}_3\bar{Q}_2\bar{Q}_1\bar{X}\\
K_0 &= Q_3 + Q_2X + Q_1\bar{X} + \bar{Q}_1Q_0X\\
D_{y1} &= Q_3Q_1X + Q_3Q_0\bar{X}\\
D_{y0} &= Q_3Q_1X + Q_2Q_1Q_0X\\
D_F &= Q_3\bar{Q}_0\bar{X} + Q_3\bar{Q}_1X + Q_2Q_1\bar{Q}_0X + Q_2Q_1Q_0\bar{X}
\end{aligned}$$

△

Lösung zu Aufgabe 2.34

a) a) Eingangs- und Ausgangsvariablen

Das Schaltwerk hat 2 Eingangsvariablen (die Sensoren A und B), sowie 2 Ausgangsvariablen (die beiden Klappen K_1 und K_2).

b) Zustandsdiagramm

Da das Schaltwerk 2 Eingangsvariable besitzt, gibt es in jedem Zustand 4 Möglichkeiten diesen zu verlassen.
Beginnt man mit dem Zustand 0, so können normale, kleine und große Pakete registriert werden. Mit den Kombinationen 01 und 10 (normale Pakete) verbleiben wir im Zustand 0 und geben die Kombination 00 (keine Klappe öffnen) aus. Mit 00 gehen wir nach Zustand 1 und geben 10 (Auswurf klein) aus. Mit 11 gehen wir nach Zustand 2 und geben 00 (keine Klappe öffnen) aus, da das Paket im nächsten Takt lediglich weitertransportiert werden muss.
Im Zustand 1 können ebenso normale, kleine und große Pakete registriert werden. Mit den Kombinationen 01 und 10 (normale Pakete) gehen wir nach Zustand 0 und geben die Kombination 00 (keine Klappe öffnen) aus. Mit 00 verbleiben wir im Zustand 1 und geben 10 (Auswurf klein) aus. Mit 11 gehen wir nach Zustand 2 und geben 00 (keine Klappe öffnen) aus.
Auch im Zustand 2 können normale, kleine und große Pakete registriert werden. Mit den Kombinationen 01 und 10 (normale Pakete) gehen wir nach Zustand 3 und geben die Kombination 01 (große Klappe öffnen) aus. Mit 00 gehen wir nach Zustand 3 und geben 11 (kleine und große Klappe öffnen) aus. Mit 11 verbleiben wir in Zustand 2 und geben aber zusätzlich 01 (große Klappe öffnen) aus.

Von Zustand 3 aus gehen wir mit den Kombinationen 01 und 10 nach Zustand 0 und geben die Kombination 01 (große Klappe öffnen) aus. Mit 00 gehen wir nach Zustand 1 und geben aber 11 (Auswurf groß und klein) aus. Mit 11 gehen wir nach Zustand 2 und geben 01 (große Klappe öffnen) aus, ein großes Paket wird ausgeworfen und eines wird weitertransportiert.
Damit erhalten wir das folgende Zustandsdiagramm:

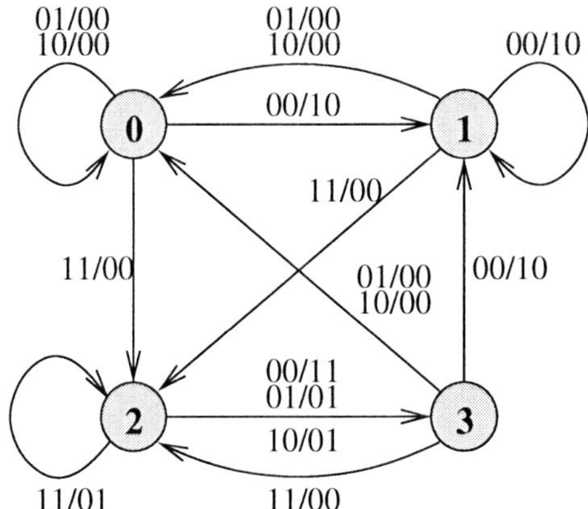

c) Reduktion des Zustandsdiagramms

Die Reduktion mit der 1. Minimierungsregel lässt sich am besten in der Automatentabelle durchführen:

	z^{n+1}/y^{n+1}			
z^n	$AB=00$	$AB=01$	$AB=10$	$AB=11$
0	1/10	0/00	0/00	2/00
1	1/10	0/00	0/00	2/00
2	3/11	3/01	3/01	2/01
3	1/10	0/00	0/00	2/00

Es ist offensichtlich, dass die Zustände 0, 1 und 3 äquivalent sind, da alle Folgezustände und Folgeausgangssignale gleich sind. Diese Zustände können im Zustand 0 zusammengefasst werden.

	z^{n+1}/y^{n+1}			
z^n	$AB=00$	$AB=01$	$AB=10$	$AB=11$
0	0/10	0/00	0/00	2/00
2	0/11	0/01	0/01	2/01

Wir erhalten somit das folgende reduzierte Zustandsdiagramm:

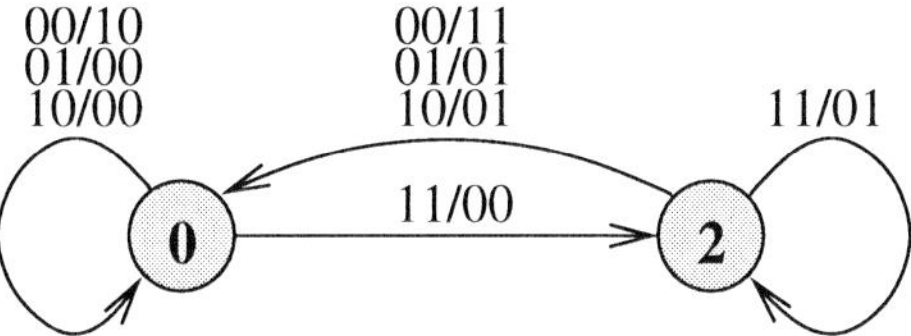

d) Realisierung des Schaltwerks

Zur Realisierung durch ein synchrones Schaltwerk stellen wir die Zustandstabelle auf

	z^n	x^n			z^{n+1}	e^n		y^{n+1}	
	Q	B	A		Q	J	K	D_{K_1}	D_{K_2}
0	0	0	0	0	0	0	–	1	0
0	0	0	1	0	0	0	–	0	0
0	0	1	0	0	0	0	–	0	0
0	0	1	1	2	1	1	–	0	0
2	1	0	0	0	0	–	1	1	1
2	1	0	1	0	0	–	1	0	1
2	1	1	0	0	0	–	1	0	1
2	1	1	1	2	1	1	–	0	1

Aus der Zustandstabelle folgen die KV-Diagramme für die Ansteuergleichungen sowie die Ausgangsgleichungen für y_1 und y_2. Die don't-care-Terme können dabei für weitere Vereinfachungen genutzt werden.

J (A über den mittleren Spalten, B in der unteren Zeile, Q über den rechten Spalten)

0_0	0_1	$-_5$	$-_4$	
0_2	1_3	$-_7$	$-_6$	**B**

K

$-_0$	$-_1$	1_5	1_4	
$-_2$	$-_3$	0_7	1_6	**B**

K_0

1_0	0_1	0_5	1_4	
0_2	0_3	0_7	0_6	**B**

K_1

0_0	0_1	1_5	1_4	
0_2	0_3	1_7	1_6	**B**

$$J = AB$$
$$K = \bar{A} + \bar{B}$$
$$D_{K_1} = \bar{A}\bar{B}$$
$$D_{K_2} = Q$$

△

Lösung zu Aufgabe 2.35

a) Eingangs- und Ausgangsvariablen

Das Schaltwerk besitzt drei Eingangsvariablen, die durch das parallel anliegende Datenwort (A_2, A_1, A_0) gebildet werden. Es besitzt eine Ausgangsvariable A, die Leitung, über welche die gewandelten Codeworte bitseriell ausgegeben werden.

b) Zustandsdiagramm

Wir nehmen an, dass im Ausgangszustand 0 jeweils das aktuelle parallel anliegende Codeworte gelesen wird. Bei 3 Eingangsvariablen gibt es $2^3 =$ 9 Möglichkeiten den Zustand 0 zu verlassen. Wir verzweigen also der Einfachheit halber für jedes Codewort in einen eigenen Zustand und geben mit der Transition gleichzeitig die niederwertigste Bitstelle des gelesenen Codewortes aus, der Zustand 0 besitzt damit 8 verschiedene Folgezustände.

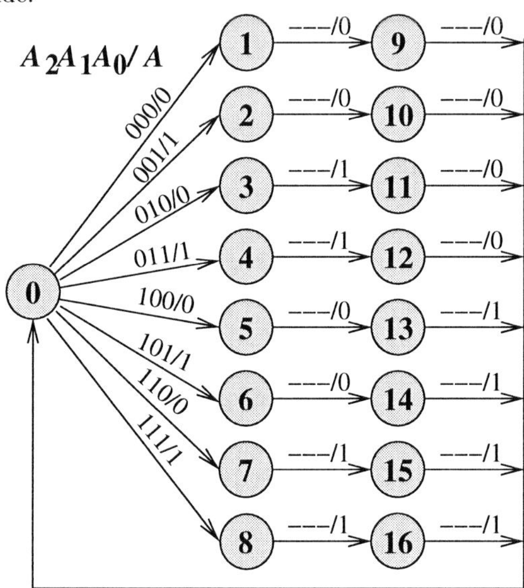

Danach sind keine weiteren Entscheidungen mehr zu treffen und auch keine weiteren Informationen mehr zu speichern oder nachzuhalten, so dass in allen 8 Folgezuständen lediglich die restlichen beiden Bitstellen der 8 verschiedenen Codeworte ausgegeben werden müssen. Völlig unabhängig von der aktuell anliegenden Eingangsinformation (die darf hier wegen möglicher Inkonsistenzen nicht beachtet werden) gehen wir mit der Ausgabe der zweiten Bitstelle jeweils in einen weiteren Zustand, von wo aus wir jeweils mit der Ausgabe der letzten höchstwertigsten Bitstelle in den Ausgangszustand 0 zurückkehren müssen.

c) Reduktion des Zustandsdiagramms

Die Reduktion mit der 1. Minimierungsregel lässt sich generell am besten in der Automatentabelle durchführen. Aufgrund der drei Eingangsvariablen wird deren Darstellung jedoch etwas unhandlich. Da der Zustandsraum leicht überschaubar ist, können wir dort unmittelbar erkennen, dass

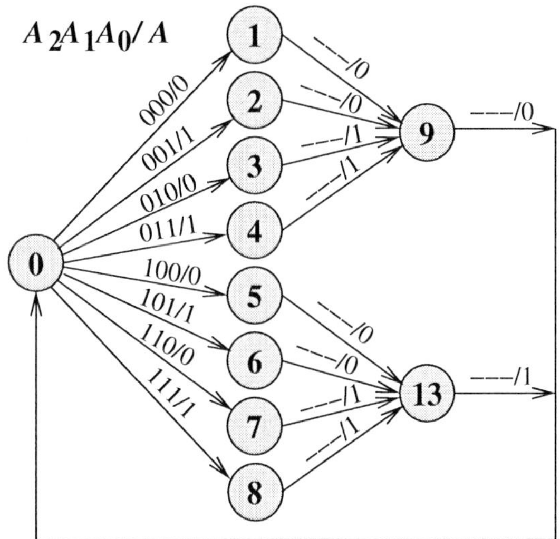

die Zustände 9,10,11,12 den gleichen Folgezustand 0 bei gleichem Ausgangssignal 0 aufweisen. Ebenso besitzen die Zustände 13,14,15,16 den gleichen Folgezustand 0 bei gleichem Ausgangssignal 1. Demnach können wir die Zustände 9,10,11,12 in Zustand 9 und die Zustände 13,14,15,16 in Zustand 13 zusammenlegen. Wir erhalten das oben dargestellte reduzierte Zustandsdiagramm.

In diesem Zustandsdiagramm sind weitere Äquivalenzen vorhanden: die Zustände 1,2 können in 1 zusammengelegt werden, die Zustände 3,4 können in 3, die Zustände 5,6 können in 5, und die Zustände 7,8 können in 7 zusammengelegt werden. Damit erhalten wir schließlich das auf 6 Zustände reduzierte Diagramm.

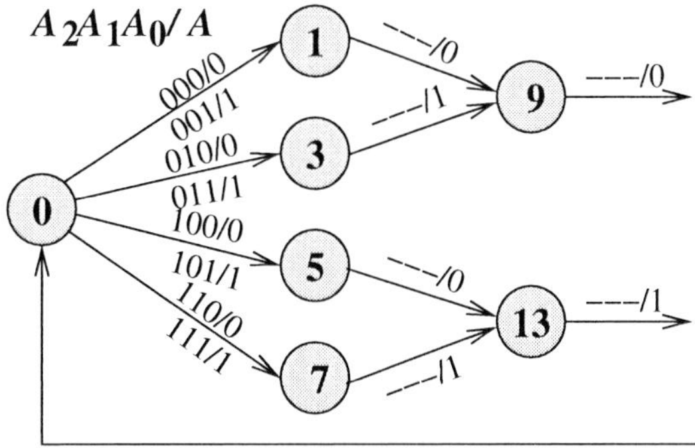

d) Anzahl der Einträge in der Zustandstabelle

Bei 6 Zuständen werden 3 Zustandsvariable benötigt. Bei 3 Eingangsvariablen und 3 Zustandsvariablen enthält die Zustandstabelle allgemein $2^{3+3} = 2^6 = 64$ Einträge. Aufgrund der don't-cares kann die Zustandstabelle jedoch etwas vereinfacht ausgeführt werden. △

Lösung zu Aufgabe 2.36

a) Zustandsdiagramm zur Steuerung von Ampel L und Schranken S

Es sind prinzipiell verschiedene Lösungen möglich. Die folgende vom Zustandsraum her möglichst einfache Lösung unterscheidet nicht aus welcher Richtung der Zug kommt.

Die Steuerung (das Schaltwerk) bleibt im Ausgangszustand 0 (Rotsignal aus, Schranken offen) bis ein Zug einen der beiden äußeren Kontakte K_1 oder K_2 auslöst. Bei einer Kantenbeschriftung $K_1, K_2, K_3, K_4/L, S$ wird der Zustand 0 mit 10–/10 und mit 01–/10 verlassen und da die Richtung des Zuges nicht nachgehalten wird, erreichen wir in beiden Fällen den Zustand 1. Alle anderen Eingabekombinationen bleiben im Ausgangszustand unberücksichtigt, die Steuerung bleibt im Ausgangszustand.
Nach dem Verlassen des Zustandes 0 soll $6\,T$ lang das Rotsignal eingeschaltet sein, danach soll auch die Schranke geschlossen werden. Zur Generierung dieser Zeitspanne benötigen vom Zustand 1 aus fünf aufeinanderfolgende Zustände, in denen $L=1, S=0$ gilt, danach gilt $L=1, S=1$.

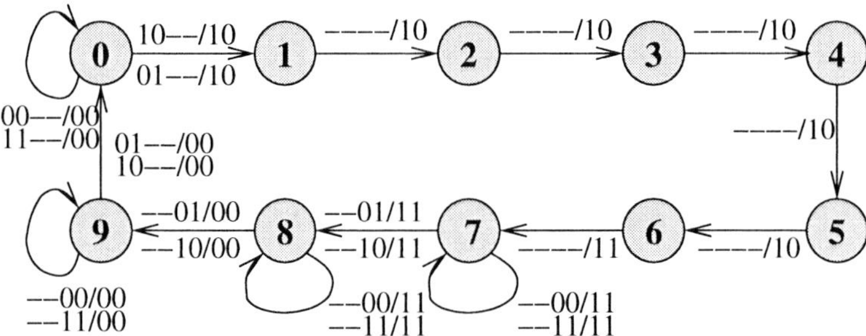

Ohne die erschwerende Annahme, dass ein Zug im Übergangsbereich auch wenden kann, würden jetzt weitere $5\,T$ mit $L = 1, S = 1$ und danach $L=0, S=0$ die Anforderung erfüllen. Um nachzuhalten, dass sich der Zug im Bahnübergang befindet, müssen wir eine bedingte Transition ausführen. Damit erübrigt sich andererseits auch die Zeitmessung. Wenn wir die Richtung des Zuges wieder nicht unterscheiden, genügen die Transitionsbedingungen –10/11 und –01/11. Ebenso genügen bei der nächsten Transition, mit welcher der Bahnübergang entweder vorwärts oder rückwärts verlassen wird, die Bedingungen -10/00 und -01/00. Schließlich benötigen wir noch einmal die Transitionen 10-/10 bzw. 01-/10, um zu registrieren, dass ein Zug den Überwachungsbereich verlässt und um damit zu verhindern, dass das Überfahren einer der Kontakte K_1 oder K_2 beim Ausfahren einen neuen Zyklus auslöst.

Um die Bewegung eines Zuges genau zu verfolgen, müssten wir für jede der Transitionen -10/11 und -01/11 stets in neue Zustandsfolgen verzweigen. Dies führt insgesamt zu einem erheblichen größeren Zustandsraum. Das genaue Verfolgen eines Zuges wäre beispielsweise dringend notwendig, wenn wir berücksichtigen wollen, dass zwei Züge kurzzeitig nacheinander den Bahnübergang überqueren.

b) Lösung mit zwei verkoppelten Schaltwerken

Bei dieser Lösung benötigen wir einen Modulo-6-Zähler um die Zeit vom Auslösen des Kontaktes bis zum Schließen der Schranke zu kontrollieren. Das eigentliche Steuerschaltwerk für Ampel und Schranke besitzt vier Zustände: den Ausgangszustand 0 (Rotsignal aus, Schranken offen), den Zustand 1 mit Rotsignal eingeschaltet und Schranken offen, den Zustand 2 mit Rotsignal eingeschaltet und Schranken geschlossen und den Zustand 3, und mit einer zusätzlichen Transition das Verlassen des Überwachungsbereichs zu registrieren.

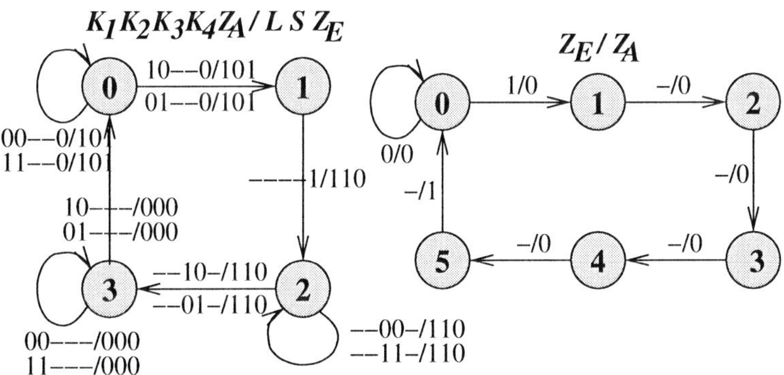

Zur Kooperation der beiden Schaltwerke benötigen wir bei dem Modulo-6-Zähler als auch bei dem Steuerschaltwerk je eine zusätzliche Eingangs- und Ausgangsvariable. Mit einer Ausgangsvariablen wird mit dem Auslösen einer der beiden Kontakte K_1 oder K_2 vom Steuerschaltwerk aus der Modulo-6-Zähler bei 0 gestartet. Mit der Ausgangsvariablen des Modulo-6-Zählers wird dem Steuerschaltwerk signalisiert, dass die Zeit von $6\,T$ abgelaufen ist. △

Lösung zu Aufgabe 2.37

Teil I: Erzeugung von Zählimpulsen

a) Eingangs- und Ausgangsvariablen

Das Schaltwerk zur Identifizierung der Bewegungsrichtung besitzt zwei Eingangsvariablen, die zwei Lichtschranken K_1 und K_2. Es besitzt eine Ausgangsvariable L_i, die durch $L_i = 1$ anzeigt, das sich ein Objekt vorbeibewegt hat.

b) Zustandsdiagramm und Schaltwerksentwurf

Ein Impuls soll nur erzeugt werden, wenn eine Bewegung von links nach rechts vorbei an beiden Lichtschranken stattgefunden hat, insbesondere darf das Schaltwerk also nicht auf eine Bewegung von rechts nach links, die durch das Verlassen der Rolltreppe erzeugt wird, reagieren. Mit 00, 01 und 11 verbleiben wir also in einem Ausgangszustand 0 und nur mit 10 verlassen wir diesen in einen Zustand 1. Mit 00, d.h. der Fußgänger tritt wieder von der Rolltreppe zurück bzw. das Abdecken der Lichtschranke ist eine Fehlinformation, kommen wir in den Zustand 0 zurück. Mit 10 verbleiben wir in Zustand 1 bis entweder nur die zweite oder beide Lichtschranken überdeckt werden. Mit -1 kommen wir in einen Zustand 2, in dem das Signal ausgegeben wird und unmittelbar danach kommen wir in den Zustand 0 zurück. Der Zustand 2 wird ausschließlich zur Ausgabe benötigt. Damit ergibt sich das folgende Zustandsdiagramm.

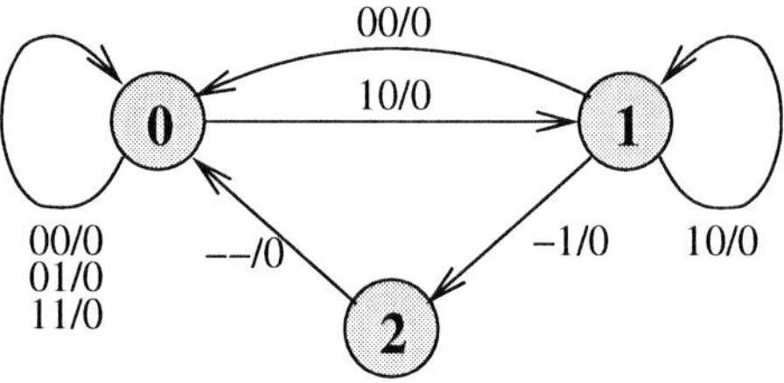

Zustandstabelle und minimierte Ansteuergleichungen

J_1 (A über Spalten 2–3, Q_0 unter Spalten 3–4, B neben Zeilen 2–3, Q_1 neben Zeilen 3–4)

0_{0}	0_{1}	1_{5}	0_{4}
0_{2}	0_{3}	1_{7}	0_{6}
X_{10}	X_{11}	$-_{15}$	$-_{14}$
X_{8}	X_{9}	$-_{13}$	$-_{12}$

J_0

0_{0}	0_{1}	X_{5}	X_{4}
1_{2}	0_{3}	X_{7}	X_{6}
0_{10}	0_{11}	$-_{15}$	$-_{14}$
0_{8}	0_{9}	$-_{13}$	$-_{12}$

L_i

0_{0}	0_{1}	1_{5}	0_{4}
0_{2}	0_{3}	1_{7}	0_{6}
0_{10}	0_{11}	$-_{15}$	$-_{14}$
0_{8}	0_{9}	$-_{13}$	$-_{12}$

	s^n		x^n			s^{n+1}		e^n				y^{n+1}
	Q_1	Q_0	K_2	K_1		Q_1	Q_0	J_1	K_1	J_0	K_0	D_Y
0	0	0	0	0	0	0	0	0	x	0	x	0
0	0	0	0	1	0	0	0	0	x	0	x	0
0	0	0	1	0	1	0	1	0	x	1	x	0
0	0	0	1	1	0	0	0	0	x	0	x	0
1	0	1	0	0	0	0	0	0	x	x	1	0
1	0	1	0	1	2	1	0	1	x	x	1	1
1	0	1	1	0	1	0	1	0	x	x	0	0
1	0	1	1	1	2	1	0	1	x	x	1	1
2	1	0	0	0	0	0	0	x	1	0	x	0
2	1	0	0	1	0	0	0	x	1	0	x	0
2	1	0	1	0	0	0	0	x	1	0	x	0
2	1	0	1	1	0	0	0	x	1	0	x	0

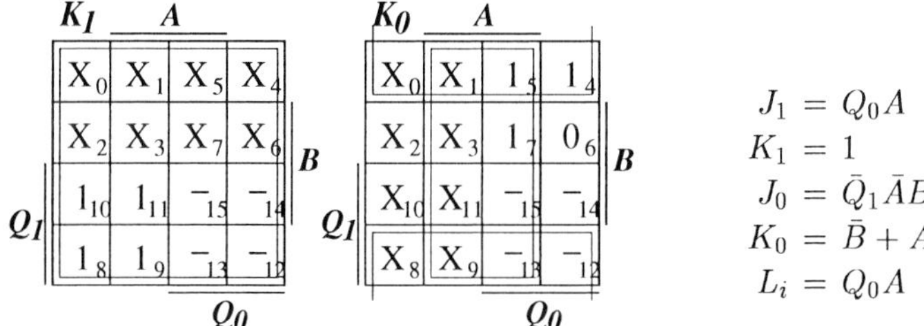

Teil II: Steuerung der Rolltreppe

a) Eingangs- und Ausgangsvariablen

Das Schaltwerk besitzt zwei Eingangsvariablen X_U und X_O und zwei Ausgangsvariable Y und Z. $Y = 0$ bedeutet Stillstand, $Y = 1$, $Z = 0$ bedeutet *aufwärts*, und $Y = 1$, $Z = 1$ bedeutet *abwärts*.

b) Zustandsdiagramm und Schaltwerksentwurf

Wir nehmen an, dass die Rolltreppe im Ausgangszustand 0 still steht. Es kann sowohl oben als auch unten ein Fußgänger die Rolltreppe betreten, mit $X_U = 1$, $X_O = 0$ startet die Rolltreppe aufwärts (Folgezustand 1), mit $X_U = 0$, $X_O = 1$ abwärts (Folgezustand 2), die Kombination $X_U = 1$, $X_O = 1$ wird ignoriert.

Da die Rolltreppe beim Neustart $3T$ lang laufen soll, müssen sowohl im Aufwärts- (Zustand 1) als auch im Abwärtszyklus (Zustand 2) je 2 weitere Zustände (3 und 5 bzw. 4 und 6) folgen um danach mit dem Abschalten in den Zustand 0 zurückzukommen. Zu beachten ist aber insbesondere noch, dass die Rolltreppe durch das Betreten eines weiteren Fußgängers erneut immer $2T$ weiterlaufen soll. Außerdem soll die Rolltreppe beim

Betreten in der falschen Richtung blockiert werden. Daraus folgt, dass wir von Zustand 1 aus mit 00 weiter nach Zustand 3, mit 10 im Zustand 1 verbleiben und mit -1 in einen besonderen Stop-Zustand kommen. Analog gilt dies für den Zustand 2. Von Zustand 3 aus kommen wir mit 00 nach Zustand 5, mit 10 zurück nach Zustand 1 und mit -1 nach -Stop-. Von Zustand 5 aus kommen wir mit 00 nach Zustand 0 zurück, mit 10 nach Zustand 1 und mit -1 nach -Stop-. Dies gilt analog für die Zustände 4 und 6. Wir erhalten somit das folgende Zustandsdiagramm.

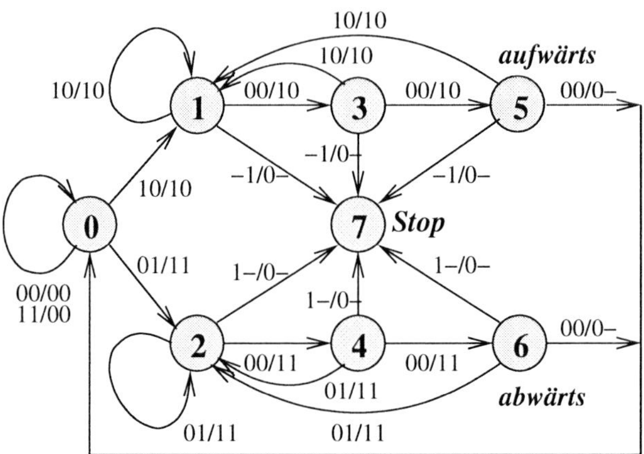

c) Vereinfachungsmöglichkeiten des Zustandsraumes

z^n	z^{n+1}/y^{n+1} $X_1X_0=00$	$X_1X_0=01$	$X_1X_0=10$	$X_1X_0=11$
0	0/00	2/11	1/10	0/00
1	3/10	7/00	1/10	7/00
2	4/11	2/11	7/00	7/00
3	5/10	7/00	1/10	7/00
4	6/11	2/11	7/00	7/00
5	0/00	7/00	1/10	7/00
6	0/00	2/11	7/00	7/00
7	7/00	7/00	7/00	7/00

Es sind keine Vereinfachungen des Zustandsraumes möglich, da alle Folgezustände unterschiedlich sind. Das hätte man auch so erkennen können, da in diesen zeitkritischen Zyklen kein Zustand weggenommen werden kann ohne die vorgeschriebenen Laufzeiten zu verändern.

d) Zustandstabelle und minimierte Ansteuergleichungen

	s^n			x^n			s^{n+1}			e^n			y^{n+1}	
	Q_2	Q_1	Q_0	X_U	X_O		Q_2	Q_1	Q_0	D_2	D_1	D_0	D_Y	D_Z
0	0	0	0	0	0	0	0	0	0	0	0	0	0	0
0	0	0	0	0	1	2	0	1	0	0	1	0	1	1
0	0	0	0	1	0	1	0	0	1	0	0	1	1	0
0	0	0	0	1	1	0	0	0	0	0	0	0	0	0
1	0	0	1	0	0	3	0	1	1	0	1	1	1	0
1	0	0	1	0	1	7	1	1	1	1	1	1	0	0
1	0	0	1	1	0	1	0	0	1	0	0	1	1	0
1	0	0	1	1	1	7	1	1	1	1	1	1	0	0
2	0	1	0	0	0	4	1	0	0	1	0	0	1	1
2	0	1	0	0	1	2	0	1	0	0	1	0	1	1
2	0	1	0	1	0	7	1	1	1	1	1	1	0	0
2	0	1	0	1	1	7	1	1	1	1	1	1	0	0
3	0	1	1	0	0	5	1	0	1	1	0	1	1	0
3	0	1	1	0	1	7	1	1	1	1	1	1	0	0
3	0	1	1	1	0	1	0	0	1	0	0	1	1	0
3	0	1	1	1	1	7	1	1	1	1	1	1	0	0
4	1	0	0	0	0	6	1	1	0	1	1	0	1	1
4	1	0	0	0	1	2	0	1	0	0	1	0	1	1
4	1	0	0	1	0	7	1	1	1	1	1	1	0	0
4	1	0	0	1	1	7	1	1	1	1	1	1	0	0
5	1	0	1	0	0	0	0	0	0	0	0	0	0	0
5	1	0	1	0	1	7	1	1	1	1	1	1	0	0
5	1	0	1	1	0	1	0	0	1	0	0	1	1	0
5	1	0	1	1	1	7	1	1	1	1	1	1	0	0
6	1	1	0	0	0	0	0	0	0	0	0	0	0	0
6	1	1	0	0	1	2	0	1	0	0	1	0	1	1
6	1	1	0	1	0	7	1	1	1	1	1	1	0	0
6	1	1	0	1	1	7	1	1	1	1	1	1	0	0
7	0	1	1	0	0	7	1	1	1	1	1	1	0	0
7	0	1	1	0	1	7	1	1	1	1	1	1	0	0
7	0	1	1	1	0	7	1	1	1	1	1	1	0	0
7	0	1	1	1	1	7	1	1	1	1	1	1	0	0

△

Lösung zu Aufgabe 2.38

a) Eingangs- und Ausgangsvariablen

Das Schaltwerk besitzt eine Eingangsvariable X, die Leitung, über welche die bitseriell übertragenen Codeworte empfangen werden. Es besitzt eine Ausgangsvariable F zur Anzeige eines Fehlers.

b) Zustandsdiagramm

Das Zustandsdiagramm stellt einen binären Entscheidungsbaum dar, dessen Verzweigungen sich durch die Bitstellenentscheidungen ergeben.

Jede einlaufende Bitstelle erzeugt eine weitere Verzweigung, so dass bei 5 Bit grundsätzlich $1 + 2 + 4 + 8 + 16 = 31$ Zustände darzustellen sind.

Der Entwurf kann jedoch erheblich vereinfacht werden, wenn wir berücksichtigen, dass der fünfstellige 2-aus-5-Code genau

$$N = \binom{n}{w} = \frac{n!}{w!(n-w)!} = \binom{5}{2} = \frac{5 \cdot 4}{1 \cdot 2} = \frac{20}{2} = 10$$

gültige Codeworte besitzt. Es gibt also keine anderen Codeworte mit zwei Einsen außer den in der Tabelle dargestellten 10. Daraus folgt, dass es völlig ausreicht, zu überprüfen, ob jedes Codewort 3 Nullen und 2 Einsen besitzt. Eine empfangene Bitsequenz mit mehr als 3 Nullen oder mehr als 2 Einsen kann unabhängig von der Reihenfolge direkt als ungültig identifiziert werden. Der binäre Entscheidungsbaum kann damit nach jeder Verzweigung um die Zustände vereinfacht werden, welche die gleiche Anzahl Einsen oder Nullen besitzen. Wenn wir vom Ausgangszustand 0 aus mit 0/0 nach Zustand 1 und mit 1/0 nach Zustand 2 gehen, dann können wir anschließend von Zustand 1 aus mit 1/0 als auch von Zustand 2 aus mit 0/0 in einen gemeinsamen Zustand 4 gehen. Analog gilt dies für die nächsten Bitentscheidungen.

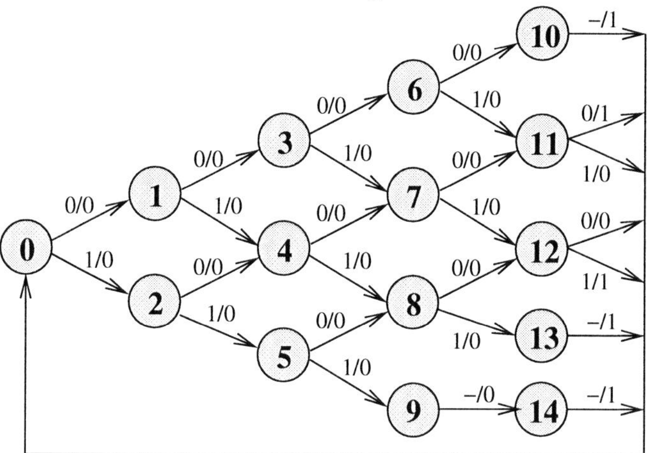

Da die Codeworte bitseriell einlaufen, muss das Schaltwerk für jedes empfangene Codewort stets 5 Transitionen ausführen und genau mit dem Einlaufen der jeweils fünften Bitstelle in den Ausgangszustand 0, in dem jeweils die erste Bitstelle empfangen wird, zurückkehren, um die Synchronität sicherzustellen.

Dieser Zustandsraum kann möglicherweise mit Hilfe der Minimierungsregeln vereinfacht werden. Dazu stellen wir das Zustandsmodell in der Automatentabelle dar und wenden die erste Minimierungsregel an.

z^n	z^{n+1}/y^{n+1} $X=0$	$X=1$
0	1/0	2/0
1	3/0	4/0
2	4/0	5/0
3	6/0	7/0
4	7/0	8/0
5	8/0	9/0
6	10/0	11/0
7	11/0	12/0
8	12/0	13/0
9	14/0	14/0
10	0/1	0/1
11	0/1	0/0
12	0/0	0/1
13	0/1	0/1
14	0/1	0/1

$\Longrightarrow$

z^n	z^{n+1}/y^{n+1} $X=0$	$X=1$
0	1/0	2/0
1	3/0	4/0
2	4/0	5/0
3	6/0	7/0
4	7/0	8/0
5	8/0	9/0
6	10/0	11/0
7	11/0	12/0
8	12/0	10/0
9	10/0	10/0
10	0/1	0/1
11	0/1	0/0
12	0/0	0/1

Aus der Automatentabelle erkennt man, dass die Zustände 10,13 und 14 äquivalent sind. Wir eliminieren die Zustände 13 und 14, wobei diese als Folgezustände in der danebenstehenden Automatentabelle durch den Zustand 10 ersetzt werden. Danach sind keine äquivalenten Zustände mehr identifizierbar.

c) Lösung durch zwei verkoppelte Schaltwerke

Da jedes Codewort exakt zwei Einsen enthalten muss, ist es am einfachsten die Zahl der Einsen zu kontrollieren. Das dazu nötige Schaltwerk benötigt vier Zustände, den Ausgangszustand 0 (keine Eins empfangen), Zustand 1 (eine Eins empfangen, Zustand 2 (zwei Einsen empfangen) und Zustand 3 (mehr als zwei Einsen empfangen).

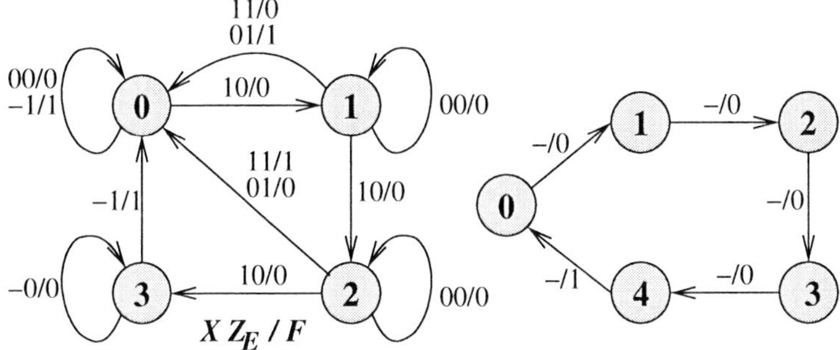

Die Zeitsteuerung muss stets aufeinanderfolgend fünf Transitionen ausführen, um dann der Fehlererkennung mitzuteilen, dass das Codewort vollständig empfangen wurde. Dazu sind fünf Zustände notwendig. Da wir die Zeitsteuerung als Modulo-Zähler ausführen können, genügt zur Verkopplung der beiden Schaltwerke eine zusätzliche Variable Z_E. △

Lösung zu Aufgabe 2.39

a) Es gibt zwei Eingangs- und zwei Ausgangssignale. Die Eingangssignale sind die Empfangsleitungen A und B. Die Ausgangssignale sind die Anzeigen X und Y.

b) Zustandsdiagramm

Das Zustandsdiagramm besteht in nicht minimierter Form aus einem Entscheidungsbaum. In jedem Zustand wird genau eine Bitstelle empfangen und ausgewertet. Dabei ist insbesondere zu beachten, dass vom Zustand 0 aus immer genau 4 Transitionen stattfinden und die 4. Transition in den Zustand 0 zurückführt. Dies stellt sicher, dass sich das Schaltwerk beim Einlaufen der höchstwertigsten Biststelle eines neuen Wortes im Zustand 0 befindet. Andererseits darf aber auch vor Ablauf von genau 4 Transitionen der Zustand 0 *nicht* erreicht werden, um die Synchronität mit den einlaufenden Worten sicherzustellen. Es handelt sich also um eine zeitkritische Anwendung, wobei der Takt des Schaltwerks exakt mit dem Takt der Empfangsleitung synchronisiert sein muss.

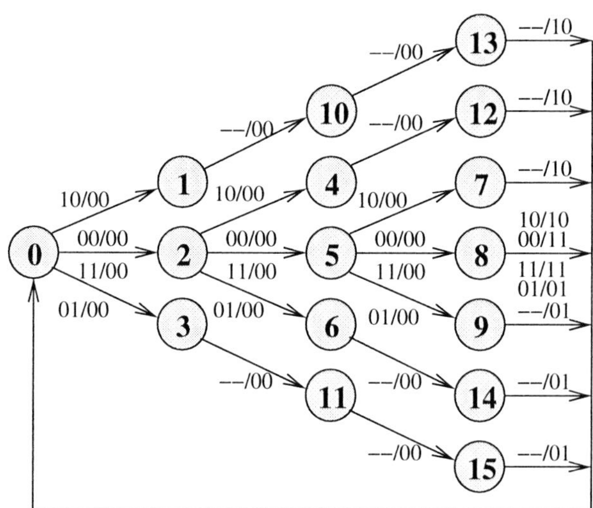

Bei zwei Eingangsvariablen gibt es 4 Möglichkeiten den Zustand 0 zu verlassen. $A=1$, $B=0$ führt in einen Zustand $A>B$ (Zustand 1), $A=0$, $B=1$ führt in einen Zustand $A<B$ (Zustand 3). $A=0$, $B=0$ und $A=1$, $B=1$ müssen nicht unterschieden werden, sie führen in einen Zustand $A=B$ (Zustand 2). In den Zuständen 1 und 3 ist damit die Entscheidung schon gefallen, es werden aber noch je 2 Folgezustände benötigt, um das Einlaufen der bedeutungslosen drei Bitstellen zu synchronisieren. Aus Zustand 2 hingegen gibt es wieder drei direkte Folgezustände, $A>B$, $A<B$ und $A=B$, so dass sich das auf der Vorderseite dargestellte Zustandsdiagramm ergibt.

Das oben entwickelte Zustandsdiagramm ist erheblich zu vereinfachen. Durch Anwendung der ersten Minimierungsregel erkennt man, dass die Zustände 12,13 und 7 im Zustand 7 zusammengefasst werden können, ebenso können die Zustände 14,15 und 9 im Zustand 9 zusammengefasst werden. Weiter können die Zustände 4 und 10 im Zustand 4 sowie die Zustände 6 und 11 im Zustand 6 zusammengefasst werden. Damit ergibt sich folgendes Zustandsdiagramm:

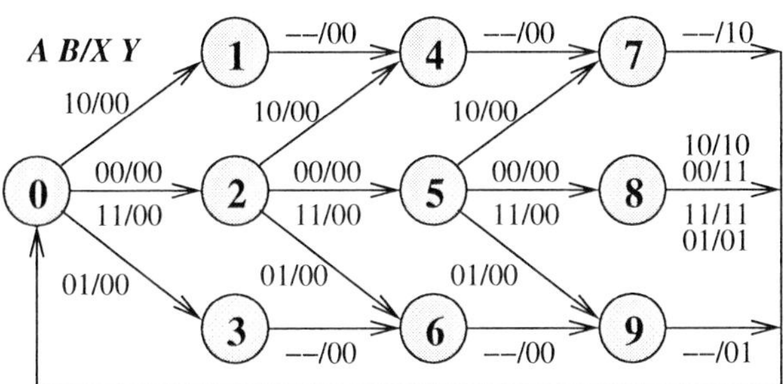

Man hätte auch direkt dieses Zustandsdiagramm spezifizieren können, wenn man als Folgezustand von Zustand 2 die Zustände 4 bzw. 6 gewählt hätte und als Folgezustand von 5 die Zustände 7 bzw. 9. In diesem Zustandsdiagramm ist dann aber auch aufgrund der Zeit- bzw. Transitionsbedingungen von je 4 Transitionen für einen Zyklus keine Vereinfachung mehr möglich.

c) Aufteilung in zwei verkoppelte Schaltwerke

Das Schaltwerk zur Entscheidung besitzt nur die drei Zustände $A>B$ (1), $A<B$ (2) und $A=B$ (0). Mit 00 und 11 verbleibt das Schaltwerk im Zustand 0, mit 10 kommt man nach Zustand 1 und mit 01 nach Zustand 2. Zurück in den Ausgangszustand 0, in dem die höchstwertigste Bitstelle einläuft, kommt mit einem Triggersignal der Zeitsteuerung.

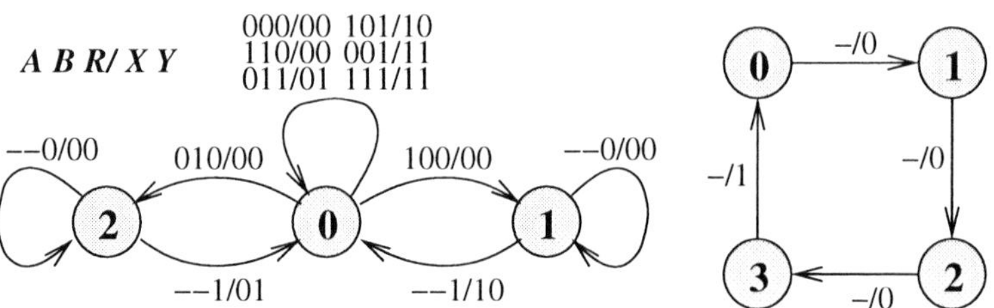

Die Zeitsteuerung besteht hier aus einem einfachen Modulo-3-Zähler mit einem Ausgangsignal R, das bei genau einer Transition innerhalb des Zählzyklus auf 1 gesetzt wird um das Entscheidungsschaltwerk in den Zustand 0 zu triggern.

d) Entwurf mit JK-MS-FF

	s^n		x^n				s^{n+1}		e^n				y^{n+1}	
	Q_1	Q_0	A	B	R		Q_1	Q_0	J_1	K_1	J_0	K_0	D_X	D_Y
0	0	0	0	0	0	0	0	0	0	x	0	x	0	0
0	0	0	0	0	1	0	0	0	0	x	0	x	1	1
0	0	0	0	1	0	2	1	0	1	x	0	x	0	0
0	0	0	0	1	1	0	0	0	0	x	0	x	0	1
0	0	0	1	0	0	1	0	1	0	x	1	x	0	0
0	0	0	1	0	1	0	0	0	0	x	0	x	1	0
0	0	0	1	1	0	0	0	0	0	x	0	x	0	0
0	0	0	1	1	1	0	0	0	0	x	0	x	1	1
1	0	1	0	0	0	1	0	1	0	x	x	0	0	0
1	0	1	0	0	1	0	0	0	0	x	x	1	1	0
1	0	1	0	1	0	1	0	1	0	x	x	0	0	0
1	0	1	0	1	1	0	0	0	0	x	x	1	1	0
1	0	1	1	0	0	1	0	1	0	x	x	0	0	0
1	0	1	1	0	1	0	0	0	0	x	x	1	1	0
1	0	1	1	1	0	1	0	1	0	x	x	0	0	0
1	0	1	1	1	1	0	0	0	0	x	x	1	1	0
2	1	0	0	0	0	2	1	0	x	0	0	x	0	0
2	1	0	0	0	1	0	0	0	x	1	0	x	0	1
2	1	0	0	1	0	2	1	0	x	0	0	x	0	0
2	1	0	0	1	1	0	0	0	x	1	0	x	0	1
2	1	0	1	0	0	2	1	0	x	0	0	x	0	0
2	1	0	1	0	1	0	0	0	x	1	0	x	0	1
2	1	0	1	1	0	2	1	0	x	0	0	x	0	0
2	1	0	1	1	1	0	0	0	x	1	0	x	0	1

Für das Entscheidungsschaltwerk mit 3 Zuständen als auch für den Zähler mit 4 Zuständen werden je 2 FF benötigt.

	s^n			s^{n+1}		e^n				
	Q_1	Q_0		Q_1	Q_0	J_1	K_1	J_0	K_0	R
0	0	0	1	0	1	0	x	1	x	0
1	0	1	2	1	0	1	x	x	1	0
2	1	0	3	1	1	x	0	1	x	0
3	1	1	0	0	0	x	1	x	1	1

e) Anzahl benötigter FF für einen n-stelligen Komparator

Für die Bearbeitung jeder einzelnen Bitstelle des Komparators nach b) werden 3 Zustände benötigt. Hinzu kommt der Zustand 0. Die Anzahl Zustände für einen n-stelligen Komparator ist also $1 + 3(n-1)$. Für die Anzahl FF gilt damit:

$$\lceil \texttt{ld}\,[1 + 3(n-1)]\,\rceil$$

Für die Lösung nach c) werden für das Entscheidungsschaltwerk unabhängig von der Anzahl Bitstellen n jeweils 2 FF benötigt. Der Modulo-n-Zähler besitzt n Zustände, dafür werden $\texttt{ld}\,(n)$ FF benötigt:

$$2 + \lceil \texttt{ld}\,(n)\,\rceil$$

Die Lösung nach b) ist nur für den Fall weniger Bitstellen geeignet. Eine wirklich praktisch relevante Lösung ist c), da einerseits der Hardware-Aufwand für größere n weniger ansteigt, und andererseits das Schaltwerk nicht völlig neu aufgebaut werden muss. Das Entscheidungsschaltwerk ist für alle n gleich, lediglich der Zähler muss neu konfiguriert werden.

f) niederwertigste Bitstelle läuft zuerst ein

Weitere Zustände kann es nicht geben, da alle möglichen Pfade spezifiziert wurden und jede Sequenz auch hier immer nur 4 Zustände enthalten darf. Es gibt aber zusätzliche Transitionen, da die Entscheidung darüber, ob $A > B$, $A < B$ oder $A = B$ gilt, mit jeder neu einlaufenden Bitstelle rückgängig gemacht werden kann.

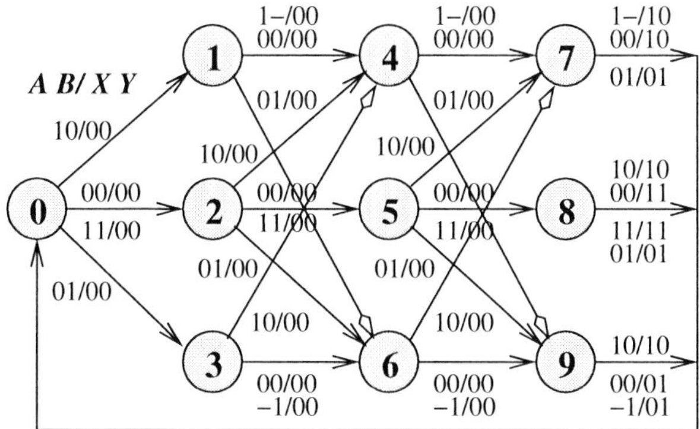

Erst die höchstwertigste Bitstelle bringt die endgültige Entscheidung. So gibt es Transitionen von Zustand 1 nach Zustand 6 und von Zustand 4 nach Zustand 9 sowie von Zustand 3 nach Zustand 4 und von Zustand 6 nach Zustand 7. Eine Transitionen von einer der beiden äußeren Sequenzen in die mittlere Sequenz ist nicht möglich, den wenn für je zwei Worte einmal $A > B$ oder $A < B$ gilt, dann können diese beide Worte nicht mehr gleich sein. △

Lösung zu Aufgabe 2.40

a) Es gibt zwei Eingangs- und zwei Ausgangssignale. Eingangssignale sind K_1 (Lichtschranke unten) und K_2 (Lichtschranke oben). Ausgangssignale sind A (Laufrichtung aufwärts) und B (Laufrichtung abwärts).

b) Zustandsdiagramm

Das Zustandsdiagramm besteht aus zwei Zweigen mit je drei Zuständen, wobei in jedem Zustand $0,5\,T$ verblieben wird, um auf die Laufdauer von $1,5\,T$ zu kommen. Erreicht wird dies bei der Realisierung des Schaltwerks mit einer Taktperiodendauer von $0,5\,T$.

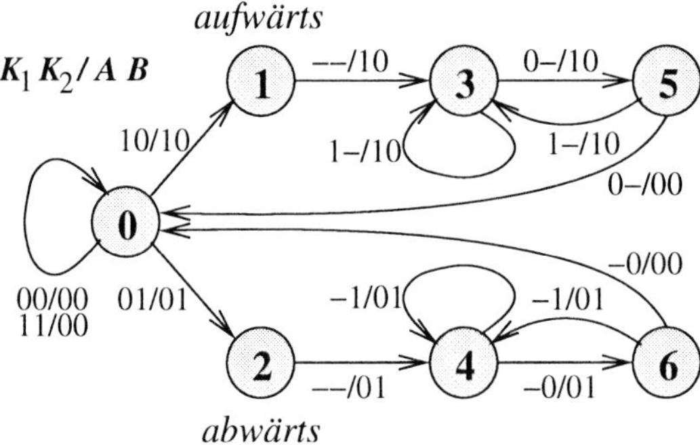

Beim Verlassen des Zustandes 1 (2) ist das Band $0,5\,T$ aufwärts (abwärts) gelaufen, beim Verlassen von Zustand 3 (4) $1,0\,T$ und beim Verlassen von Zustand 5 (6) $1,5\,T$. Da das Betätigen einer Lichtschranke während des laufenden Bandes zu einer zusätzlichen Laufdauer T führen soll, muss beim Anliegen von K_1 bzw. K_2 in den Zuständen 3 bzw. 4 verblieben werden. Entsprechend muss von den Zuständen 5 bzw. 6 zu den Zuständen 3 bzw. 4 zurückgegangen werden.

c) Aufteilung in zwei verkoppelte Schaltwerke

Das Schaltwerk zur Steuerung des Bandes besitzt lediglich noch die drei Zustände "auf" (1), "ab" (2) und "aus" (0). Bei einer Taktperiodendauer von $0,1T$ muss das zweite Schaltwerk für die Zeitsteuerung genau 16 Zustände besitzen.

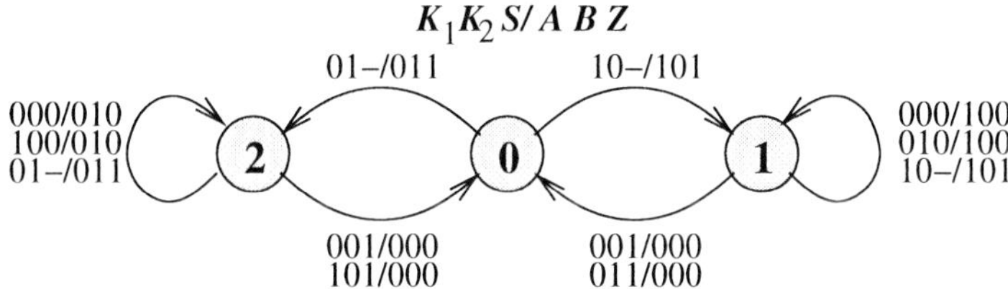

Um die Zeitsteuerung zu initialisieren benötigt man beim Steuerschaltwerk je ein weiteres Ein- und Ausgangssignal. Mit dem Ausgangssignal Z wird das Zählschaltwerk im Zustand 0 gestartet. Von da aus muss es 15 Takte zählen um dann mit dem Ausgangssignal S das Steuerschaltwerk in den Zustand "aus" zu triggern.

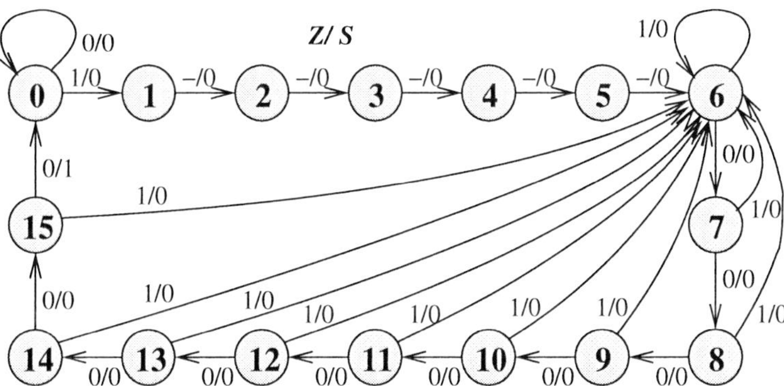

Erfolgt innerhalb der letzten 9 Takte eine erneute Auslösung des Bandes durch eine Lichtschranke, so muss von jedem derzeitigen Zustand aus in den Zustand 6 gesprungen werden. Damit wird sichergestellt, dass das Band dann noch jeweils 10 Takte lang weiterläuft. △

Lösung zu Aufgabe 2.41

Teil I: Schaltwerk zur Erzeugung einer gestopften Bitfolge

Das Schaltwerk muss die Eingangsfolge Y lesen und nach sechs aufeinanderfolgenden 1-Bits zwischen dem fünften und sechsten 1-Bit eine 0 ausgeben sowie anschließend den Eingangstakt für einen Takt anhalten, damit keine Eingabeinformation während des Stuffings verloren geht.

Diese Aufgabe kann durch eine einfache Sequenz aus insgesamt 7 Transi-

tionen gelöst werden. Dabei muss das Eingangssignal 6-mal gleich 1 sein, bei der 7-ten Transition kann es beliebig sein. Bei einer 0 am Eingang wird die Sequenz unterbrochen und das Schaltwerk beginnt im Ausgangszustand 0 von vorne mit der Zählung.
Bei den ersten fünf Transitionen dieser Sequenz wird eine 1 ausgegeben. Tritt nach diesen fünf Transitionen weist eine weitere 1 auf, so wird mit dem nächsten Takt (im Zustand 6) auf jeden Fall eine 0 ausgegeben. Nach der Ausgabe der 0 gehen wir mit gleichzeitiger Unterbrechung des Eingabetaktes und der Ausgabe der zurückgelegten 1 in den Ausgangszustand 0 zurück, der Zyklus beginnt wieder von vorne. Damit ergibt sich das folgende Zustandsdiagramm.

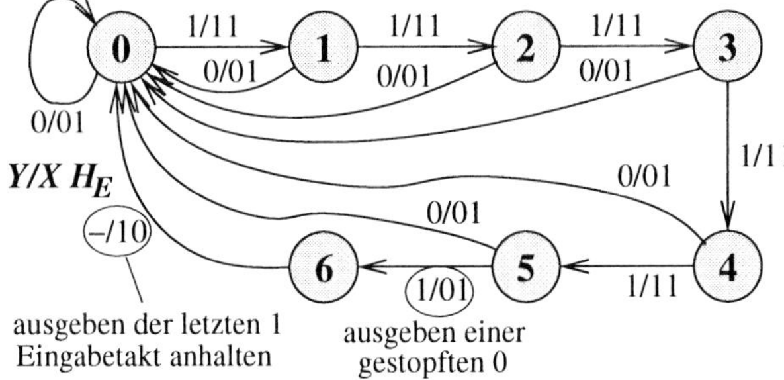

Das Erzeugen des Eingabetaktes geschieht durch ein Hilfssignal H_E, woraus sich durch eine UND-Verknüpfung mit dem Systemtakt T der Eingabetakt T_B ergibt: $T_E = H_E \wedge T$.
Für dieses Schaltwerk mit 7 Zuständen werden 3 FF benötigt.

	s^n					s^{n+1}			e^n						y^{n+1}	
	Q_2	Q_1	Q_0	Y		Q_2	Q_1	Q_0	J_2	K_2	J_1	K_1	J_0	K_0	D_X	D_{H_E}
0	0	0	0	0	0	0	0	0	0	x	0	x	0	x	0	1
0	0	0	0	1	1	0	0	1	0	x	0	x	1	x	1	1
1	0	0	1	0	0	0	0	0	0	x	0	x	x	1	0	1
1	0	0	1	1	2	0	1	0	0	x	1	x	x	1	1	1
2	0	1	0	0	0	0	0	0	0	x	x	1	0	x	0	1
2	0	1	0	1	3	0	1	1	0	x	x	0	1	x	1	1
3	0	1	1	0	0	0	0	0	0	x	x	1	x	1	0	1
3	0	1	1	1	4	1	0	0	1	x	x	1	x	1	1	1
4	1	0	0	0	0	0	0	0	x	1	0	x	0	x	0	1
4	1	0	0	1	5	1	0	1	x	0	0	x	1	x	1	1
5	1	0	1	0	0	0	0	0	x	1	0	x	x	1	0	1
5	1	0	1	1	6	1	1	0	x	0	1	x	x	1	0	1
6	1	1	0	0	0	0	0	0	x	1	x	1	0	x	1	0
6	1	1	0	0	0	0	0	0	x	1	x	1	0	x	1	0
7	1	1	1	–	–	–	–	–	–	–	–	–	–	–	–	–

Minimale Ansteuergleichungen erhalten wir mit Hilfe von K-Diagrammen:

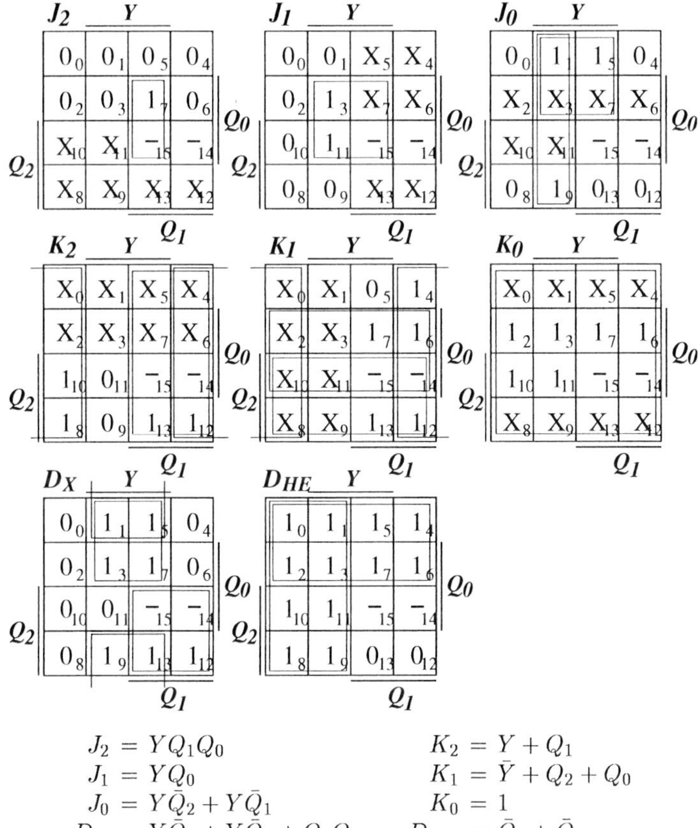

$$
\begin{aligned}
J_2 &= YQ_1Q_0 & K_2 &= Y + Q_1\\
J_1 &= YQ_0 & K_1 &= \bar{Y} + Q_2 + Q_0\\
J_0 &= Y\bar{Q}_2 + Y\bar{Q}_1 & K_0 &= 1\\
D_X &= Y\bar{Q}_2 + Y\bar{Q}_0 + Q_2Q_1 & D_{HE} &= \bar{Q}_2 + \bar{Q}_1
\end{aligned}
$$

Teil II: Schaltwerk zur Rekonstruktion einer gestopften Bitfolge

a) Zustandsdiagramm

Das Schaltwerk muss die Eingangsfolge X lesen und die auf fünf aufeinanderfolgende 1-Bits folgende 0 entfernen. Gleichzeitig muss durch $L=1$ angezeigt werden, dass ein Leerbit folgt.

Dies kann durch eine Sequenz aus fünf Transitionen, bei denen das Eingangssignal als auch das Ausgangssignal gleich 1 ist, gelöst werden. Bei einer 0 am Eingang geht das Schaltwerk wieder nach Zustand 0 zurück. Im Zustand 5 muss das Eingangssignal 0 sein, ansonsten handelt es sich um ein Flag oder einen Fehler. Von Zustand 5 aus kommen wir mit der

Ausgabe $Y=0, L=1$ (Ausblenden der 0) oder $Y=1, L=0$ (Flag) nach Zustand 0 zurück, die Zählung beginnt von vorne.

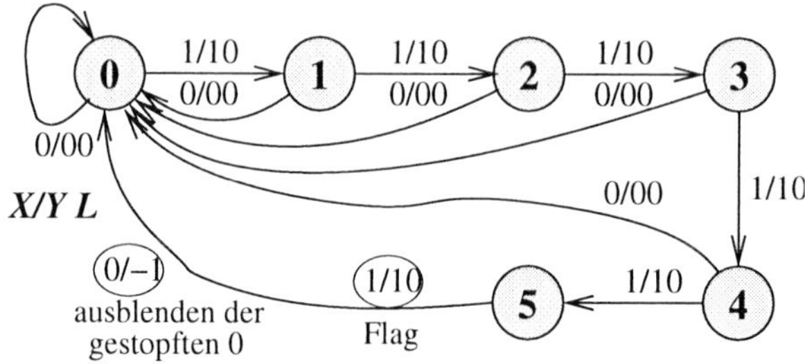

b) Erkennung von Flags

Um Flags zu erkennen, müssen zumindest sechs aufeinanderfolgende 1-Bits gefolgt von einem 0-Bit in der Eingangsfolge erkannt werden.

Um diese Funktion in das vorherige Schaltwerk zu integrieren, benötigen wir einen zusätzlichen Zustand 6 zur Überprüfung der 0. Wir verzweigen im Zustand 5, mit $X=0$ kommen wir wie bisher mit der Ausgabe -1 nach Zustand 0 zurück, mit $X=1$ kommen wir mit der Ausgabe 10 in den neuen Zustand 6. Mit dem Erkennen der zwangsläufigen 0 in Zustand 6 kommt das Schaltwerk in den Zustand 0 zurück und zeigt die Erkennung des Flags an. Eine in Zustand 6 einlaufende 1 deutet auf einen Fehler hin. Ferner muss die Kantenbeschriftung um die Variable F zur Anzeige eines erkannten Flags ergänzt werden.

Um weitere Fehler zu erkennen, müsste nach den sechs 1-Bits auch noch die folgende 0 synchronisiert werden. Dazu wäre ein zusätzlicher Zustand erforderlich.

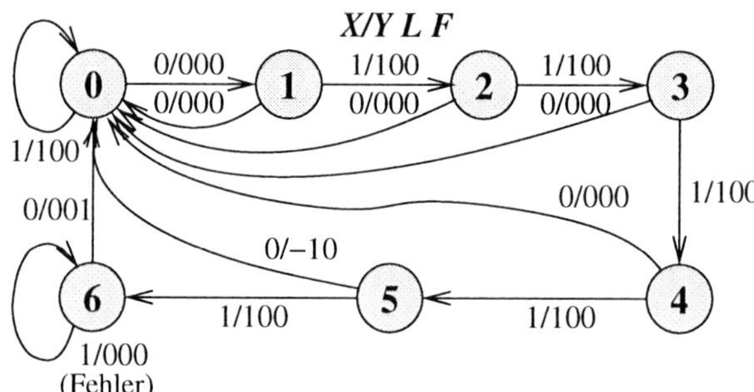

Bei der vorgeschlagenen Lösung werden zwar die gestopften 0-Bits entfernt, die Flags bleiben jedoch in der Bitfolge enthalten. Eine bessere

Lösung wäre es, aus der empfangenen Bitfolge in einem ersten Schritt die Flags und dann in einem zweiten Schritt die gestopften 0-Bits zu entfernen. △

Lösung zu Aufgabe 2.42

Der Schaltwerkszyklus Z_S beginnt mit der Taktperiode, in der das Eingangssignal E auf 1 gesetzt wird. Z_S endet eine Taktperiode nachdem das Ausgangssignal A seinen Zyklus Z beendet hat, damit das Festhalten des Eingangssignals E auf 1 nicht dazu führen kann, dass das Schaltwerk direkt in den nächsten Zyklus Z läuft. Aufgrund dieser Bedingungen ergeben sich, wie im folgenden Signal-Zeit-Diagramm angedeutet, 12 Zustände. Der Ausgangszustand 0 wird mit $E = 1$ verlassen, danach läuft das Schaltwerk zwangsläufig mit den entsprechenden Ausgaben bis in Zustand 11 und verbleibt dort bis $E = 0$ ist.

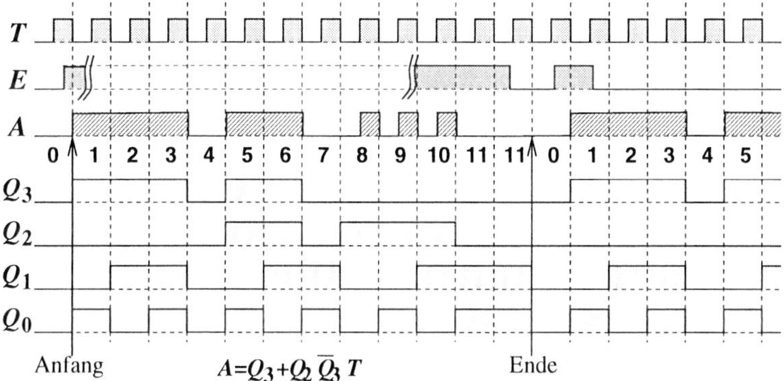

Aus diesem Signal-Zeit-Diagramm ergibt sich das nachfolgend dargestellte Zustandsdiagramm. Bei 11 Zuständen benötigen wir zur Realisierung eines entsprechenden Schaltwerks 4 FF. Um das Ausgangssignal A zu erzeugen ist ein Hilfssignal erforderlich, das mit dem Taktsignal T verknüpft den Teil des Ausgangssignals bildet, der in den Zuständen 8, 9 und 10 dem Taktsignal T identisch ist. Dieses Hilfssignal H muss in den Zuständen 8, 9 und 10 auf 1 gesetzt sein.

Um den ersten Teil von A (Zustände 0 bis 7) mit minimalem logischen Aufwand zu erzeugen, wählen wir die Codierung einer Zustandsvariablen Q_3 so, dass diese in diesem Bereich mit A identisch ist. Q_3 muss also in den Zuständen 1,2,3,5 und 6 gleich 1 sein, ansonsten 0. Dies ist möglich, weil wir von den 16 möglichen Zuständen nur 11 benötigen.

Um das Hilfssignal zu erzeugen, müsste eine weitere Zustandsvariable

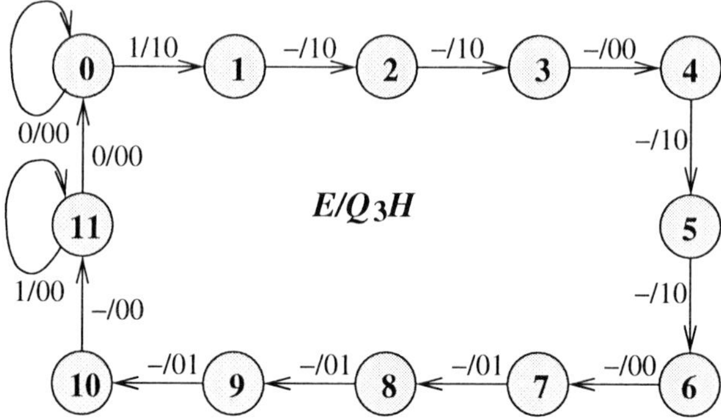

Q_2 in den Zuständen 8,9 und 10 gleich 1 sein, ansonsten 0. Damit ergeben sich aber 9 Zustände (0,1,2,3,4,5,6,7,11), in denen Q_2 auf 0 gesetzt sein muss. Dies ist nicht möglich, da wir mit den restlichen 3 Zustandsvariablen nur 8 Zustände unterscheiden können. Wir müssen also mindestens in einem weiteren Zustand Q_2 auf 1 setzen und dies beim weiteren Entwurf berücksichtigen. Der Einfachheit halber setzen wir Q_2 in den Zuständen 5 und 6 zusätzlich auf 1. Für H folgt damit $H = Q_2\bar{Q}_3$. Damit folgt schließlich für A:

$$A = Q_3 + Q_2\bar{Q}_3T \qquad \triangle$$

Lösung zu Aufgabe 2.43

Die Länge des Schaltwerkszyklus erkennen wir am besten beim Entwickeln des Signal-Zeit-Diagramms. Nach dem Betätigen des Startsignals S_T sollte die Wandlerschaltung zuerst mit dem Clear-Signal C_L zurückgesetzt werden. Danach kann die Übernahme der anliegenden Gray-Kombination in die Schaltung mit dem Übernahmesignal $\ddot{U}$ erfolgen.

Nach der Übernahme kann die Wandlung erfolgen. Zur Steuerung der Wandlung werden 4 Taktimpulse benötigt. Diese können durch einen 4-maligen 0/1-Wechsel des Signals C_P innerhalb von 8 Takten generiert. Diese Art der Erzeugung benötigt aber 8 Zustände. Optimaler können diese 4 Taktimpulse durch ein Hilfssignal H, welches 4 Takte lang gleich 1 ist und mit dem Systemtakt T verknüpft wird (siehe Lösung zu Aufgabe 2.42), erzeugt werden. In diesem Fall werden wie im folgenden Signal-Zeit-Diagramm gezeigt, nur 4 Zustände benötigt.

Beim Entwurf der Steuerung haben wir jedoch insbesondere darauf zu achten, dass das entsprechende Schaltwerk nach der Wandlung nicht ohne erneute Betätigung des Startsignals S_T in den nächsten Wandlungszyklus läuft. Dies wird dadurch erreicht, dass wir einem weiteren Zustand

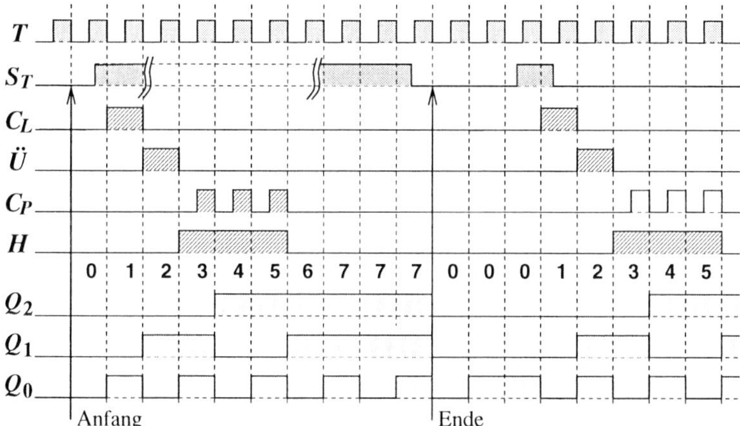

einführen, in dem nichts passiert und die Steuerung lediglich solange blockiert ist bis das Startsignal S_T auf 0 zurückgeht.

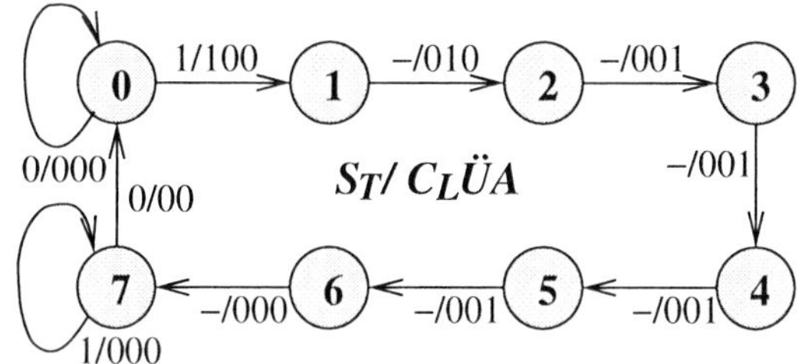

Wie aus dem Signal-Zeit-Diagramm ersichtlich, besteht das Zustandsdiagramm aus einem Zyklus mit 8 aufeinanderfolgenden Zuständen. Das Eingangssignal ist S_T, die Ausgangssignale sind C_L, $\ddot{U}$ und H, das mit dem Takt T zusammen das Signal $C_P = HT$ ergibt. △

Lösung zu Aufgabe 2.44

Das Steuerschaltwerk für die Sortieranlange besitzt ein Eingangssignal, die Lichtschranke L mit der angezeigt wird, dass sich gerade ein Paket vorbeibewegt. Es besitzt zwei Ausgangssignale, die Ansteuerungen der beiden Klappen K_1 (Auswurf kleine Pakete) und K_2 (Auswurf große Pakete). Daraus folgt die Kantenbeschriftung $L/K_1, K_2$

Bei einer Lichtschranke und kontinuierlichem Vorbeilaufen von Paketen können wir die Länge der Pakete nur aus der Zeit ermitteln, die die Lichtschranke überdeckt wird. Ein kleines Paket überdeckt die Lichtschranke eine Taktperiode und benötigt eine weitere Taktperiode, um vor die entsprechende Auswurfklappe K_1 zu gelangen. Für das Zustandsdiagramm bedeutet dies, dass wir vom Zustand 0 mit 1/00 in einen Zustand 1 kommen. Ist das Paket im nächsten Takt zu Ende, dann handelt es sich um ein kleines Paket, das einen Takt lang weitertransportiert werden muss, wir kommen mit 0/00 in einen Zustand 2. Kommt auch im nächsten Takt kein weiteres Paket, dann geben wir das vorhandene kleine Paket mit 0/01 aus und kommen in den Ausgangszustand 0 zurück. Beginnt dagegen im Zustand 2 ein neues Paket, dann geben wir das vorhandene kleine Paket mit 1/01 aus und kommen in den Zustand 1 zurück. Damit ist der folgende Teil des Zustandsdiagramms bekannt:

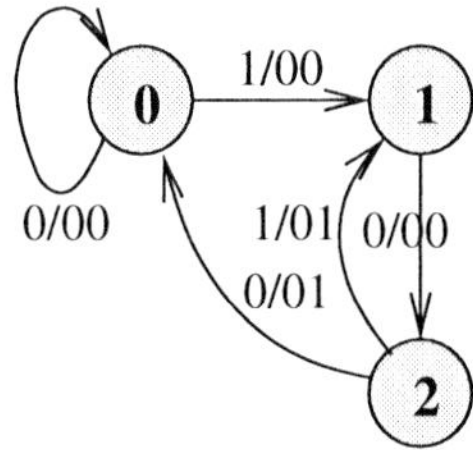

Ist hingegen das Paket in Zustand 1 im nächsten Takt nicht zu Ende, dann handelt es sich mindestens um ein Paket mittlerer Länge, wir kommen mit 1/00 in einen Zustand 3. Ist das Paket im nächsten Takt zu Ende, dann handelt es sich um ein Paket mittlerer Länge, das nun drei Takte lang weitertransportiert werden muss, um zur mittleren Klappe zu gelangen. Wir kommen mit 0/00 in einen Zustand 4. Ist das Paket in Zustand 3 im nächsten Takt nicht zu Ende, dann handelt es sich um ein großes Paket, wir kommen mit 1/00 in einen Zustand 5. Ist das Eingangssignal im Zustand 5 immer noch 1, dann deutet dies auf einen Fehler hin. Ansonsten müssen wir uns um das angekommene lange Paket nicht mehr kümmern, es wird lediglich weitertransportiert und wir kommen in den Ausgangszustand 0 zurück.

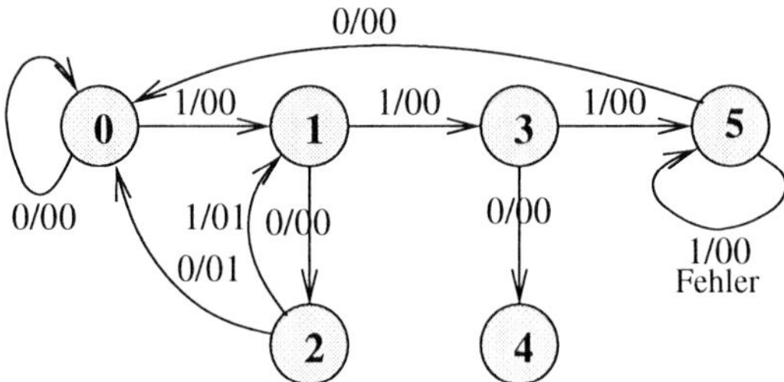

Wir verfolgen nun das System im Zustand 4 weiter. Beginnt in Zustand

4 kein neues Paket, dann transportieren wir das vorhandene mittlere Paket lediglich weiter. Wir kommen mit 0/00 in einen Zustand 6. Beginnt in Zustand 4 ein neues Paket, dann kommen wir mit 1/00 in einen neuen Zustand 7.

In Zustand 6 muss das mittlere Paket weitertransportiert werden. Beginnt kein neues Paket, dann kommen wir mit 0/00 in einen Zustand 8, beginnt ein neues Paket, kommen wir mit 1/00 in einen Zustand 9. In Zustand 8 als auch in Zustand 9 muss das auf dem Transportband befindliche mittlere Paket ausgeworfen werden. Mit 0/01 kommen wir von Zustand 8 aus in den Ausgangszustand 0 zurück, mit 1/01 kommen wir in den Zustand 1 zurück. Mit 0/01 kommen wir von Zustand 9 aus in den Zustand 2 zurück, mit 1/01 kommen wir in den Zustand 3 zurück.

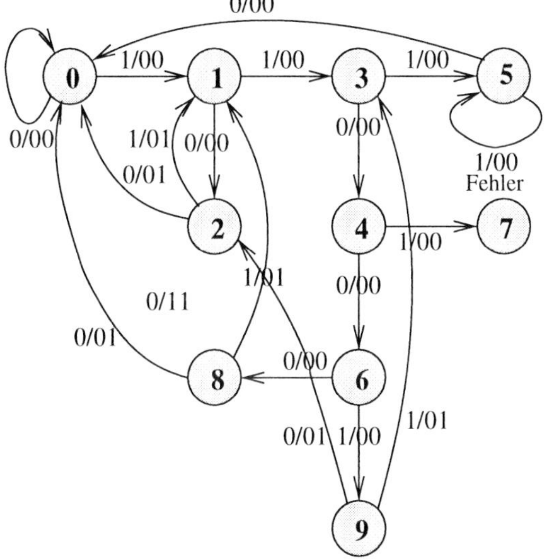

Wir verfolgen nun das System in Zustand 7 weiter. Das auf dem Transportband befindliche mittlere Paket muss nach eine Taktdauer weitertransportiert werden, ein zweites Paket ist angekommen. Mit 0/00 ist das gerade begonnene Paket schon wieder zu Ende, es handelt sich um ein neues kurzes Paket und wir kommen in einen Zustand 10. Mit 1/00 handelt es sich mindestens um ein Paket mittlerer Länge, wir kommen in einen Zustand 11.

Mit der nächsten Transition muss das auf dem Transportband befindliche mittlere Paket ausgeworfen werden. In Zustand 10 muss gleichzeitig auch noch das kurze Paket ausgeworfen werden. Mit 0/11 ist anschließend das Transportband leer und wir in den Ausgangszustand 0 zurück. Mit 1/11 kommt schon wieder das nächste Paket an und wir kommen in den Zustand 1 zurück. In Zustand 11 befindet sich ein zweites mindestens mittellanges Paket auf dem Band. Mit 0/01 ist das zweite angekommene Paket ebenfalls als mittellanges Paket identifiziert und das vorhergehende wird ausgeworfen, wir kommen in den Zustand 4 zurück. Mit 1/01 ist das zweite als langes Paket identifiziert und das vorhergehende wird ausgeworfen, wir kommen in den Zustand 5 zurück. Damit erhalten wir schließlich das dargestellte Zustandsdiagramm.

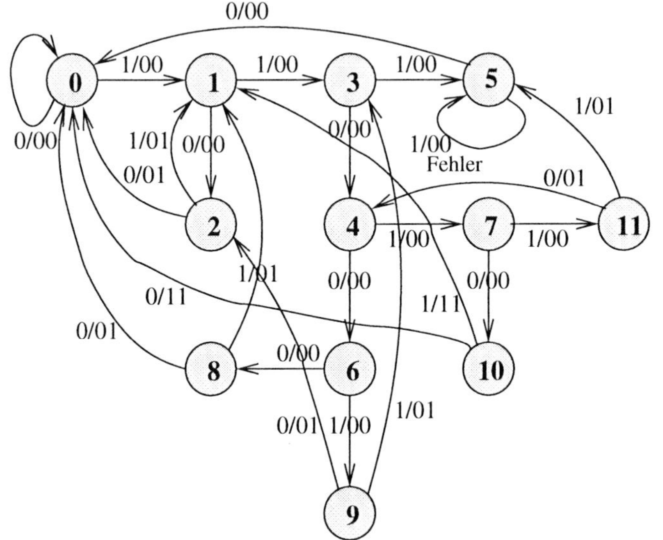

△

Lösung zu Aufgabe 2.45

a) Das Schaltwerk besitzt zwei Eingangsvariable, das zwei Bit breite Flagregister. Es besitzt fünf Ausgangsvariable, die beiden Steuerleitungen der Multiplexer A und B, die Steuerleitung der ALU und die zwei Bit breite Temperaturtendenz. Die Kantenbeschriftung ist somit:

$$F_1, F_0/S_A, S_B, S_C, T_1, T_0$$

b) Zustandsdiagramm (beide Register laden und auswerten)

Im Ausgangszustand 0 müssen zuerst die beiden Register nacheinander geladen werden. Das Laden von Register A führt unabhängig von den Eingangswerten in den Zustand 1 und das Laden von Register B führt in den Zustand 2. Das Ausführen der Operation führt weiter unabhängig von den Eingangswerten in den Zustand 3. Im Zustand 3 steht dann der erste Flagwert zur Verfügung und wird gelesen. Da wir die Temperaturtendenz solange ausgeben wollen, bis der nächste aktuelle Wert zur Verfügung steht, müssen wir von Zustand 3 aus in Abhängigkeit von (T_1, T_0) in drei unterschiedliche Folgezustände verzweigen.

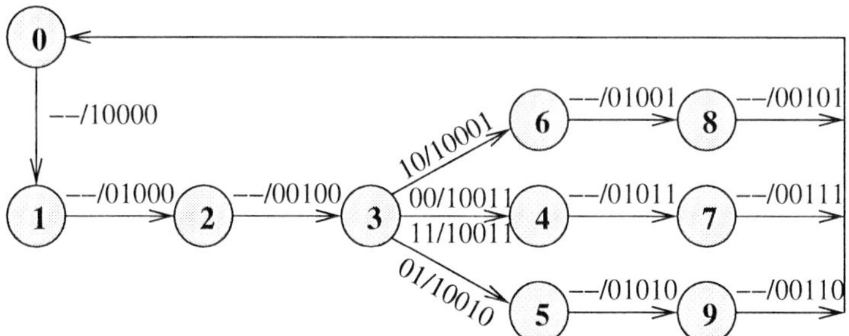

Mit den Eingangskombination 00 und 11, d.h. die Temperatur ist wegen $A = B$ gleichbleibend, kommen wir in einen Zustand 4 und geben 10011 aus. Dabei wird gleichzeitig das Register A neu geladen.
Mit der Eingangskombination 01, d.h. die Temperatur ist steigend, da das Register B zuletzt geladen wurde und $B > A$ ist, kommen wir in einen Zustand 5 und geben 10010 aus. Mit der Eingangskombination 10, d.h. die Temperatur ist fallend, kommen wir in einen Zustand 6 und geben 10001 aus.

Die Zustände 4,5 und 6 haben unabhängig von der Eingangsinformation

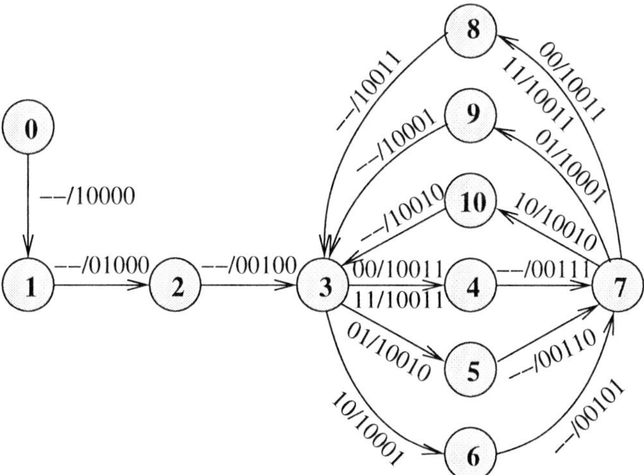

je einen Folgezustand (7,8,9), indem die Ausgabe erhalten bleibt, gleichzeitig aber das Register B neu geladen wird. Die nächste Aktion ist die Ausführung der Operation und danach wird auch die Ausgabe neu definiert. Damit kommen wir also wieder zurück in den Zustand 3.

b) Zustandsdiagramm (jeweils ein Register laden und auswerten)

Bis zu den Zuständen 4,5 und 6 ist das Zustandsdiagramm identisch zu dem unter b). Von den Zuständen 4,5 und 6 aus können wir unabhängig von den Eingangswerten mit den entsprechenden Ausgaben in einen gemeinsamen Folgezustand 7 gehen. Von Zustand 4 aus mit –/00111, von Zustand 5 aus mit –/00110 und von Zustand 6 aus mit –/00101. Dabei wird gleichzeitig die Operation ausgeführt.

In Zustand 7 ergibt sich eine mit dem Zustand 4 vergleichbare Situation. Mit den Eingangskombination 00 und 11 kommen wir in einen Zustand 8 und geben 01011 aus. Dabei wird das Register B neu geladen.
Mit der Eingangskombination 01, d.h. die Temperatur ist fallend, da das Register A zuletzt geladen wurde und $B > A$ ist, kommen wir in einen Zustand 9 und geben 10001 aus. Mit der Eingangskombination 10, d.h. die Temperatur ist steigend, kommen wir in einen Zustand 10 und geben 10010 aus.

Von den Zuständen 8,9 und 10 aus gehen wir unabhängig von den Eingangswerten mit den entsprechenden Ausgaben in einen gemeinsamen Folgezustand, und dieser Folgezustand ist wieder der Zustand 3, da jetzt wieder die gleichen Aktionen ausgeführt werden. △

Lösung zu Aufgabe 2.46

a) Durch die vereinfachende Annahme, dass ein Einwurf automatisch einen Zustandswechsel initialisiert, ist eine Eingangsvariable E ausreichend. Die Steuerung benötigt zwei Ausgangsvariable, eine Variable A für die Ausgabe eines Getränkes (1) oder nicht (0), und eine Variable für die Ausgabe des Wechselgeldes. Für das Wechselgeld reicht eine Variable aus, da nur 10-Cent Münzen zurückgegeben werden können.

b) Zustandsdiagramm

Da die Reihenfolge des Geldeinwurfs in jedem Zustand erkennbar bleiben soll, müssen wir für jede neu eingeworfene Münze in einen neuen Zustand verzweigen, so dass ein Entscheidungsbaum entsteht. Dabei bricht ein Zweig genau dann ab, wenn der für einen Getränkekauf notwendige Geldwert eingeworfen wurde und das System kommt in den Ausgangszustand 0 zurück.

So sind beispielsweise in Zustand 11 vier 10-Cent Münzen eingeworfen

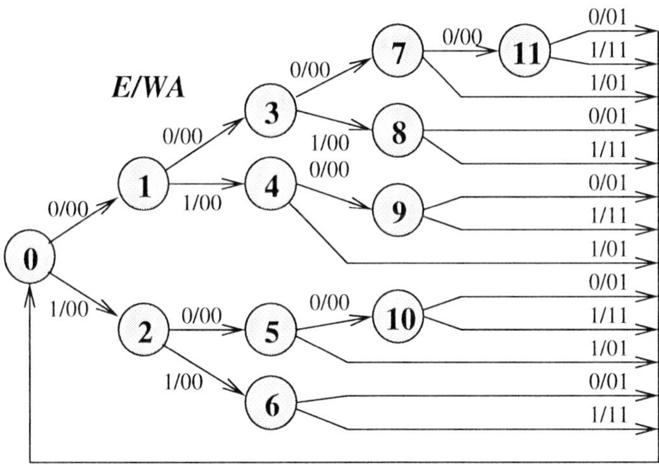

worden. Mit dem Einwurf einer weiteren 10-Cent Münze wird ein Getränk ausgegeben und der Automat kommt in den Ausgangszustand 0 zurück, mit dem Einwurf einer 20-Cent Münze wird ein Getränk und Wechselgeld ausgegeben, der Automat kommt in den Zustand 0 zurück.

c) Vereinfachung des Zustandsdiagramms

Dazu stellen wir das Zustandsmodell in der Automatentabelle dar und wenden die erste Minimierungsregel an.

	z^{n+1}/y^{n+1}	
z^n	$X=0$	$X=1$
0	1/00	2/00
1	3/00	4/00
2	5/00	6/00
3	7/00	8/00
4	9/00	0/01
5	10/00	0/01
6	0/01	0/11
7	11/00	0/01
8	0/01	0/11
9	0/01	0/11
10	0/01	0/11
11	0/01	0/11

$\Rightarrow$

	z^{n+1}/y^{n+1}	
z^n	$X=0$	$X=1$
0	1/00	2/00
1	3/00	4/00
2	5/00	6/00
3	7/00	6/00
4	6/00	0/01
5	6/00	0/01
6	0/01	0/11
7	6/00	0/01

$\Rightarrow$

	z^{n+1}/y^{n+1}	
z^n	$X=0$	$X=1$
0	1/00	2/00
1	3/00	4/00
2	4/00	6/00
3	4/00	6/00
4	6/00	0/01
6	0/01	0/11

$\Rightarrow$

	z^{n+1}/y^{n+1}	
z^n	$X=0$	$X=1$
0	1/00	2/00
1	2/00	4/00
2	4/00	6/00
4	6/00	0/01
6	0/01	0/11

Aus der Automatentabelle erkennt man, dass die Zustände 6,8,9,10 und 11 äquivalent sind. Wir eliminieren die Zustände 8,9,10 und 11, wobei diese als Folgezustände in der danebenstehenden Automatentabelle durch den Zustand 6 ersetzt werden.

In der reduzierten Tabelle erkennt man, dass die Zustände 4,5 und 7 äquivalent sind. Wir eliminieren die Zustände 5 und 7, und ersetzen diese durch den Zustand 4. In dieser dritten Tabelle kann schließlich noch der Zustand 3 eliminiert werden. Damit ergibt sich das folgende Zustandsdiagramm.

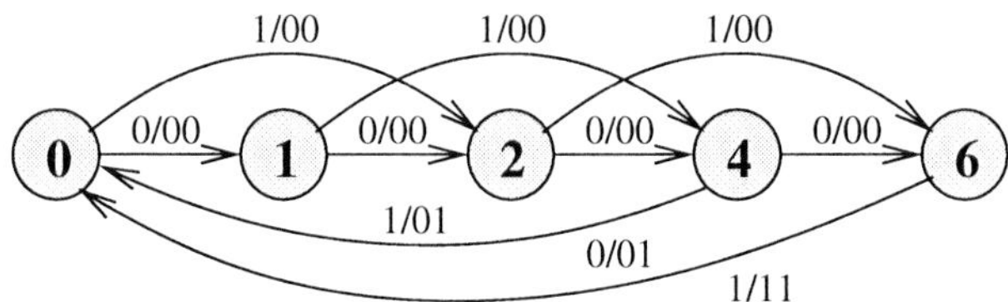

In diesem Zustandsdiagramm ist die Reihenfolge des Geldeinwurfs nicht mehr erkennbar, die Zustände beschreiben lediglich den eingeworfenen Geldwert. Dies ist auch für die geforderte Funktion des Automaten nicht von Bedeutung. △

Lösung zu Aufgabe 2.47

Teil I: Ausgabe von Wechselgeld

a) Durch die vereinfachende Annahme, dass ein Einwurf automatisch einen Zustandswechsel initialisiert, sind zwei Eingangsvariablen ausreichend. Eine Variable M für die Münzenart, $M=0$ entspricht 50-Cent und $M=1$ entspricht 1 EURO. Eine Variable S für die Schalterstellung, $S=0$ entspricht Getränk 1 und $S=1$ entspricht Getränk 2.

Die Steuerung benötigt aber insgesamt drei Ausgangsvariable, eine erste Variable A legt fest ob eine Ausgabe stattfindet (1) oder nicht (0), eine zweite Variable P für die Festlegung der Getränkeart, und eine dritte Variable W für die Ausgabe von Wechselgeld (1) oder nicht (0).

b) Zustandsdiagramm

Der Einfachheit halber verzweigen wir vom Ausgangszustand 0 ausgehend für jede neu eingeworfene Münze in einen neuen Zustand, so dass ein Entscheidungsbaum entsteht. Ein Zweig bricht genau dann ab, wenn der für den entsprechenden Getränkkauf notwendige Mindestgeldwert eingeworfen wurde. Es erfolgt die entsprechende Getränke- und Geldausgabe, mit der das System gleichzeitig in den Ausgangszustand 0 zurückkommt.

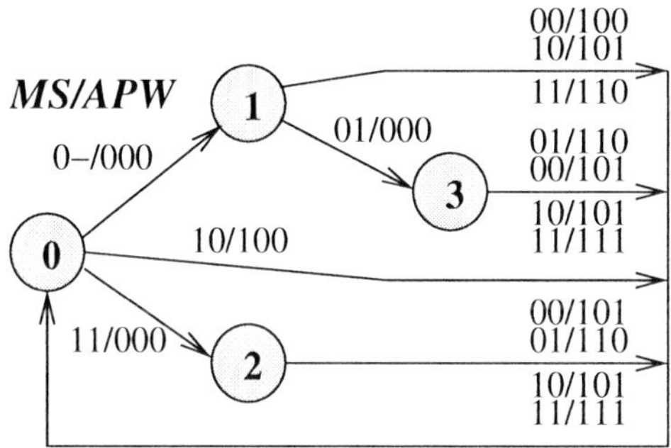

So sind beispielsweise in Zustand 1 vier 50-Cent eingeworfen worden. Befindet sich der Wahlschalter auf Getränk 1 und es werden weitere 50-Cent eingeworfen, dann wird Getränk 1 ohne Wechselgeld ausgegeben. Der Verkaufsvorgang ist abgeschlossen und wir kommen mit 00/100 in den Zustand 0 zurück. Wird weiter eine 1-EURO Münze eingeworfen, dann wird Getränk 1 mit Wechselgeld ausgegeben. Befindet sich dagegen der Wahlschalter auf Getränk 2 und es werden weitere 50-Cent eingeworfen, dann kommen wir in einen neuen Zustand 3, der Verkaufsvorgang ist noch nicht abgeschlossen, es ist 1 EURO gespeichert.

c) Vereinfachung des Zustandsdiagramms

Wir stellen das Zustandsmodell in der Automatentabelle dar und wenden die erste Minimierungsregel an.

	z^{n+1}/y^{n+1}			
z^n	$MS=00$	$MS=01$	$MS=10$	$MS=11$
0	1/000	1/000	0/100	2/000
1	1/100	3/000	0/101	0/110
2	0/101	0/110	0/101	0/111
3	0/101	0/110	0/101	0/111

Offensichtlich sind die Zustände 2 und 3 äquivalent, da alle Folgezustände und Folgeausgangssignale gleich sind. Die beiden Zustände 2 und 3 werden im Zustand 2 zusammengefasst.

	z^{n+1}/y^{n+1}			
z^n	$MS=00$	$MS=01$	$MS=10$	$MS=11$
0	1/000	1/000	0/100	2/000
1	1/100	2/000	0/101	0/110
2	0/101	0/110	0/101	0/111

Wir erhalten somit das folgende reduzierte Zustandsdiagramm:

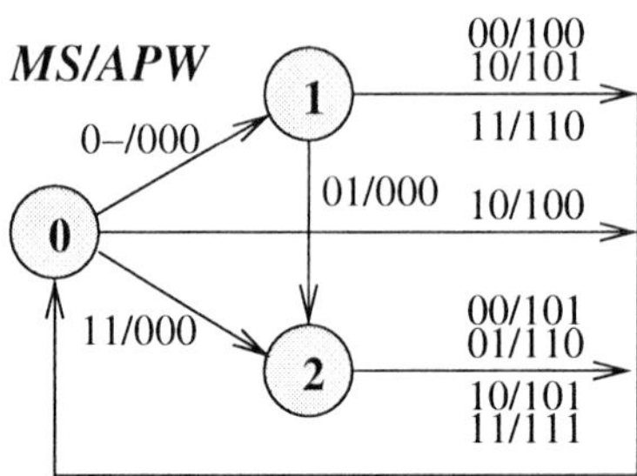

Die Zustände in diesem Diagramm haben folgende Bedeutung:

Zustand 0: kein Geld im Speicher
Zustand 1: 50 Cent im Speicher
Zustand 2: 1 EURO im Speicher

Teil II: Speicherung von zu viel gezahlten Geld

a) Da kein Wechselgeld ausgegeben wird, sind hier im Gegensatz zum Teil I zwei Ausgangsvariablen ausreichend. Eine Variable A legt die Ausgabe fest, die zweite Variable die Getränkeart.

b) Zustandsdiagramm

Das folgende Zustandsdiagramm soll direkt in möglichst minimaler Form entworfen werden. Da ein Zustand den eingeworfene Geldwert beschreibt, sollte jeder eingeworfene Geldwert nur einmal auftreten. Beim Einwurf von 50- und 75-Cent Münzen können zunächst alle Kombinationen von 50- und 75-Cent auftreten, also 50, 75, 100, 125, 150 Cent usw. Da ein Getränk maximal 1,5 EURO kostet, ist ein Verkaufvorgang spätestens bei 150 Cent Eingabe abgeschlossen. Der Zustand mit der Eingabe 150 Cent existiert nicht. Daneben tritt aber noch der Zustand 25 Cent auf, nämlich wenn eine 75-Cent und eine 50-Cent Münze eingeworfen und das Getränk 1 ausgegeben wurde. Damit besitzt das Zustandsdiagramm 6 Zustände.

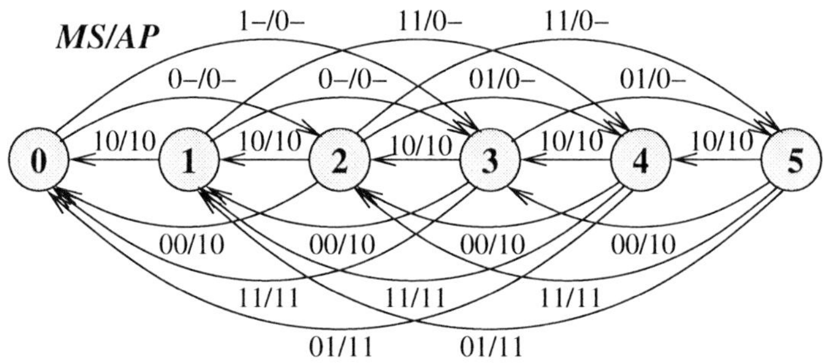

Vom Zustand 0 aus beispielsweise kommen wir mit 0-/0- nach Zustand 2 (50 Cent eingeworfen und gespeichert), mit 1-/0- nach Zustand 3 (75 Cent eingeworfen und gespeichert). Von Zustand 3 aus kommen wir mit 00/10 nach Zustand 1 (50 Cent eingeworfen, Getränk 1 ausgegeben, verbleibt ein Rest von 25 Cent), mit 01/0- kommen wir nach Zustand 5 (50 Cent eingeworfen und damit sind 125 Cent gespeichert), mit 10/10 kommen wir nach Zustand 2 (75 Cent eingeworfen, Getränk 1 ausgegeben, verbleibt ein Rest von 50 Cent), und mit 11/11 kommen wir nach Zustand 0 (75 Cent eingeworfen, Getränk 2 ausgegeben, es verbleibt kein Rest mehr im Automat). △

Lösung zu Aufgabe 2.48

a) Es gibt ein Eingangs- und sechs Ausgangssignale. Das Eingangssignal ist der Anforderungskontakt K und die Ausgangssignale sind die Farben der beiden Ampeln A und B, d.h. $K/B_3B_2B_1A_3A_2A_1$, wobei A_1 und B_1 für "rot", A_2 und B_2 für "gelb" und A_3 und B_3 für "grün" stehen.

b) Zustandsdiagramm

Das Zustandsdiagramm besteht aus einem Zyklus mit den durch die Tabelle vorgegebenen Ampelphasen, wobei aufgrund des Taktsignals in jedem Zustand für die Dauer T verblieben wird. Die Tabelle weist sechs unterschiedliche Farbkombinationen bzw. Phasen auf, woraus zunächst sechs Zustände innerhalb eines Zyklus resultieren.

Die Grünphase der Ampel A soll jedoch nach dem Überfahren des Kontaktes K $4T$ lang andauern, dieses Beibehalten der Ampelphase wird durch drei zusätzliche Zustände erreicht. Nachdem der Ausgangszustand, die Grünphase der Ampel B wieder erreicht ist, soll diese Grünphase $4T$ lang nicht unterbrechbar sein. Dazu müssen drei weitere Zustände in den Zyklus eingefügt werden. Das Zustandsdiagramm besteht damit aus einem Zyklus mit insgesamt $6+2\cdot3=12$ Zuständen.

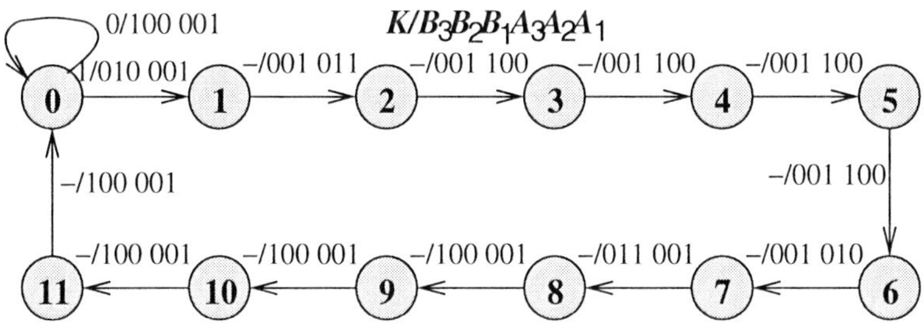

Nimmt man an, dass im Ausgangszustand 0 die unterbrechbare Grünphase der Ampel B läuft, dann kommen wir mit 1/010 001 in den Folgezustand 1, die Ampel B geht auf "gelb" und die Ampel A bleibt bis zum nächsten Takt noch "rot". Danach kommen wir unabhängig von Eingangssignal mit jedem weiteren Takt in einen weiteren Folgezustand. In den Zustand 2 kommen wir mit –/001 011, die Ampel B geht auf "rot" und Ampel A auf "rot/gelb". In den Zustand 3 kommen wir mit –/001 100, die Ampel B geht auf "rot" und Ampel A auf "grün". Damit die Ampel A insgesamt $4T$ lang "grün" bleibt, folgen drei Transitionen mit –/001 100, danach befinden wir uns in Zustand 6. In Zustand 7 geht die Ampel A mit –/001 010 auf "gelb", in Zustand 8 mit –/011 001 auf "rot" und Ampel B auf "rot/gelb". In Zustand 9 wird Ampel B mit –/100 001 wieder "grün" und die Startphase ist wieder erreicht. Diese Grünphase soll jedoch $4T$ lang nicht unterbrechbar sein, dazu benötigen wir drei weitere Transitionen mit –/100 001 und befinden uns danach wieder im Ausgangszustand 0.

c) Aufteilung in zwei verkoppelte Schaltwerke

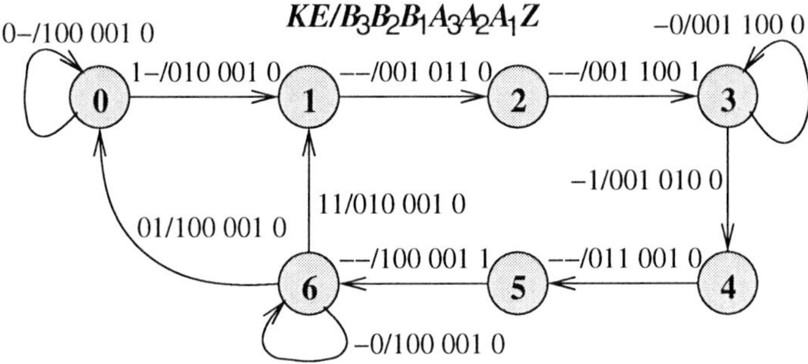

Das Schaltwerk zur Steuerung der Farbenfolge besitzt zunächst nur noch die 6 Zustände für die verschiedenen Farbkombinationen. Es muss jedoch noch ein weiterer Zustand hinzugefügt werden, um zu verhindern, dass aufgrund der Auslösung des Kontaktes, ohne dass das Phasensignal des anderen Schaltwerks für die $4T$ lange Phase ausgelöst wurde, in den nächsten Zyklus weitergeschaltet wird. Das zweite Schaltwerk muss die Weiterschaltung um jeweils drei Zeiteinheiten verzögern, es muss also genau 4 Zustände besitzen.

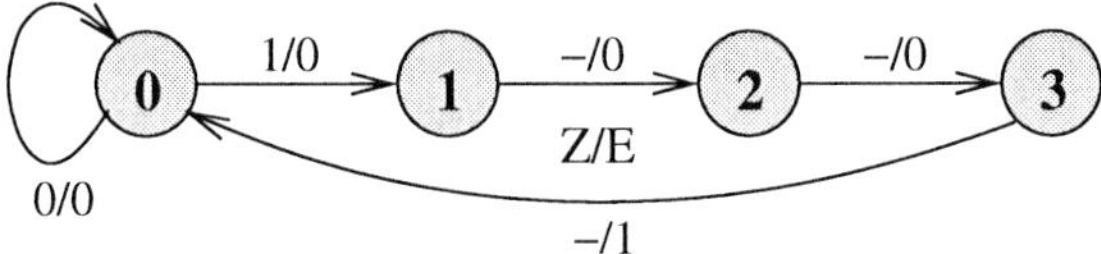

Um die Zeitsteuerung zu initialisieren und andererseits das Phasensignal zu empfangen, benötigt man beim Steuerschaltwerk je ein weiteres Ein- (E) und Ausgangssignal (Z). △

Lösung zu Aufgabe 2.49

a) Es gibt ein Eingangs- und sechs Ausgangssignale. Das Eingangssignal ist die Auswahl zwischen Zyklus 1 oder 2 und die Ausgangssignale sind die Farben der beiden Ampeln für die Fahrtrichtungen X und Y, d.h. X_R, Y_R (rot), X_Y, Y_Y (gelb) und X_G, Y_G (grün).

b) Signal-Zeit-Diagramm der Ampelphasen

Aufgrund der Tabelle mit den Ampelphasen für die beiden Zyklen kann man für jeden Zyklus ein Signal-Zeit-Diagramm zeichnen.

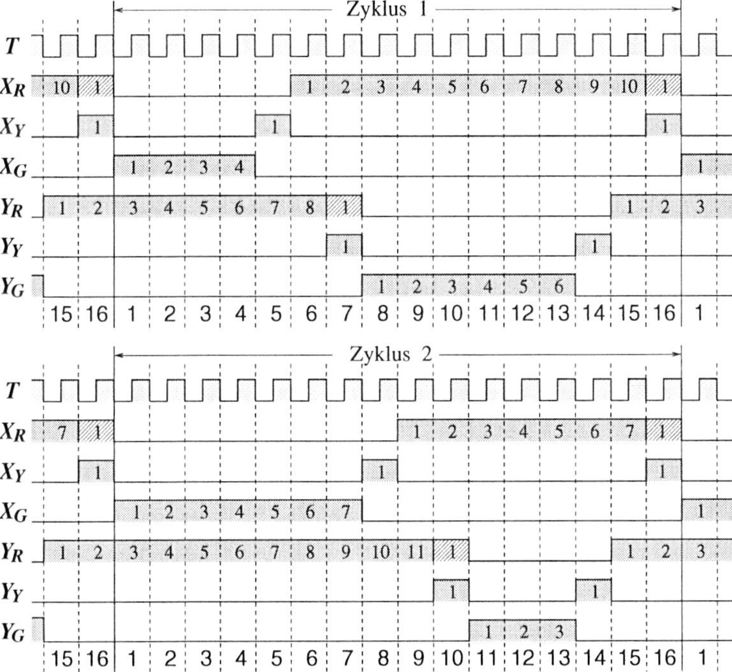

Aus dem Signal-Zeit-Diagramm erkennt man, dass beide Zyklen mit den Vorgaben der Tabelle insgesamt 16 Zeitelemente ($16\,T$) lang werden, wobei ein Zeitelement genau einer Taktdauer T entspricht. In dieses Diagramm können auch unmittelbar die in den einzelnen Ampelphasen durchlaufenen Zustände eingezeichnet werden.

c) Zustandsdiagramm

Da ein Zyklus 16 Taktschritte lang ist und aufgrund des Taktsignals in jedem Zustand für die Dauer T verblieben wird, müssen in jedem Zyklus jeweils 16 Zustände durchlaufen werden. Dabei müssen in den jeweiligen Zuständen die entsprechenden Farbsignale gesetzt werden. Zum Entwurf des Zustandsdiagramms ist es sinnvoll, zuerst die Zustände für einen Zyklus (hier Zyklus 1) zu spezifizieren.

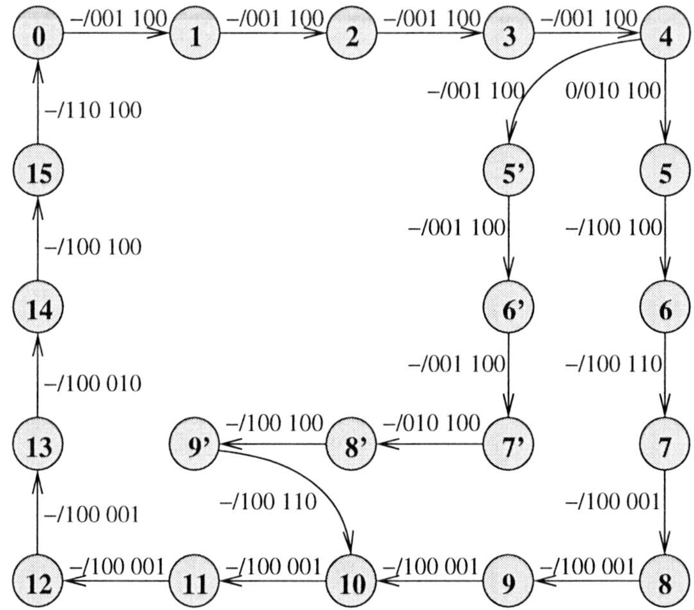

Der Zyklus 1 besteht aus den Zuständen 0 bis 15 ohne Verzweigung. Wäre ein Zykluswechsel jederzeit zugelassen, dann könnten wir für Zyklus 2 die gleichen Zustände und die gleichen Transitionen mit modifizierten Ausgangssignalen verwenden. Ein Wechsel soll aber nur zum Ende einer Phase, d.h. zum Ende einer Grün- oder Rotphase möglich sein.

Damit ein Wechsel zwischen den Zyklen nur zu bestimmten definierten Zeitpunkten erfolgen kann, muss für den zweiten Zyklus eine eigene Reihe von Zuständen spezifiziert werden. Nehmen wir an, dass der Wechsel am Ende der Grünphase von Zyklus 1 ermöglicht werden soll, dann muss es in Zustand 4 eine Verzweigung geben. Mit $X=0$ verbleibt die Steuerung im ursprünglichen Zyklus 1, die X-Richtung wechselt von "grün" nach "gelb". Mit $X=1$ kommt die Steuerung in einen Zustand 5, in dem die X-Richtung weiterhin "grün" erhält bis die 7 Zeitelemente vorüber sind. Danach wechselt die X-Richtung von "grün" über "gelb" nach "rot". Anschließend wechselt die Y-Richtung von "rot" nach "rot/gelb". Jetzt kann die Steuerung in den ursprünglichen Zyklus von Zuständen zurückkehren, und zwar in den Zustand, in dem die X-Richtung noch genau $7-2=5$ Zeitelemente "rot" erhält, das ist der Zustand 10.

Es wäre aber auch möglich, den Wechsel am Ende der Grünphase von Zyklus 2 zu ermöglichen. Dazu müsste es eine entsprechende Verzweigung in Zustand 13 geben. Es wäre sogar möglich, beide Wechsel zuzulassen. Dies führt aber zu einer Menge von zusätzlichen Zuständen.

Bei 21 Zuständen werden zur Realisierung 5 FF benötigt. Aufgrund der Eingangsvariable weist die vollständige Zustandstabelle damit $2^6 = 64$ Zeilen auf. Da die Eingangsvariable in nur einem Zustand (Zustand 4) von Bedeutung ist und anstatt der 32 möglichen Zustände nur 21 spezifiziert sind, müsste für den Entwurf tatsächlich nur ein kleiner Teil der Tabelle dargestellt werden. △

Lösung zu Aufgabe 2.50

Die Steuerung wird zwei Eingangs- und zwei Ausgangsvariable aufweisen, Eingangsvariable sind die beiden Lichtschranken L_1 und L_2, Ausgangsvariable sind die beiden Zählsignale für lange B_L und kurze B_K Balken. Es gilt also $L_1, L_2/B_L, B_K$.

Der Abstand der Lichtschranken l ist so gewählt, dass ein kurzer Balken gerade zwischen die beiden Lichtschranken passt und ein langer beide Lichtschranken gleichzeitig überdecken kann. Die Erkennung von kleinen und großen Balken erfolgt aus der Folge von Zuständen der Ausgangssignale der beiden Lichtschranken L_1 und L_2, welche durch die verschiedenen Balkenlagen auf dem Förderband hervorgerufen werden können. Um den Zustandsraum zu entwickeln, bestimmen wir zunächst die möglichen Zustände. Wir beginnen dabei mit dem freien Lichtschrankenbereich und lassen die verschiedenen Balken an den Lichtschranken vorbeilaufen.

1) Bestimmung der Systemzustände

Rechts neben den Balkenstellungen ist das betreffende Signal der Lichtschranken angegeben. Der Zustand 0 ist dadurch gekennzeichnet, dass sich kein Balken im Bereich der Lichtschranken befindet. In Zustand 1 läuft gerade ein neuer Balken (kurz oder lang) in den Bereich der ersten Lichtschranke. In Zustand 2 befindet sich ein kurzer Balken zwischen den beiden Lichtschranken. Diese Balkenstellung identifiziert eindeutig einen kurzen Balken, weil im Zustand vorher die erste Lichtschranke überdeckt

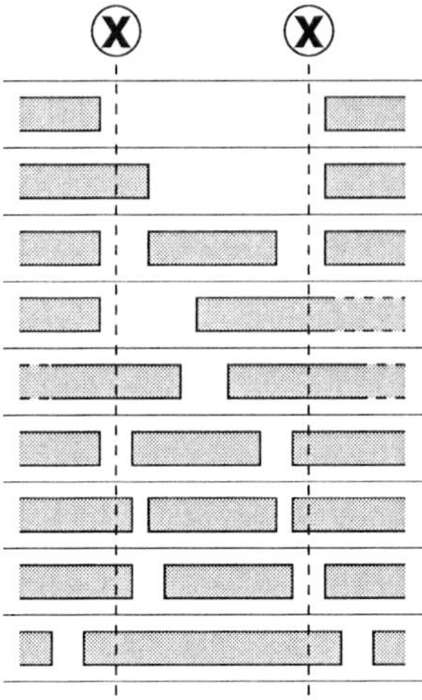

Signalzustand L_1	Signalzustand L_2	System-zustand
0	0	***0***
1	0	***1***
0	0	***2***
0	1	***3***
1	1	***4***
0	1	***5***
1	1	***6***
1	0	***7***
1	1	***8***

wurde. Beispielsweise ist eine Zustandsfolge $0 \to 1 \to 2$ möglich, die somit einen kurzen Balken identifiziert.

In Zustand 3 wird die zweite Lichtschranke überdeckt, dieser Zustand kann beispielsweise durch die Sequenz $0 \to 1 \to 2 \to 3$ erreicht werden. In diesem Fall befände sich ein kurzer Balken in Bereich von L_2. In Zustand 4 werden beide Lichtschranken durch unterschiedliche Balken überdeckt, dieser Zustand kann beispielsweise durch die Sequenz $0 \to 1 \to 2 \to 3 \to 4$ erreicht werden.

Zustand 5 wird erreicht, wenn in Zustand 4 die erste Lichtschranke durch einen kurzen Balken überdeckt wurde, also durch die Sequenz $0 \to 1 \to 2 \to 3 \to 4 \to 5$. Hier wird also ebenfalls ein kurzer Balken erkannt. Falls anschließend aber die zweite Lichtschranke frei wird, befinden wir uns wieder im bereits identifizierten Zustand 2, in dem dieser Balken gezählt werden soll. Wird hingegen anschließend die erste Lichtschranke überdeckt, so kommen wir in den neuen Zustand 6.

In Zustand 6 liegt genauso wie in Zustand 2 ein kurzer Balken zwischen den Lichtschranken, nur liegen die Balken hier im Gegensatz zum Zustand 2 dichter zusammen, so dass die beiden Lichtschranken durch andere Balken überdeckt sind. Da der kurze Balken wie in Zustand 2 genau zwischen den Lichtschranken liegt, soll dieser hier gezählt werden.

Auf Zustand 6 kann nur Zustand 7 folgen, denn als nächstes muss zwingend die zeite Lichtschranke frei werden, da kein zweiter kurzer Balken zwischen den Lichtschranken Platz hat. In Zustand 8 werden durch einen langen Balken beide Lichtschranken überdeckt. Zustand 8 kann nur direkt aus Zustand 1 folgen, da die erste Lichtschranke zwischenzeitlich nicht frei wird. Hier wird eindeutig ein langer Balken identifiziert.

2) Bestimmung der Transitionsmöglichkeiten

Zur Entwicklung des Zustandsdiagramms gehen wir vom leeren System in Zustand 0 aus und lassen den ersten Balken in den Bereich der Lichtschranke L_1 laufen. Wir kommen mit 10/00 nach Zustand 1 und dies ist gleichzeitig die einzige Möglichkeit, den Zustand 0 zu verlassen. Von Zustand 1 aus kommen wir mit 00/00 (kurzer Balken) nach Zustand 2 oder mit 11/00 (langer Balken) nach Zustand 8. Ein Übergang mit 01 nach Zustand 3 oder 5 ist praktisch unmöglich, eine solche Transition kann nur eine Fehlersituation beschreiben. Mit 10 bleiben wir in Zustand 1.

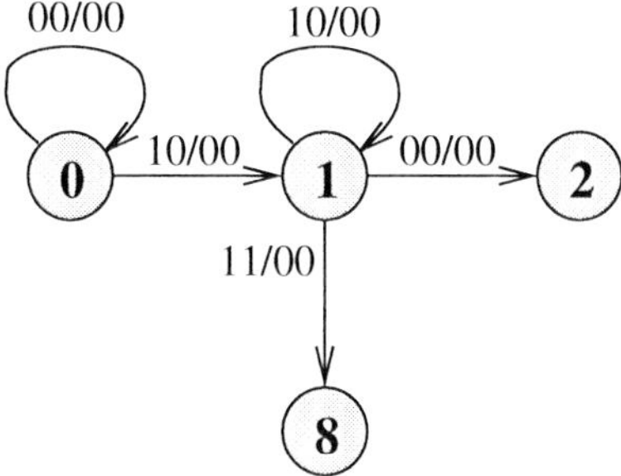

Von Zustand 2 aus kommen wir durch Hereinlaufen eines weiteren Balkens in den Bereich von L_1 mit 10/10 nach Zustand 7 oder durch das Herauslaufens des kurzen Balkens in den Bereich von L_2 mit 01/10 nach Zustand 3. Ein Übergang mit 11 nach Zustand 4,6 oder 8 ist unmöglich, da es sich hierbei um zwei getrennte Ereignisse bzw. Transitionen handelt. Von Zustand 3 aus kommen wir durch das Freiwerden des Systems

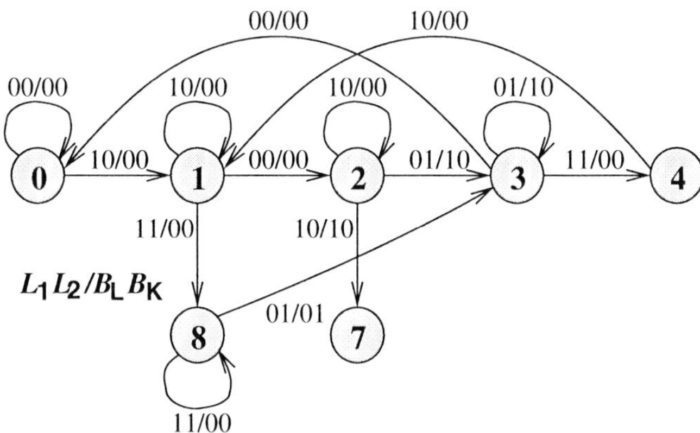

mit 00/00 nach Zustand 0 oder durch Hereinlaufen des nächsten Balkens mit 11/00 nach Zustand 4.

Von Zustand 4 aus kommen wir mit 01/00 nach Zustand 5, da ein Übergang mit 01/00 nach Zustand 3 unmöglich ist. Mit 10/00 kommen wir nach Zustand 1, da ein Übergang mit 10/00 nach Zustand 7 nur über mehrere Zwischenzustände möglich ist. Von Zustand 5 aus kommen wir mit 00/00 nach Zustand 2, oder mit 11/00 nach Zustand 6. Von Zustand 6 aus kommen wir nur mit 10/00 nach Zustand 7 und dies ist auch gleichzeitig die einzige Möglichkeit, den Zustand 6 zu verlassen. Ein Übergang mit 01 kann nur eine Fehlersituation beschreiben.

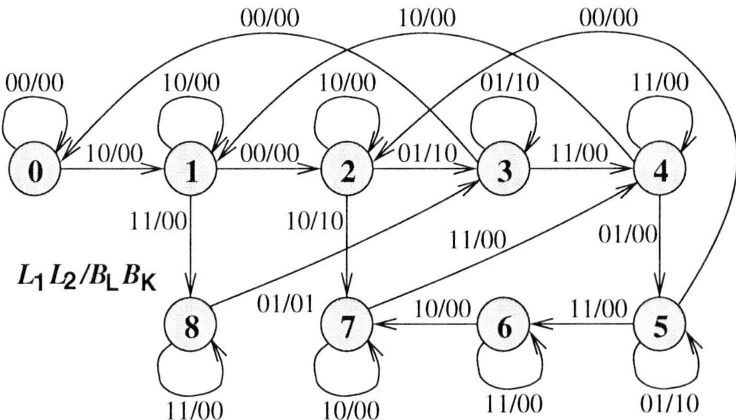

Von Zustand 8 aus kommen wir mit 01/01 nach Zustand 3, ein Übergang mit 01/01 nach Zustand 5 ist praktisch unmöglich. Andererseits kann ein Übergang mit 10 nur eine Fehlersituation beschreiben. Von Zustand 7 aus kommen wir ausschließlich mit 11/00 nach Zustand 4.

3) Identifikation der Balken

Ein kurzer Balken wird eindeutig in Zustand 2 identifiziert. Das Zählsignal für kurze Balken kann also durch jede Transition aus dem Zustand 2 heraus generiert werden. Daneben wird aber auch in Zustand 5 ein kurzer Balken identifiziert. Dieser darf jedoch erst in Zustand 6 gezählt werden, denn von Zustand 5 aus kann das System entweder in den Zustand 2 oder den Zustand 6 kommen. Für den Fall, dass das System in Zustand 2 wechselt würde der kurze Balken doppelt gezählt werden. Ein langer Balken wird eindeutig in Zustand 8 identifiziert. Eine andere Möglichkeit der Identifikation eines langen Balkens gibt es nicht. Das Zählsignal für lange Balken kann also durch jede Transition aus dem Zustand 8 heraus generiert werden. △

Lösung zu Aufgabe 2.51

Teil I: Schaltwerksanalyse

Aus dem Schaltbild folgen die Ansteuergleichungen der FF:

$$J_C = E_1 E_2 AB + \bar{E}_1 \bar{E}_2 \bar{A}\bar{B} \qquad J_B = E_2 \qquad J_A = E_1$$
$$K_C = E_1 E_2 AB + \bar{E}_1 \bar{E}_2 \bar{A}\bar{B} \qquad K_B = \bar{E}_2 \qquad K_A = \bar{E}_1$$

Mit $T_C = T_B = T_A = T$ handelt es sich dabei um ein synchrones Schaltwerk. Die folgende Zustandstabelle erhält man durch Bestimmung der Werte der Ansteuervariablen und des sich daraus ergebenden Folgezustandes.

		z^n			x^n		e^n							z^{n+1}		
		C	B	A	E_1	E_2	J_C	K_C	J_B	K_B	J_A	K_A		C	B	A
0	0	0	0	0	0	0	1	1	0	1	0	1	4	1	0	0
1	0	0	0	0	0	1	0	0	1	0	0	1	2	0	1	0
2	0	0	0	0	1	0	0	0	0	1	1	0	1	0	0	1
3	0	0	0	0	1	1	0	0	1	0	1	0	3	0	1	1
4	1	0	0	1	0	0	0	0	0	1	0	1	0	1	0	0
5	1	0	0	1	0	1	0	0	1	0	0	1	2	0	1	0
6	1	0	0	1	1	0	0	0	0	1	1	0	1	0	0	1
7	1	0	0	1	1	1	0	0	1	0	1	0	3	0	1	1
8	2	0	1	0	0	0	0	0	0	1	0	1	0	0	0	0
9	2	0	1	0	0	1	0	0	1	0	0	1	2	0	1	0
10	2	0	1	0	1	0	0	0	0	1	1	0	1	0	0	1
11	2	0	1	0	1	1	0	0	1	0	1	0	3	0	1	1
12	3	0	1	1	0	0	0	0	0	1	0	1	0	0	0	0
13	3	0	1	1	0	1	0	0	1	0	0	1	2	0	1	0
14	3	0	1	1	1	0	0	0	0	1	1	0	1	0	0	1
15	3	0	1	1	1	1	1	1	1	0	1	0	7	1	1	1
16	4	1	0	0	0	0	1	1	0	1	0	1	0	0	0	0
17	4	1	0	0	0	1	0	0	1	0	0	1	6	1	1	0
18	4	1	0	0	1	0	0	0	0	1	1	0	5	1	0	1
19	4	1	0	0	1	1	0	0	1	0	1	0	7	1	1	1
20	5	1	0	1	0	0	0	0	0	1	0	1	4	1	0	0
21	5	1	0	1	0	1	0	0	1	0	0	1	6	1	1	0
22	5	1	0	1	1	0	0	0	0	1	1	0	5	1	0	1
23	5	1	0	1	1	1	0	0	1	0	1	0	7	1	1	1
24	6	1	1	0	0	0	0	0	0	1	0	1	4	1	0	0
25	6	1	1	0	0	1	0	0	1	0	0	1	6	1	1	0
26	6	1	1	0	1	0	0	0	0	1	1	0	5	1	0	1
27	6	1	1	0	1	1	0	0	1	0	1	0	7	1	1	1
28	7	1	1	1	0	0	0	0	0	1	0	1	4	1	0	0
29	7	1	1	1	0	1	0	0	1	0	0	1	6	1	1	0
30	7	1	1	1	1	0	0	0	0	1	1	0	5	1	0	1
31	7	1	1	1	1	1	1	1	1	0	1	0	3	0	1	1

Teil II: Schaltwerkssynthese

Um zu einem Zustandsdiagramm zu kommen, zeichnen wir uns zunächst die durchlaufenen Zustände in das Signal-Zeit-Diagramm ein.

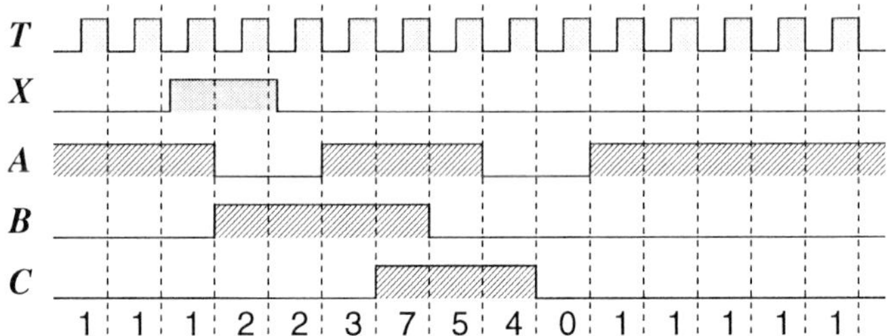

Der Ausgangszustand ist in diesem Diagramm der Zustand 1. Mit $X = 0$ verbleibt das Schaltwerk im Zustand 1 und mit $X = 1$ kommt man von dort aus in den Zustand 2. Mit $X = 1$ verbleibt das Schaltwerk im Zustand 2 und mit $X = 0$ kommt man von dort aus in den Zustand 3. Von Zustand 3 aus wird unabhängig vom Eingangssignal (einmaliges Setzen von X) die Sequenz $3 \to 7 \to 5 \to 0 \to 1$ durchlaufen. Im Zustand 1 verbleibt das Schaltwerk dann wieder bis zum nächsten Setzen des Eingangssignals X.

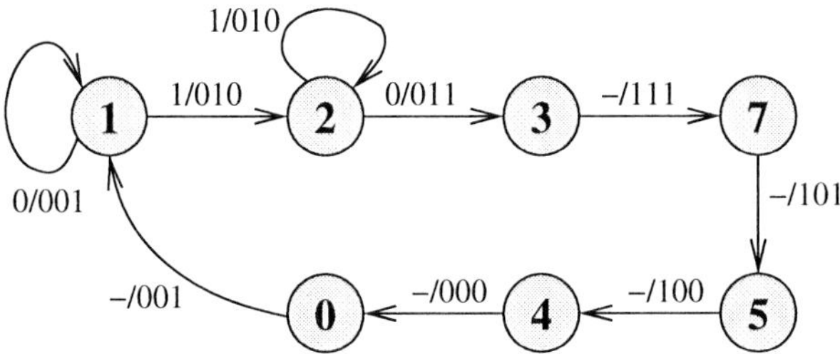

Das gegebene Schaltwerk ist über die beiden Eingangsvariablen E_1 und E_2 zu steuern. Dieses Schaltwerk soll nun mit einer anderen Eingangsvariablen X das im Zustandsdiagramm spezifizierte Verhalten aufweisen. Um dies zu erreichen, müssen wir die Eingangsvariablen E_1 und E_2 so beschalten, dass die geforderten Zustandsübergänge in Abhängigkeit von X und den Zustandsvariablen A, B, C ausgeführt werden.

Beispielsweise soll das modifizierte Schaltwerk mit $X = 0$ in Zustand 1 bleiben und mit $X = 1$ in den Zustand 2 wechseln. Aus der Zustandstabelle des gegebenen Schaltwerks sehen wir, dass dieses mit $E_1 = 1, E_2 = 0$ (Zeile 6) in Zustand 1 bleibt und mit $E_1 = 0, E_2 = 1$ (Zeile 5) von Zustand

1 nach Zustand 2 wechselt. Weiter soll das modifizierte Schaltwerk mit $X=1$ in Zustand 2 bleiben und mit $X=0$ in den Zustand 3 wechseln.

Aus der Zustandstabelle des gegebenen Schaltwerks sehen wir, dass dieses mit $E_1=0, E_2=1$ (Zeile 9) in Zustand 2 bleibt und mit $E_1=1, E_2=1$ (Zeile 5) von Zustand 2 nach Zustand 3 wechselt.

Nach dieser Methode können wir in einer neuen etwas modifizierten Zustandstabelle für jeden im Zustandsdiagramm spezifizierten Zustand die entsprechenden Eingangskombinationen E_1, E_2 festlegen.

Z^n	C	B	A	X	Z^{n+1}	E_1	E_2
0	0	0	0	0	1	1	0
0	0	0	0	1	1	1	0
1	0	0	1	0	1	1	0
1	0	0	1	1	2	0	1
2	0	1	0	0	3	1	1
2	0	1	0	1	2	0	1
3	0	1	1	0	7	1	1
3	0	1	1	1	7	1	1
4	1	0	0	0	0	0	0
4	1	0	0	1	0	0	0
5	1	0	1	0	4	0	0
5	1	0	1	1	4	0	0
6	1	1	0	0	–	–	–
6	1	1	0	1	–	–	–
7	1	1	0	0	5	1	0
7	1	1	0	1	5	1	0

Anhand dieser Zustandstabelle können wir mit KV-Diagrammen die neuen Ansteuergleichungen für E_1 und E_2 als Funktion von X und A, B, C bestimmen.

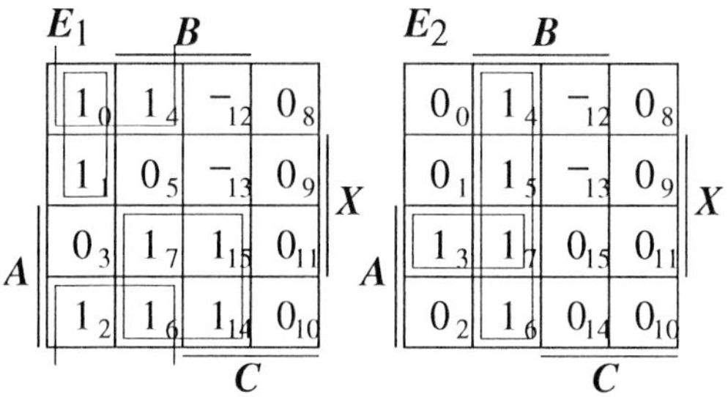

E_1 (B, C, X, A):

1_0	1_4	$-_{12}$	0_8
1_1	0_5	$-_{13}$	0_9
0_3	1_7	1_{15}	0_{11}
1_2	1_6	1_{14}	0_{10}

E_2 (B, C, X, A):

0_0	1_4	$-_{12}$	0_8
0_1	1_5	$-_{13}$	0_9
1_3	1_7	0_{15}	0_{11}
0_2	1_6	0_{14}	0_{10}

$$E_1 = AB + \bar{X}\bar{C} + \bar{A}\bar{B}\bar{C}$$
$$E_2 = B\bar{C} + XA\bar{C}$$

△

Lösung zu Aufgabe 2.52

a) Entwurf der Modulo-Zähler

- Da der vor den 7-Segment Elementen einzusetzende Decoder BCD-codierte Eingangssignale erwartet, benötigen wir drei Modulo-Zähler mit BCD-Zustandscodierung.
- Der Modulo-10-Zähler für die Einerstelle der Minuten besitzt lediglich ein Ausgangssignal A_0, mit dem die Zehnerstelle der Minuten getriggert wird. Das Ausgangssignal A_0 ist nur beim Übergang von 9 nach 0 gleich 1, ansonsten 0.
- Der Modulo-6-Zähler für die Zehnerstelle der Minuten besitzt ein Eingangssignal E_0 für die Zählimpulse und ein Ausgangssignal A_1 zur Triggerung der Einerstelle der Stunden. Das Eingangssignal E_0 wird mit dem Ausgangssignal A_0 verbunden. Der Modulo-6-Zähler durchläuft mit $E_0 = 1$ zyklisch die Zustände 0 bis 5, mit $E_0 = 0$ verbleibt er im jeweiligen Zustand. Das Ausgangssignal A_1 ist nur beim Übergang von 5 nach 0 gleich 1.
- Der Modulo-24-Zähler für die Stunden besitzt ein Eingangssignal E_1 für die Zählimpulse. Das Eingangssignal E_1 wird mit dem Ausgangssignal A_1 verbunden. Zur Realisierung des Modulo-24-Zählers gibt es zwei Alternativen. Der Zähler kann einerseits direkt in BCD-Code zählen. Dazu wären aber acht Zustandsvariablen, d.h. acht FF notwendig. Die andere Lösung wäre ein Zähler im Dual-Code mit 5 FF und ein nachgeschalteter Umcodierer von Dual- nach

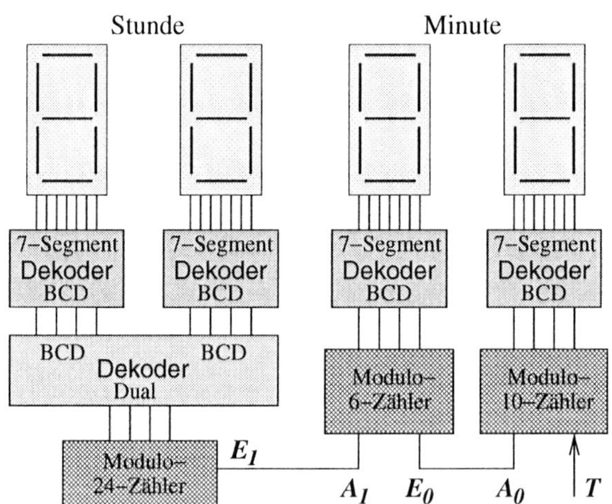

BCD-Code. Bei dieser Lösung würde der Modulo-24-Zähler mit $E_0 = 1$ zyklisch die Zustände 0 bis 23 durchlaufen, mit $E_0 = 0$ verbleibt er im jeweiligen Zustand.

b) Schaltung der Uhr

Aus den unter a) beschriebenen Elementen und Verbindungen ergibt sich das dargestellte Blockschaltbild der Uhr.

$\triangle$

Literatur

[1] Gerd Scarbata: "Synthese und Analyse digitaler Schaltungen", R. Oldenburg Verlag, München Wien, 1996, ISBN 3-486-23495-1.

[2] Ulrich Rembold: "Einführung in die Informatik für Naturwissenschaftler und Ingenieure", Carl Hanser Verlag, München Wien, 1991, ISBN 3-446-15710-7.

[3] Wolfram Schiffmann, Robert Schmitz: "Technische Informatik, Teil I: Grundlagen der digitalen Elektronik", Springer Verlag, Berlin Heidelberg New York London, 1993, ISBN 3-540-56815-8.

[4] Kurt-Ulrich Witt: "Elemente des Rechneraufbaus", Carl Hanser Verlag, München Wien, 1995, ISBN 3-446-16449-9.

[5] Wolfgang Giloi, Hans Liebig: "Logischer Entwurf digitaler Systeme", Hochschultext, Springer Verlag Berlin, Heidelberg, New York, 1980, ISBN 3-540-10091-1.

[6] Hans Liebig, Stefan Thome: "Logischer Entwurf digitaler Systeme", Hochschultext, Springer Verlag Berlin, Heidelberg, New York, 1996, ISBN 3-540-61062-6.

[7] Klaus Gotthardt: "Grundlagen der Informationstechnik", LIT-Verlag Münster, 2001, ISBN 3-8258-5556-2.

[8] D. Schmid, D. Senger, H. Wojtkowiak: "Technische Informatik, Teil 1: Grundprinzipien des Entwurfs und der Organisation digitaler Rechenanlagen" R. Oldenbourg Verlag, München Wien, 1980.

[9] M.M. Mano: "Digital Logic and Computer Design", Prentice Hall, Inc., Englewood Cliffs, New Jersey 07 632, USA, 1979.

[10] Wolfgang Coy: "Aufbau und Arbeitsweise von Rechenanlagen", Vieweg Verlag, 1992, ISBN 3-528-14388-6.

[11] L. Howard Pollard: "Computer Design and Architecture" Prentice-Hall, 1992, ISBN 0-13-162629-9.

[12] Andrew S. Tannenbaum: "Structured Computer Organization" Prentice-Hall, 1990, Edition 3.

[13] H. Stürz, W. Cimander: "Logischer Entwurf digitaler Schaltungen, Leitfaden und Aufgaben", Hüthig Verlag, Heidelberg, 1977.

[14] Erich Leonhardt: "Grundlagen der Digitaltechnik", Carl Hanser Verlag, München Wien, 1982, ISBN 3-446-13617-7.

[15] Walter Dörfler: "Mathematik für Informatiker, Band 1: Finite Methoden und Algebra", Carl Hanser Verlag, München Wien, 1977.

[16] W. Schneeweiß: "Grundlagen der Technischen Informatik für Elektrotechniker", FernUni-Kurs Nr. 02141, 1988.

[17] Manfred Seifart: "Digitale Schaltungen", Verlag für Technik, Berlin, 1998, ISBN 3-341-01198-6.

[18] Bodo Morgenstern: "Digitale Schaltungen und Systeme", Elektronik; 3 [MAB|Serie], 1997, ISBN 3-528-13366-X.